零起点学创业系列

LINGQIDIAN XUECHUANGYE XILIE

零起点

学办桃园

张传来　主编

化学工业出版社

·北京·

图书在版编目（CIP）数据

零起点学办桃园/张传来主编.—北京：化学工业出
版社，2015.10
（零起点学创业系列）
ISBN 978-7-122-25010-0

Ⅰ．①零…　Ⅱ．①张…　Ⅲ．①桃-果树园艺
Ⅳ．①S662.1

中国版本图书馆 CIP 数据核字（2015）第 200397 号

责任编辑：邵桂林　　　　　　　　　装帧设计：刘丽华
责任校对：宋　玮

出版发行：化学工业出版社（北京市东城区青年湖南街 13 号　邮政编码 100011）
印　　刷：北京永鑫印刷有限责任公司
装　　订：三河市宇新装订厂
850mm×1168mm　1/32　印张 8½　字数 251 千字
2016 年 1 月北京第 1 版第 1 次印刷

购书咨询：010-64518888(传真：010-64519686)　售后服务：010-64518899
网　　址：http://www.cip.com.cn
凡购买本书，如有缺损质量问题，本社销售中心负责调换。

定　　价：29.00 元

编写人员名单

主　　编　张传来

副 主 编　周瑞金

编写人员　王保全　张传来

　　　　　周瑞金　魏淑敏

前 言

桃树是我国栽培范围最广的树种之一，近些年来栽培面积和总产量不断增长，其果实不仅外形美观，艳丽诱人，而且肉质细腻，营养丰富，具有很高的保健价值，在我国素有"仙桃"、"寿桃"之称，是世界人民普遍喜爱的水果之一，消费量逐年增加。发展桃树生产对丰富果品市场供应，满足人民生活水平日益提高对果品的需求具有重要作用。

桃树适应性强，在山地、平地、沙地均可栽培，而且具有早结果、早丰产、早收益、效益高等特点，其经济效益比一般农作物高出几倍甚至几十倍，种植桃树属高效种植业。为促使桃幼树实现早结果、早丰产、早见效、成龄树优质高效的栽培目的，我国投入了大量的人力、物力和财力对相关技术，尤其是配套栽培技术进行了攻关研究，并取得了可喜成绩。由于有成套的栽培技术，因此，一些企业和农村知识青年、打工返乡创业人员、专业户、高校相关专业毕业生为了提高农业生产效益，增加收入，实现脱贫致富和创业梦想，将发展桃树生产作为了首选项目。

为了及时总结桃树生产先进技术，提升从业者的生产技术和管理水平以及营销能力，提高果园的经济效益，推动桃产业的健康发展，在化学工业出版社的组织下，我们编写了本书。本书共分八章：建园前的准备、桃园的建立、各器官的形成与特性、主要优良品种与选择、幼树早结果早丰产配套栽培技术、成龄园优质高效配套栽培技术、果实采收和商品化处理、桃的市场营销。本书以桃树栽培生产和果品营销为主线，内容丰富，文字简练，图文并茂，重点突出，技术先进，科学实用，通俗易懂，适合于农村知识青年、打工返乡创业人员、专业户、高校相关专业毕业生、果树科技人员、果品营销人员和果树爱好者阅读参考。

本书第一章、第八章由魏淑敏同志编写，第二章、第三章、第四章由周瑞金同志编写，第五章、第七章由王保全同志编写，第六章由张传来同志编写。全书由张传来、周瑞金两位同志统稿、定稿。

在本书编写过程中，借鉴和参考了多位同行的有关书籍和论文，并得到了河南科技学院和河南科技学院新科学院的大力支持，在此一并表示衷心感谢！

由于作者水平有限，加之时间仓促，书中存在不妥之处在所难免，敬请广大读者和同行不吝赐教。

编者

2015 年 3 月

目 录

第一章 建园前的准备

一、市场调研与前景分析 …………………………………………… 1
　　（一）市场调研 ……………………………………………… 1
　　（二）前景分析 ……………………………………………… 5
二、投资预算 ………………………………………………………… 8
　　（一）土地租赁概算 ………………………………………… 8
　　（二）苗木投资概算 ………………………………………… 14
　　（三）肥料投资概算 ………………………………………… 15
　　（四）农药投资概算 ………………………………………… 17
　　（五）用工投资概算 ………………………………………… 20
　　（六）市场营销概算 ………………………………………… 21
　　（七）其他投资概算 ………………………………………… 23
三、经济效益分析 …………………………………………………… 24
　　（一）价格分析 ……………………………………………… 24
　　（二）供应量分析 …………………………………………… 27
　　（三）需求分析 ……………………………………………… 28
　　（四）亩年均收益 …………………………………………… 30

第二章 桃园的建立

一、建园条件 ………………………………………………………… 33
　　（一）生态条件 ……………………………………………… 33
　　（二）社会因素 ……………………………………………… 37
　　（三）地形及土壤 …………………………………………… 38
二、桃园的规划与设计 ……………………………………………… 40

（一）土地规划 ……………………………………… 40

（二）防护林的设计 ……………………………… 41

（三）水土保持的规划设计 ……………………… 43

（四）排灌系统设计 ……………………………… 45

（五）品种选择与授粉树的配置 ………………… 49

三、栽植与栽后管理 ………………………………… 52

（一）栽植前的准备 ……………………………… 52

（二）栽植时期 …………………………………… 53

（三）栽植密度 …………………………………… 54

（四）栽植方式 …………………………………… 54

（五）栽植技术与栽后管理 ……………………… 56

第三章 各器官的形成与特性 ‹‹‹

一、营养器官 …………………………………………… 58

（一）根系 ………………………………………… 58

（二）芽 …………………………………………… 60

（三）枝 …………………………………………… 62

（四）叶 …………………………………………… 66

二、产量的形成 ………………………………………… 68

（一）花芽分化 …………………………………… 68

（二）开花与结果 ………………………………… 72

（三）果实发育 …………………………………… 74

（四）产量形成的基础 …………………………… 76

三、主要物候期 ………………………………………… 76

（一）萌芽期 ……………………………………… 77

（二）开花期 ……………………………………… 77

（三）新梢生长期 ………………………………… 77

（四）果实发育期 ………………………………… 78

（五）休眠期 ……………………………………… 78

四、不同年龄时期及其生长发育特点 ……………… 82

（一）营养生长期 ………………………………… 82

（二）初果期 ……………………………………… 83

（三）盛果期 ……………………………………… 83

（四）结果后期 ……………………………………… 84

（五）衰老更新期 …………………………………… 84

第四章 主要优良品种与选择

一、主要品种群 ……………………………………… 86

（一）果实性状分类 ………………………………… 86

（二）生态分类 ……………………………………… 87

二、主要优良品种 …………………………………… 89

（一）极早熟品种 …………………………………… 89

（二）早熟品种 ……………………………………… 93

（三）中熟品种 ……………………………………… 98

（四）晚熟品种 ……………………………………… 104

（五）极晚熟品种 …………………………………… 107

第五章 幼树早结果早丰产配套栽培技术

一、采用优良品种 …………………………………… 111

（一）优良品种条件 ………………………………… 111

（二）不同区域与品种选择 ………………………… 112

二、选用优质壮苗 …………………………………… 115

（一）优质壮苗标准 ………………………………… 115

（二）壮苗的选择与把关 …………………………… 118

三、高标准土肥水管理 ……………………………… 119

（一）加强土壤管理 ………………………………… 120

（二）合理施肥 ……………………………………… 121

（三）灌水和排水 …………………………………… 125

四、科学安排间作物 ………………………………… 127

（一）间作物应具备的条件 ………………………… 128

（二）适宜间作物的种类 …………………………… 129

五、合理整形修剪 …………………………………… 131

（一）适宜树形 ……………………………………… 132

（二）合理修剪 ……………………………………… 138

六、适期控长，促进生殖生长 ……………………… 143

（一）适宜时期 …………………………………………… 143
（二）方法 …………………………………………………… 144
七、严防病虫为害 ………………………………………… 146
（一）病害防治 …………………………………………… 147
（二）虫害防治 …………………………………………… 159

第六章　成龄园优质高效配套栽培技术 〈〈〈

一、加强土、肥、水管理 …………………………………… 170
（一）加强土壤管理，形成优质土壤 …………………… 171
（二）科学施肥 …………………………………………… 175
（三）水分管理 …………………………………………… 186
二、注重花果管理 ………………………………………… 191
（一）保花保果 …………………………………………… 191
（二）疏花疏果 …………………………………………… 195
（三）采取综合技术，提高果实品质 …………………… 200
三、合理修剪 ……………………………………………… 207
（一）主枝的修剪 ………………………………………… 207
（二）侧枝的修剪 ………………………………………… 208
（三）结果枝的修剪 ……………………………………… 208
（四）结果枝组的更新修剪 ……………………………… 208
（五）对树冠外围枝条的修剪 …………………………… 209
（六）对树冠内部枝条的修剪 …………………………… 209

第七章　果实采收和商品化处理 〈〈〈

一、采收 …………………………………………………… 211
（一）确定适宜的采收期 ………………………………… 211
（二）采收前的准备 ……………………………………… 214
（三）采收技术 …………………………………………… 214
二、果实分级与包装 ……………………………………… 215
（一）分级 ………………………………………………… 216
（二）包装 ………………………………………………… 218
三、贮藏与运输 …………………………………………… 221

（一）贮藏 ……………………………………………… 221

（二）运输 ……………………………………………… 229

第八章　桃的市场营销

一、市场营销特点 …………………………………………… 232

（一）营销的特点 ………………………………………… 232

（二）营销的意义和方法 ………………………………… 233

二、桃果市场与市场流通 …………………………………… 235

（一）市场与市场营销 …………………………………… 235

（二）流通渠道 …………………………………………… 236

（三）流通特点 …………………………………………… 239

（四）流通形式 …………………………………………… 239

三、桃果的价格 ……………………………………………… 242

（一）价格的形式与差价 ………………………………… 242

（二）价格的构成与表示方法 …………………………… 244

（三）影响桃定价的因素 ………………………………… 244

（四）桃果定价策略 ……………………………………… 246

四、开拓桃果市场的策略 …………………………………… 247

（一）桃果品质对营销的影响 …………………………… 247

（二）桃的品牌策略与商标设计 ………………………… 249

参考文献

第一章

建园前的准备

一、市场调研与前景分析

（一）市场调研

1. 我国桃产业的发展现状

桃树属于蔷薇科、桃属植物，树体不大，栽培管理容易，对土壤、气候适应性强，在世界范围内广为种植。中国是世界桃的原产地之一，到目前为止已有4000多年的栽培历史，而且中国也是世界桃树的种植大国，也是产量大国，其种植面积和产量均居于世界第一位。近二十年来，我国桃的种植面积发展较为缓慢，据统计，从2001年到2009年间，我国桃的种植面积年均增长率仅为1.56%，而产量有一定幅度的上涨（图1-1）。2009年我国桃种植面积为70.58万公顷，与1990年相比，同比增长36.18%；而从产量上看，我国桃的产量增长较快，2009年我国桃果产量为1017.00万吨，是1990年的7.95倍，是2000年的2.64倍，年均增长率为10.20%。

由于桃树具有喜光、耐旱、耐寒力强等特点，在我国的分布极为广泛。据《中国农业统计资料》统计，中国有28个省（直辖市、自治区）种植有桃树，其中山东、河北、河南、湖北、四川、江苏和陕西等地的经济栽培较多。据统计，2009年全国桃树种植面积最多的是山东省，为9.52万公顷，占全国总面积的13.54%，其产量位居全国第一，为244.26万吨，占全国桃果总产量的24.33%；其次是河北，该年河北省的桃树种植面积为8.90万公顷，总产量为144.49万吨，分别占全国总量的12.65%和14.39%；河南省的桃树种植面积也较大，2009年种植面积为7.03万公顷，产量93.86万吨，分别

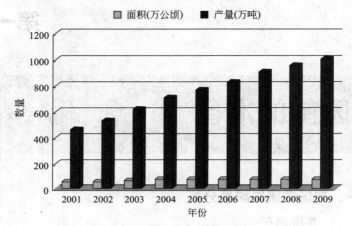

图 1-1　2001～2009 年中国桃树种植面积与产量

占全国总量的 9.99％和 9.35％。湖北、四川、江苏和陕西等省市的种植面积和产量相对较少，种植面积分别占 6.67％、6.23％、4.71％和 4.46％，产量分别占 5.64％、4.09％、4.36％和 4.84％。

　　我国地域面积广、南北跨度大，拥有热带、亚热带、温带、亚寒带等气候特征，因此，我国的水果种类丰富，其中种植面积和产量较多的水果有苹果、柑橘、梨、桃子、香蕉、葡萄、芒果。2009 年这 7 中水果的产量分别为 3168.44 万吨、2308.85 万吨、1441.65 万吨、1017.00 万吨、900.65 万吨、803.91 万吨和 414.03 万吨。近几十年来，鲜桃及油桃的产量占水果总产量的比重逐年增加，1978 年鲜桃及油桃的产量为 46.69 万吨，次于苹果的 229.25 万吨、梨的 161.68 万吨和柑橘的 75.77 万吨，占水果总产量的 5.97％，居于第四位；而自 1985 年起，鲜桃及油桃的发展相对缓慢，在水果中的比重被香蕉赶超，居于第五位；到 2000 年，我国鲜桃及油桃发展加快，2003 年产量已达 617.94 万吨，赶超香蕉的 612.63 万吨，占水果总产量的 7.91％，重新成为第四大水果；而后鲜桃及油桃在水果中的比重一直处于第四位，而且在较长的一段时间内所占比重趋于上升。2009 年全国鲜桃及油桃的总产量已占水果总产量的 8.78％，仍位居第四。

2. 桃果的贸易情况

　　我国是桃的生产大国，但不是贸易大国。约有 80％以上的桃果在国内鲜销，10％左右的比例用于加工，因此，鲜桃的出口比例很小。但近些年发展速度较快，2009 年我国鲜桃及油桃的出口金额达到 1634.6 万美元，与 2000 年相比，同比增长 1769.72％；出口量为 4.00 万吨，与 2000 年相比，同比增长 1564.91％，总体上上升速度较快（图 1-2）。

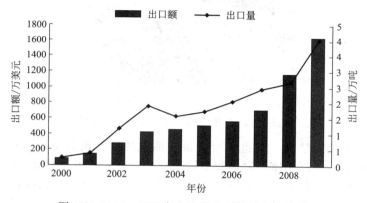

图 1-2 2000—2009 年中国鲜桃及油桃出口情况

我国的出口桃罐头相对较多，而且近几年的发展速度较快。受 2008 年金融危机的影响，2009 年我国出口桃罐头达到 1.30 亿美元，与 2008 年相比，同比下降 14.88％，但与 2000 年相比，同比增长 297.21％。我国的桃罐头主要出口到美国、日本、加拿大、泰国和俄罗斯，2009 年出口到上述 5 个国家的桃罐头获得的金额占我国桃罐头出口总金额的 76.69％，出口到上述 5 个国家的比例分别为 32.37％、24.08％、8.72％、6.82％和 4.71％，而且出口到美国和日本的比例远远大于其他国家，说明美国和日本是我国桃罐头最主要的市场（图 1-3）。

3. 加工与消费情况

（1）加工情况 世界上对鲜桃及油桃的加工比例相对来说不高，大体在 17％左右，其中加工比例最高的是美国，加工比例为 44％左右；其次是土耳其，加工比例在 22％左右；再次是欧盟，加工比例达到 20％左右；中国的鲜桃及油桃加工比例相对较低，大体在 13％左右。世界对于鲜桃及油桃的加工一般是将其制成桃罐头。

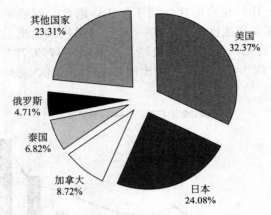

图 1-3　2009 年中国桃罐头主要出口市场

（2）消费情况　全世界对鲜桃和油桃的鲜食消费量占总产量的82％左右。不同国家对鲜桃和油桃的鲜食消费量不同，中国的鲜食消费所占的比例最大，为86％左右；其次是欧盟，其鲜食消费占77％左右；土耳其和美国的鲜食消费分别占73％和53％左右。世界人均鲜桃及油桃的消费量约为 1.93 千克，其中中国的人均消费量最大，人均消费量为 6.33 千克；其次是土耳其，人均消费量 5.28 千克；再次是欧盟，人均消费量 4.29 千克；美国人均消费量较低，约为 2.00％。

4. 生产者市场调研的步骤和方法

（1）市场调研的步骤

① 市场调研的准备阶段　这是市场调查的决策、设计、筹划阶段。具体工作有三项：确定调研任务、设计调研方案、组建调研队伍。

② 市场调研搜集资料阶段　这一阶段是市场调研活动中最为重要、是投入较大的阶段。其主要任务是在调研范围内，针对调研对象，运用科学的方法系统地搜集与调研内容相关的资料。

③ 市场调研分析阶段　主要任务是对上一阶段获得的资料进行鉴别与整理，并对整理后的市场资料做统计分析和开展相关研究。

④ 市场调研总结阶段　主要任务是撰写市场调研报告，总结调研工作，评估调研结果。

（2）市场调研的方法

① 传统调研　常用的传统市场调研方法有问卷调查、用户回馈、访谈会、实验调查、收集有关部门上报的数据等。由于传统的方法存在有费用高、周期长、缺乏针对性、效果差等问题，目前许多企业正寻求更合适的方法开展市场调研工作。

② 网上调查　互联网络（简称网络）调研方法是适应信息传播媒体的变革所形成的一种崭新调研方法，依附于互联网而存在，并因网络自身的特征而具有与传统调研方法不同的形式。目前数据的采集主要利用搜索引擎访问相关的网站（如专题性或综合性网站），利用相关的网上数据库达到调查的目的。

（二）前景分析

1. 栽培桃树的经济意义

桃果色泽艳丽，汁多味美，芳香诱人，具有独特的风味，自古以来就是人们喜食的水果之一，民间神话传说为"仙果"，吉祥之称为"寿桃"。桃果营养丰富，每 100 克果肉中，含蛋白质 0.4～0.8 克，碳水化合物 7～15 克，有机酸 0.2～0.9 克，钙 3～5 毫克，锌 100～130 毫克。鲜食桃果，人体容易消化吸收，而且具有防止便秘、降低血的酸化度、预防癌症的功效。

桃果除可鲜食外，还可加工制成罐头、果汁、冷冻桃片、果酒、果酱、桃干、桃脯等。此外，桃仁可供药用，桃核可做成活性炭，桃胶经提炼可用于颜料、塑料、医学等行业。桃树的树姿优美，花色绚丽，早春盛开的桃花以其花色繁多、枝叶百态为特点，极富观赏价值。目前，观赏食用兼用的品种主要有垂枝白凤、花玉露、照手红、照手白、照手姬、照手水蜜等。供观赏用的各种花色类型的花桃、垂枝桃以及适应盆栽的寿星桃等，都为美化环境、绿化城市起到了重要作用。各地举办的桃花节，以花为媒，给当地带来了良好的经济效益和社会效益。

桃种类繁多，从果实外观、形状、肉色可分为蟠桃、油桃、油蟠桃、白肉桃、黄肉桃、红肉桃、黑肉桃等，可适应不同消费人群的需求。桃树具有易成花，结果早，易管理，易丰产，产量稳，成本低，效益高等特点，山地、丘陵、平原均可栽培，因此，桃树是各地发展农村经济的主要树种之一。

2. 栽培桃树的生态效益和社会效益

桃属蔷薇科，为落叶小乔木。全世界约有 3000 多个品种，我国亦有 800 多个品种。以颜色命名的有红桃、绯桃、碧桃、白桃、金桃、黄桃、银桃、胭脂桃等；以形态命名的有油桃、毛桃以及蟠桃、圆桃；还有以时令命名的早桃、秋桃、霜桃、冬桃、五月桃、国庆桃等。

在我国，著名的有山东肥城桃、陕西深州蜜桃、奉化玉露桃、无锡白花桃等。蟠桃被称为果中上品。就花而言，有红、粉红、白三色，甚至同一朵花上就嵌有红、白、粉红三色。人工培育的观赏桃，只开花不结果，树性矮小，重瓣花缀满枝头，有如树树红梅，誉为寿星桃。

我国桃文化源远流长，历代文人以桃花吟诗作画比比皆是。早在 3000 年前的古书《诗经》中已有记载："桃之夭夭，灼灼其华"、"桃之夭夭，有蕡其实"、"桃之夭夭，其叶蓁蓁"，这是描述桃的美丽，其花红似火灼，其果丰富多彩，其叶繁茂多姿。

由此可见，桃早已受到人们珍重和喜爱，在众果之中，人们唯独把桃李比喻为优秀人才，用"桃李满天下"来比喻老师培育人才之众；用"桃红柳绿"来形容明媚春色。现代人把桃译为"图发"，期盼生意兴隆，家庭幸福美满。

桃树是我国传统园林花木，树态优美，枝干扶疏，花朵丰腴，色彩丽艳，节日厅堂、家中摆上几盆观赏桃花，生机勃勃，陶冶情操，增添节日气氛。若成片种植，成为桃花山、桃花林、桃花园，别有一番情趣。我国的名山大川中，都有许多桃园胜景及历代文人墨客诗画之作，如五台山桃园洞、黄山桃花峰、苏州桃花坞等，真是神州大地处处有桃花。

近年来，浙江主产区奉化、南湖、嘉善以及河南的卫辉市等通过举办桃花节，欣赏娇枝绿叶、粉红桃花，已成为旅游热点。而山区、半山区发展桃树不仅增加收益、改善生活，而且还可改变荒山坡地面貌，防治水土流失，已成为发展经济林，改善生态环境，脱贫致富的有效途径。

3. 桃树生产的发展方向

（1）栽培技术向优质、安全和低成本方向发展　优质、安全和低成本是桃产品在市场上具有较强竞争力的前提，也是目前世界上发达国家桃生产的主要发展方向。减少用工投入是降低成本的重要途径。桃生产中，修剪、疏果是最关键的技术环节，长枝修剪技术在生产中得到越来越多的推广与应用，能大幅度地减少用工；水肥一体化，桃园养鸭养鹅除草，实施种养结合，果园生草新技术在节约生产成本方面也起到了重要作用，同时也增加了果园的有机质含量，肥沃了土壤。宽行密株和长枝修剪技术的应用，对于获得一个高光效的树形和桃果的高品质提供了保障。果树生产中，果品安全问题是广大消费者和政府十分关注的热点之一，也是各国设置贸易壁垒最常用的技术手段，绿色果品和有机果品的生产是今后发展的方向。

（2）品种向多元化方向发展　多年来，市场上多以白肉桃为主要桃产品，近年来黄肉桃因风味浓郁，所占比例逐渐提高；油桃和蟠桃亦将会得到较大发展；晚熟品种的面积将会增加；矮化品种和半矮化品种将成为育种研究的方向；耐贮运性能好、红肉、风味浓郁是鲜食桃品质发展的主要趋势。

（3）产业布局向观光果园发展　随着农业产业结构的进一步调整，改善生态环境、退耕还林的力度加大，桃树已成为开发高效的经济林树种之一。桃树树姿美丽，花色粉红，叶片翠绿，果形美观，是理想的绿化观赏树种，可以与旅游业相结合，开发观光果园。

（4）环境控制向设施化方向发展　设施促成栽培作为新兴产业异军突起，特别是油桃、早熟水蜜桃，通过设施促成栽培，在水果淡季上市，对调节市场、增加花色品种、丰富人民生活、改善果品质量起到了积极作用。加之南北方果品相互调运的牵动，其市场前景十分广阔。另外，近年来，由于生态环境的不断恶化，自然灾害频发，对农业生产危害较大，设施避雨栽培作为避免不良气候影响的重要举措，在农业生产上已被广泛应用，在桃树栽培上也不例外，通过设施保护，可使桃树免除寒流、风雨、雹害的侵袭，稳定生产。实践证明，通过设施栽培桃果的成熟期显著早于露地栽培，而且在提高桃果实品质方面也具有重要作用。

4. 给果农和果商的建议

（1）给果农的建议

① 注重优质果的生产　在果品市场上，以质论价已经形成，高

质量的桃果售价远高于普通果，而且畅销。因此，应加强综合管理，少施化肥（氮肥），多施用生物有机肥；采用果园生草制，割草肥田，不使用除草剂；做好生长期修剪工作，改善树体的通风透光条件，提高叶片的光合效能和树体的营养水平；严格疏花疏果，在一定产量的基础上努力提高果实质量。

② 增加桃果入库贮存比例　做好适时采收，及时入库，分规格、分级别入库，有利于适时均衡销售，提高经济效益。次等果入库贮存、混杂入库既不合算又不能建立长期的供货信誉。

③ 注意选择有诚信的经销商合作经营。

（2）给果商的建议

① 向管理要效益　能否获得好的经济效益主要取决于成本的控制和桃收、贮的性价比以及价格和质量的统一评判。因为质量、价格和效益是紧密相连的。

② 及时获取市场信息　把握国家政策导向，获取桃市场信息，就要关注媒体。利用电视、报纸、广播、网络，尤其是互联网上获取信息更快，上网能观天下。利用电话、手机（短信、微博、微信）看市场以及参加有关会议，及时多方位了解市场变化，准确判断趋势，顺势而行。

③ 提高应对负面新闻、自然灾害等突发事件的能力。

④ 重视塑造企业品牌　桃经营企业应该重视如何去增强企业的竞争优势。现在桃销售市场是乱马交枪，几乎是一个层面。因此，要提高企业竞争力，品牌战略是最佳选择。品牌销售是桃市场必由之路。当今中国桃产业已经跨过了"扩大生产规模的产业阶段"，现在已进入了提高品质，控制成本，转变模式的品牌培育、品牌销售、推行品牌战略的发展阶段。

二、投资预算

（一）土地租赁概算

1. 估产

（1）用前几年产量的平均数估算　该方法比较简单，在有记载的情况下，多用前 4 年产量的平均数。由于果树在管理不当时易出现大小年，用四年产量的平均数可包括两个大年和两个小年，误差较小。

如果用前三年的平均数，不是两个大年一个小年，就是两个小年一个大年，误差大。

【**例 1-1**】某桃园（盛果期）前四年的产量分别是 16 万千克、18 万千克、17 万千克、19 万千克。

承包合同的产量＝(16＋18＋17＋19)÷4＝17.5（万千克）

（2）**按果枝类型测产**　签订果园及土地承包租赁合同多是在树体休眠期进行，此时果枝类型是很好的估产依据。桃树多采用三主枝开心形或 Y 字形树形，数出一个主枝上不同果枝类型的数量，计算出全树不同果枝类型的数量，从而推算出全园的产量。计算公式如下：

全园产量＝主枝数量/株×（长果枝/主枝×留果数量/长果枝＋中果枝/主枝×留果数量/中果枝＋短果枝/主枝×留果数量/短果枝）×平均单果重(克)÷1000×株数/公顷×公顷数

公式中，除以 1000 是将克折算成千克；长果枝大果型品种每枝可留 1～3 个果、中果型品种每枝留 2～3 个果、小果型品种每枝留 4～5 个果；中果枝大果型品种每枝留 1 个果、中果型品种每枝留 1～2 个果、小果型品种每枝留 2～3 个果；短果枝大果型品种每 2～3 枝留 1 个果、中果型品种每枝留 1 个果、小果型品种每枝留 1～2 个果。

【**例 1-2**】某果园有盛果期桃树 1 公顷，每公顷 1245 株（株行距 2 米×4 米），采用 Y 字形树形，每株有两个主枝，平均每个主枝有长果枝 15 个、中果枝 20 个、短果枝 9 个，平均单果重 200 克（大果型品种），为保证果品质量，长果枝按 2 个果/枝、中果枝按 1 个果/枝、短果枝按 1 个果/2～3 枝留果，计算全园产量。

全园产量＝2 个主枝/株×（15 个长果枝×2 个果/枝＋20 个中果枝×1 个果/枝＋9 个短果枝×1 个果/2～3 枝）×200 克÷1000×1245 株/公顷×1 公顷＝26394（千克）

用此法测产，在调查不同果枝类型数量时，最好多数几个主枝，用平均数计算比较准确。

2. 桃园及土地承包租赁费用

（1）用估产数计算租赁费用

租赁费用概算＝估产数×市场平均收购价格

实际的租赁费用要小于租赁费用概算，否则承包者无利可图，最终的租赁费用以双方商定的为准，达到双赢的目的。

（2）近年来，土地承包费用也在不断上升，原来每年 1000～1200 元/667 米^2，现在每年达 1500 元/667 米^2 左右。遇有天灾（气候原因，如干旱、冰雹、水灾等，但乙方有能力解决的不在范围之内，此问题可参考周边其他园地的产出情况来定）导致果园及土地减产或绝产的情况，甲方可视情况予以适当减免租赁费。

3. 桃园及土地承包租赁合同范本

桃园及土地承包租赁合同

出租方（甲方）：　　　　　　身份证号：

承租方（乙方）：　　　　　　身份证号：

甲、乙双方根据《民法》、《合同法》，经平等协商一致，签订本合同。

一、合同标的

（一）本合同标的为甲方所拥有的村东桃园，共计约_____亩（具体可详查村委会出具的土地承包备案资料）的租赁经营权。甲方对标的物只予租赁，不予转让。

（二）标的物目前状况（数目若手写，则均需用大写）：此果园目前有一片桃园，其中，10 年以上桃树共计_____棵；3 年以上树龄桃树共计_____棵。

二、承包期限

（一）自____年____月____日起，六年以内甲方不得提出终止合同，相反乙方可自行决定终止合同，但乙方需在计划终止合同前一年告知甲方；超过六年以后，双方均可提出终止合同，但均需在计划终止合同前一年告知对方。

（二）遇有不可抗力，导致合同无法继续履行的，合同自行终止，甲方不予补偿乙方的投资，乙方不予给付租赁费；导致合同部分无法继续履行的，双方自行协商是否继续履行部分剩余合同，相关合同条款可友好协商予以变更。

三、承包费用计算方式及给付时间、方式

（一）承包费用计算方式：为_____千克当年果园良果对应的市场平均收购价值。即：假设当年果园良果对应的市场平均收购价格为_____元/千克，则整个果园及土地的承包费用为_____元。

（二）遇有天灾（气候原因，例干旱、冰雹、水灾等，但乙方有能力解决的不在范围之内，此问题可参考周边其他园地的产出情况来定）导致果园及土地减产或绝产的情况，甲方可视情况予以适当减免租赁费。

（三）给付时间、方式：乙方需于每年＿＿月＿＿日之前以现金方式将当年承包费用一次性支付给甲方。

四、双方权利及义务

（一）甲方权利及义务

1. 按期收取租金

2. 监督乙方对果园及土地的使用，若乙方有违反合同约定的情形，甲方有权予以制止，并可在制止无效的情况下无偿收回果园及土地使用权，且乙方于此之前的投资无偿归甲方所有，甲方不予退还土地上任何相关投资。

3. 承包期间，甲方不得在法律和合同的规定之外随意干涉乙方的生产经营活动。

（二）乙方权利及义务

1. 承包期间，乙方在不改变甲方果园现有布局的情况下有权自主安排果园及土地的经营使用，但不得违反国家法律、法规、政策的相关规定。

2. 乙方针对甲方现有的桃树品种不一致的情况，有权通过嫁接以统一桃树的品种，但除非经得甲方同意，乙方不得自行对现有果树实施任何砍伐重新栽植的行为。

3. 乙方对果园中、果园周边空闲土地及果树间的空闲地可自行安排经营，地上设施（房屋、电线、抽水设备等）可全权使用，但不得破坏、私自变更或做其他处理。

4. 乙方必须用心经营，保证甲方果园及土地的适种性，不得闲置荒废甲方土地。期间如出现因乙方管理不善而导致的损害（例如虫害、病害、火灾及其他人为损害等），由乙方及时购买青苗予以补植，否则需向甲方承担相关赔偿责任；如因不可抗力造成的损害，乙方不承担相应责任。

5. 乙方不得向其他人再次转包甲方果园及土地。

6. 乙方承包租赁期间，因喷洒农药或其他管理、操作不当的行为，对他人、农畜造成危害的，由乙方承担相应后果。

7. 乙方必须按时足额向甲方给付承包费。

五、国家征地、占地行为导致合同无法履行或无法部分履行情况下的处理方案

（一）所有相关土地征用或占用补偿费用、青苗补贴费用、人口安置费用等国家补偿、补贴费用均归甲方所有，乙方不得主张任何相关权利。

（二）国家征地、占地时，若对所征用、占用果园及土地当期的预期收获有专门补偿规定的，按此规定所得当期的补偿费归乙方所有，同时其他相关当期产出处理事宜亦按照此规定执行。

（三）国家征地、占地时，若对所征用、占用果园及土地当期的预期收获无专门补偿规定的，按下列方式进行。

1. 若乙方已经或有条件对当期果园及土地产出进行收获且没有证据证明对果园及土地的下个收获期进行投资的，甲方无需对乙方进行补偿。

2. 若乙方有证据证明已对土地及果园进行了下一届收获期的投资，则甲方不考虑乙方对所征用、占用部分的实际投资额或产出预期，一律平均按照实际征地、占用面积比例及下述标准，对乙方予以适当补偿。具体方案如下。

（1）若实际征地、占地行为发生在公历 10 月 1 日～次年 6 月 1 日，则乙方对整个果园及土地的总投资及收益补偿主张不得超过_____元。

（2）若发生在公历 6 月 1 日～10 月 1 日，且国家征地、占地时乙方无法或者国家不允许乙方对果园及土地上的作物进行任何收获的，甲方对乙方的补偿按照整个果园及土地的总预期收入的_____元标准计算；但之后果园及土地的产出归国家或甲方（若有可能）所有，乙方不得再主张任何权利。

（3）若发生在公历 6 月 1 日～10 月 1 日，乙方已对果园及土地产出进行部分收获的，已收货部分价值应当从总预期收入中相应扣除；之后果园及土地的产出归国家或甲方（若有可能）所有，乙方不得再主张任何权利。

（4）具体举例说明算法如下：若乙方有证据证明已对果园的下一届收获期投资了_____元，国家 5 月份征地、占地_____亩（共

_____亩），而乙方愿意继续承包余下部分果园，则甲方对乙方予以补偿额为投资额×占地面积/原有果园面积；若国家 9 月份征地、占地_____亩，乙方来不及或者国家不允许乙方对征用部分的作物进行收获的，且乙方愿意继续承包未征用或占用部分果园，则甲方对乙方最高予以补偿：投资额×4×占地面积/原有果园面积；若此前乙方已经收获了投资额，则甲方对乙方予以补偿：投资额×3×占地面积/原有果园面积，但之后被征用、占用部分的产出收益归甲方所有。

（四）此情形下租赁费的给付处理办法

1. 国家征地、占地行为发生在公历 10 月 1 日～次年 6 月 1 日的，乙方无需向甲方给付果园及土地征用部分租赁费。

2. 国家征地、占地行为发生在公历 6 月 1 日～10 月 1 日的，若乙方已经按照国家政策规定得到了对当期收益的专项补贴、乙方已经或有条件对征用、占用部分果园及土地的产出进行收获的和乙方虽然来不及或者国家不允许乙方对征用、占用部分的作物进行全部或部分收获，但甲方已按照上述条件对乙方予以补偿的，则乙方仍需向甲方给付当年征用、占用部分果园及土地的租赁费。

3. 上述本项中 2. 情况下的租赁费，可由甲方于给付乙方的补偿费中予以提前一次性扣除。

六、合同终止后的处理方案

（一）合同到期或双方当事人协商一致终止合同的，在乙方收获完当年果园及土地产出并全额给付当年租赁费用后，甲方按照当时现状收回果园及土地的经营管理权。

（二）乙方对果园及土地的相关投资（包含硬件设施等）均无偿归甲方所有，乙方不得私自改动、收回或破坏相关设施。

七、违约责任及争议的解决办法

双方任何一方如若违反本合同，违约方需一次性以现金方式向未违约方支付违约金_____元（上述条款中已列明违约情形并约定了处理方式的，同时一并执行）。其他违约责任可友好协商解决，协商不成，可向_____市人民法院起诉解决。

八、本合同一式三份（每份 X 页），双方当事人及第三人，各持一份，自双方当事人签字按手印时起生效（前 X−1 页，当事人均需签字按手印，或者在骑缝上统一按手印）

甲方（签字、手印）：　　　　乙方（签字、手印）：

地址：　　　　　　　　　　　地址：

日期：　　　　　　　　　　　日期：

（二）苗木投资概算

1. 确定品种

购入苗木首先要确定品种。由于桃树的生命周期较长，必须慎重选择品种，否则会给以后若干年的经济收入造成损失。选择品种的依据：一是要对未来国内外的桃果品市场进行预测，尽量选择适宜出口的品种。这就需要搞好调查，作好预测。应超前预测，培养、引进一些在国际市场更具竞争力的品种予以推广。二是根据国内外各品种的栽培面积和总产量确定自己的发展方向。三是根据当地的实际情况，发展具有地方特色的名优品种。

2. 苗木类型核算

随着科学技术的不断发展，果树的苗木类型和栽培形式也在不断变化，以前我国的桃园绝大多数为乔化树，未来桃的苗木类型和栽培形式将会出现新的变化，除了乔化苗木外，短枝型苗木、矮化中间砧苗木将大量投入市场，用新型苗木建立的果园也越来越多。栽培形式由传统的成品苗定植，发展为半成品苗也可定植。不同类型的苗木售价也有差异，矮化砧苗木因育苗时间长（一般需 3 年出圃）投工投资大，售价较贵；短枝型苗木结果早，产量高，价格次于矮化砧；繁育乔化果苗比繁育矮化砧果苗投工投资少。栽植后结果偏晚，售价最低。矮化苗木（包括矮化砧和短枝型）单位面积的栽培株数是乔化苗木的 2～3 倍甚至更多。因此，矮化苗木单位面积投资大，乔化苗木单位面积投资少。

果树苗木结果以前的投资属于固定资产原值，苗木是其中的一个组成部分。用较少的投入取得同样的经济效益，或者用同样的投入取得较大的经济效益，是一切经济核算的目的。桃苗木类型（矮化、乔化）不同，进入结果期的年限不一样。同样条件下，桃树的短枝型或矮化砧型植株较乔化植株可提前 2～3 年进入盛果期。按同样的价格计算，虽然矮化果树苗木单价高，栽培密度大，建园时苗木投资多，但盈利早，经济效益高。

【例 1-3】1 公顷乔化桃一般栽 660 株（株行距 3 米×5 米），每株一元钱，投资 660 元。1 公顷矮化桃一般栽 1665 株（株行距 2 米×3 米或 1.5 米×4 米），每株两元钱，投资 3330 元。矮化果树 3 年丰产，乔化树 6 年，每公顷产量均按 22500 千克；单价按 2 元/千克计算，丰产前，矮化树的管理投资平均每年为 1665 元，乔化树为 660 元（每株每年平均 1 元），丰产前的产量忽略不计，丰产后农药、化肥的投资比例按总收入的 20% 计算，其他的管理投资视为一样，6 年后：

矮化树盈利＝2×22500×（6－3）×（1－20%）－3330－1665×2＝101340（元）

乔化树盈利＝2×22500×（1－20%）－660－660×9＝29400（元）

矮化树的盈利额约是乔化树的 3.45 倍。同样一个乔化品种嫁接在矮化砧上较之嫁接在乔化砧上不仅结果早、产量高，而且色泽、风味等均优于乔化栽培，果品单价也高。因此，利用矮化砧果苗栽培桃树，其经济效益实际上要高于上面的计算数字。

（三）肥料投资概算

桃树的施肥效果受多种因素的影响，包括品种、树龄、树势、产量水平、修剪方法、果园质地、肥料种类、施肥部位及深度、施肥时期以及气候条件等。因此，桃树的科学施肥不可能是一种固定不变的方式，还需要随环境和时间的改变而不断调整。

1. 桃产量的确定

桃树的施肥量一般是根据产量水平确定的，因此，确定产量是桃精细施肥的最重要环节。目前，大多数果农都说不清楚自己桃园每年的产量，但却十分清楚自己每年套了多少个袋，因此，可以根据果农的这一习惯，根据桃园套袋的多少和平均单果重确定产量，从而为施肥量的确定奠定基础。

2. 肥料种类的确定

桃园常规施肥不仅要考虑氮磷钾，更重要的是要补充有机质，同时，还要考虑适当补充钙镁以及其它的微量元素。选择肥料的种类主要包括有机肥、复合肥、土壤调理剂和叶面肥，其中，有机肥以生物有机肥或经微生物发酵后无异味的有机肥为佳，但不能施用未经腐熟的有机肥。在施基肥时，施用的化肥可选择肥料比较长久的控释肥、缓释肥或复混肥、复合肥等，追肥应选择肥效快速的复合肥或冲施肥。土壤调理剂最好使用弱碱性同时含有硅钙镁三种元素的产品，如金峰牌硅钙镁，含硅 20%、钙 29%、镁 22%；除酸性土壤外，尽量不使用碱性过大或只含有钙的产品，如生石灰，因为碱性过大容易伤害果树根系，单纯补钙容易造成土壤钾钙镁不平衡。叶面肥最好能选择可同时补充或调节树体中微量元素的叶面肥，如爱吉富海藻肥；不要选择那些重金属含量高、强酸或强碱性叶面肥，因为这类叶面肥幼果期间无法施用，而此期正是叶面肥能发挥最大作用时期。

3. 氮磷钾比例的确定

桃树对氮、磷、钾三要素的需要量，以氮、钾为最多，磷较少，在一年中，桃树需要的氮磷钾比例大致为 2∶1∶2，而果实发育的中后期则为 2∶1∶3，据测定，我国桃产区每生产 100 千克果实，需纯氮 0.5 千克，纯磷 0.2 千克，纯钾 0.6～0.7 千克。但需根据立地土壤的自然肥力而进行适当调整。钾肥对桃的果实发育特别重要，钾充足时产量高，果实大，品质优；钾不足，叶小色淡绿，落叶早，且果实易烂顶。氮过量会出现果实腹软、味淡。

4. 施肥量的确定

桃树施肥期的确定主要依据其年周期中生长发育的特点，同时参考品种、树龄、树势产量及桃园气候土壤条件等，综合制订。对于结果期树每年需施 6 次肥。重点是基肥和果实膨大肥。

（1）基肥　于秋季一次施用。秋季基肥最适宜的时期是 9～10 月份，以迟效的有机肥为主，结合增施氮、磷、钾等速效性肥料。施肥方式有环状沟施、放射状沟施、条施等。

（2）追肥　一般可在萌芽前、花后、硬核前、果实膨大期以及采果后分 6 次进行。

此外，可结合喷药进行根外追肥。常用的肥料和浓度为：硼酸 0.2%～0.3%，磷酸二氢钾 0.2%～0.3%，尿素 0.3%～0.5%，硫酸亚铁 0.2%～0.3%，草木灰浸出液 3%，生长期硫酸锌 0.3%、休眠期 1% 等。

稳产果园在风调雨顺年份按基本施肥量使用即可达到理想的产量，但现实中很多果园存在着大小年或因气候变化造成果实大小年间差异很大的现象，因此，有针对性地调节施肥量也是生产中所必须要考虑的。

以句容桃园投入与产出情况为例，句容在建桃园时，农业科技人员主张果农以生产有机桃为目标，因此，绝大多数果农在桃树施肥上都按照农业科技人员的指导操作，从调查的桃园来看，施肥种类主要是菜饼、农家肥、有机肥等，个别果农追求产量，施用复合肥。从桃园产出来看，施用复合肥虽然有较高的产量，但是果形大、光亮无虫斑的优质果率低，只有 50%，虽然优质果的生产与所栽植的品种、果园管理及其他气候等有关，但肥料的使用是影响优质果生产的重要因子。具体见表 1-1。

表 1-1　8 个桃园肥料投入及产桃情况

桃园	建园时间/年	面积/公顷	施肥时间	肥料及用量/(千克/公顷)	总产量/(千克/公顷)	一级果/(千克/公顷)
大卓 1	15	10.00	11 月 果熟前 20 天	菜饼 1500、钙镁磷 300、豆粉 150、硼 7.5 豆粉 150	7500～8250	4500～5250
大卓 2	8	3.33	11 月 果熟前 20 天	菜饼 1500、钙镁磷 300、 豆粉 150	7500～9000	5250
大卓 3	8	1.00	11 月	豆粉 150、硼 7.5 复合肥 1500、钙镁磷 300、豆粉 150、硼 7.5	15000	7500
后白 1	11	6.67	果熟前 20 天 11 月	豆粉 150 鸡粪 11250	12000～13500	11250～12000
后白园区	10	17.33	11 月	鸡粪 11250	7500	11250
戴庄	8	6.67	8 月 12 月	菜饼 1500 鸡粪 7500	11250	4500
马更	8	8.00	11 月		9000	4500
白兔园区	15	13.33	11 月	有机肥 11250	11250	6000

注：刘亚柏等 2011 年 3 月 2～4 日调查。

（四）农药投资概算

防治桃树病虫害是桃园管理的一项重要任务。即使在修剪、施肥、改土等措施都运用得当的情况下，如果病虫防治不当，全年的生产也会将前功尽弃。近几年来，由于果树发展速度较快，新果农增加较多，果树病虫害防治知识较差，生产上往往是有虫就喷药，甚至无虫也喷药（喷保险药）。此做法在虫口密度较小时将仅有的几头害虫杀死，一方面会使天敌失去食物，影响繁衍，降低了自然界对害虫的控制力；另一方面使用农药所付出的代价大大超过了所保护下来的果品价值，得不偿失。在虫口密度较大时，及时采取一些农业、生物和化学防治措施，调低虫口密度是必要的。从生产成本和生态平衡来考虑，确定虫口密度的依据是害虫对生产造成的经济损失量。生产上所能容忍的经济损失量，是害虫防治中的经济允许指标。当害虫的危害程度（主要是虫口密度）低于或等于经济允许指标时，勿需进行防治；当害虫的危害程度大于经济允许指标时应采取措施降低虫口密度。确定果树害虫经济允许指标的方法如下：

1. 食果类害虫经济允许指标计算法

由于此类害虫为害后的经济损失是直接的，用虫害果的经济损失与喷药支出直观比较，就可确定虫口密度的允许指标。设：

果品总产/千克	a
虫果率/%	b
果品单价/（元/千克）	c
农药单价/（元/千克）	d
每次用药量/千克	e
用药次数/次	f
工日值/（元/人·天）	g
每次喷药用工/个	h

则有：$x = cab - (dfe + ghf)$

当 x 的值为负数或零时，虫果率为经济允许指标，勿需防治；当 x 的值为正数时，应考虑防治。当 x 的正数值偏小时，考虑到农药残留、天敌保护以及环境污染等因素，尽量采取农业和生物防治措施调整虫口密度，酌情减少喷药次数或不喷药。

【例1-4】某果园的桃产量是10000千克，现查得桃小食心虫果率为1%（桃小食心虫一般一年发生一代，按此计算）。全年用药4次，每次3千克，单价按每千克20元计算，需240元。每次喷药用工2个，每个工日值50元计算，4次需工钱400元。合计投资640元。

此时如不喷药防治，将损失果品 100 千克，按每千克 6 元计价（2013 年产地桃平均单价），果品损失价值 600 元，比喷药减少 40 元的损失。该例中如若虫果率提高到 2%，药钱和工钱仍为 640 元，果品损失价值就上升到 1200 元，这样喷药比不喷药将减少 560 元的损失。因此，1% 的虫果率就是桃小食心虫在桃树上的经济允许指标。当然随着果品单价和农药单价的变动，指标也要有相应的变化。

2. 食叶类害虫经济允许指标计算法

食叶类害虫间接影响经济质量，经济损失程度是在叶片受害后通过减少叶面积、降低光合能力，按光合产物用于果实的比例计算出来的。设：

亩虫口量/头 n

单虫为害叶面积/米^2 s

在山东太阳辐射热年平均为 502.4 千焦/厘米^2；桃生长季节叶片的光合产物量约为 4.2 克/(米^2·天)；桃叶片的有效光合时间为 190 天左右；光合产物约 35% 用于果实的生长发育；果实中干物质量占 15%。

一头食叶害虫对产量的影响（千克）= $4.2 \times s \div 190 \times 35\% \div 15\% \div 1000 = 1.862s$

即害虫每损失一平方米的叶片，减少果品 1.862s 千克。

食叶类害虫经济允许指标的计算公式：

$$x = 1.862snc - (def + ghf)$$

以上是单一害虫、单一农药的指标。但在同一果园、同一时间内，往往是多种害虫并存，喷药也是几种农药混在一起使用，指标的计算公式也应做以下调整（以食果类害虫的经济允许指标计算法为例）。将原式中的 b 改为 $\sum b$，def 改为 $\sum def$（$\sum$ 是综合号。$\sum b$ 是若干个 b 相加；$\sum def$ 是若干个 def 相加）。即：

$$x = c(\sum b)a - [(\sum def) + ghf + pf + k + j + ia]$$

由于 i、j、m、p 不易得到准确的数字，故生产中一般不作为计算因素，只作为考虑因素。

对于为害根、茎、花等器官的害虫，由于对果品生产的影响方式不同，需在长期的生产实践中进一步研究。

果实病害和叶部病害的经济允许指标，可在做好病害发生程度预测的基础上，按为害程度和为害部位，分别代入食果类害虫和食叶类害虫的计算公式进行计算。如果所有的果树病虫害都按经济允许指标防治，则是用最小的投入换取最大的产出。

防治病虫害成本的计算方法：

单一害虫的防治成本 $=def+fgh$

单一害虫的防治成本 $=20\times3\times4+50\times2\times4=640$（元）

果园中多种病虫害并存时，防治总成本的计算方法是：

防治病虫害的总成本 $=\sum(def+fgh)$

【例 1-5】 某果园的桃产量是 100000 千克，一年中防治桃小食心虫用药 4 次，每次 27 千克，单价是 20 元/千克；防治桃蚜虫药 2 次，每次 27 千克，单价是 18 元/千克；防治桃叶穿孔病（兼治其他病害）喷药 3 次，每次支出药费 600 元，防治烂桃病一次，用药 200 千克，单价 20 元/千克；防治白粉病 2 次，用药 27 千克，单价 35 元/千克；防治桃小绿叶蝉一次，用药 27 千克，单价 20 元/千克；防治红蜘蛛用药 3 次，每次 27 千克，单价 20 元/千克。每次喷药用工 2 个，每个工日 50 元。

防治病虫害总成本 $=(20\times27\times4+50\times2\times4)+(18\times27\times2+50\times2\times2)(600\times3+50\times2\times3)+(20\times200+50\times2\times1)+(35\times27\times2+50\times2\times2)+(20\times27\times1+50\times2\times1)+(20\times27\times3+50\times2\times3)=2560+1172+2100+4100+2290+640+1920=14782$（元）

每千克桃果的防治成本 $=$ 防治病虫害的总成本/果品总产

每千克桃果的防治成本 $=14782/100000\approx0.15$（元）

（五）用工投资概算

目前，从事桃种植的果农基本以中老年人为主，年龄在 60 岁以上的占从业人员总量的 23.3%，50～60 岁的占 42.8%，40～50 岁的占 24.0%，40 岁以下的不足 10%。因此，在集中管理期，果园劳动力非常缺乏。随着果园雇工和化肥、农药、运输各个环节成本的上涨，果园生产投入不断增加。如今果园雇工人均日工资 85 元，每亩果园的综合成本平均在 2700 元左右。

近年来，劳动力成本变化最大，普通散户由于种植面积较少，一般靠家庭成员完成，所以劳动力成本上升对其影响较小，但对于基地和种植大户等需要雇佣劳动力的生产经营者来说影响较大，原来每工

40～60元，现在一般均维持在每工60～100元。劳动力费用的大幅增加，甚至影响了部分基地的正常生产。从表1-2可看出，全年平均人工使用量达34个，用工主要集中在打药、除草、修剪、疏果、套袋等环节，其中修剪用工量占全年用工量的13.5%，平均每工费用101.6元；除草用工量占14.6%，平均每工费用89.5元；打药用工量占15.1%，平均每工费用64.8元。另据调查，果园用工时效性最强的是疏花疏果、套袋、采收三个时节。

表1-2　2012年桃树（667米^2）田间操作人工及费用明细

田间操作	修剪	深翻	除草	打药	疏果	套、拆袋	采收	其它	总计
人工/个	4.56	2.56	4.93	5.1	2.93	3.78	2	8	33.86
费用/元	463.4	200	441	330.5	228.3	368.9	160	480	2672.1

注：熊帅，纪仁芬等，浦东新区2012年桃园生产成本调查报告。

（六）市场营销概算

1. 市场调研

市场调研，是指为了提高产品的销售决策质量、解决存在于产品销售中的问题或寻找机会等而系统地、客观地识别、收集、分析和传播营销信息的工作。目前的发展趋势是网上市场调研，这种高效的调查手段也被许多调查咨询公司广泛应用，其优点主要表现在提高调研效率、节约调查费用、调查数据处理较为方便、不受地理区域限制等方面。但是在线市场调研并不是轻易可以实现的。

市场调研费用包括资料复印费、人工费用、交通（差旅）费和一些其他费用。

2. 媒体推广

推动商品生产、交换的一个最积极、最主要的因素是广告推广。广告推广实际是在展现企业的实力、知名度和业绩。但是，广告推广对消费者来说一种单向交流，缺少像人员推广那样的说服力，而且其代价往往很高。这就要求企业必须了解广告推广所能起到的作用、广告推广的原则和方法，只有这样，方能有效运用广告进行市场推广。

媒体推广的主要费用包括电视广告费、户外招牌费、报纸及宣传单、促销活动和公关费用。

3. 员工配置

市场营销必须有一定的专兼职营销队伍。一般需配备营销经理、区域经理、业务员和店员。规模小的桃生产者，做营销时可由现有的工作人员兼任，这样可以减少部分营销费用。

4. 店内装修

店内装修主要包括硬装、软装和广告。其中，硬装包括装修和展柜；软装包括茶吧、茶具和电脑等；广告包括 LED 和促销品。

5. 物流运输

物流运输主要包括送货车、物流配送和燃油路桥费用。

下面以中优质桃营销为例，具体见表 1-3。

表 1-3　中高端桃营销费用表

项目明细	费用明细/元	项目明细	费用明细/元
资料复印费	1000	营销经理	36000
人工费用	6000	区域经理	30000
交通(差旅)费	3000	业务员	20000
其他	1000	店员	15000
小计	11000	小计	101000
电视广告费	10000	硬装	40000
户外招牌费	30000	软装	15000
报纸及宣传单	8000	广告	15000
促销活动	15000	小计	70000
公关费用	10000	送货车	50000
小计	73000	物流配送	10000
		燃油路桥	15000
		小计	75000
		总计	330000

费用说明：

① 店内装修 7 万元，送货车 5 万元，都属固定资产。

② 媒体推广 7.3 万元，可调。费用不应当年摊销，且逐年费用递减，销量递增。

③ 员工配置费用可根据实际调整，当年销售不低于 240 万元。

④ 销售计划为：第一年 240 万元，第二年 360 万元，第三 540 万元，基本按 50% 递增。

⑤ 产品价格定位为中高端桃，综合毛利率不能低于30％才合理。策略：培养优质桃，树立自己的品牌，做大店面直销。

（七）其他投资概算

果园基本建设的其他核算主要包括整地、水利建设、修路、购置机械等。由于此类投资起的作用时间长，投资需分期回收，一般回收越早，投资的经济效益越高。所谓回收期是指基本建设投资总额与基本建设项目建成后平均每年纯收入增加额的比值。

投资回收期＝基本建设投资总额/平均年纯收入增加额

桃树种植除按回收期确定投资外，更重要的是通过核算桃树整个生命周期的经济效益，确定桃园的基本建设规模和投资额。

1. 兴修水利和整地改土

兴修水利和改土均可改善果树的生长条件。同期栽植同样的果树，生产条件不同，进入结果期的时间、单位面积产量和收入差别较大。生长条件好，果树生长快，成型早，早丰产；生长条件差时，果树的反应正好相反，严重时出现"小老树"。一般整地改土做得好，具有排灌条件的果园，果树的丰产年限长，纯收入高。在一定范围内，兴修水利和改土投资越大，丰产年限越长（水土条件好时，不仅结果早，衰老的时间也晚）。在投资回收年限相同的情况下，投资大的果园，丰产年纯收入增加额大。适当增加果园基本建设投资，对提高果树整个生命周期的经济效益非常有益。在投资回收年限相同的情况下，成龄果园由于丰产年限较短，丰产年纯收入增加结余额偏低，在投资较少的情况下余额更低。因此，成龄果园做好水土基本建设，应适当加大投资规模，并注意抓紧时间，宁早勿晚，以利提高纯收入增加额；已进入衰老期的果园，产量下降，投资收回能力低，应压缩基建投资或不投资。

2. 果园折旧

可供长期使用，并在使用过程中保持原有物质形态的劳动资料和消费资料称为固定资产。根据这一概念，果树和果园机械均属于固定资产，固定资产的价值随着使用而逐渐减少，并被逐渐地转移到产品中去。通过产品价值的实现被转化为货币资金，脱离其实物形态。尚未转移部分的价值，应留在实物形态中。虽然固定资产在生产经营中的实物形态不变，但会逐渐磨损老化，以至不能使用而报废。通过逐渐损耗转移到产品成本或商品流通费用部分的价值，在会计核算中称为折旧。提取折旧的方法有两种，一种是综合折旧，提取时按折旧率计算。

综合折旧率（％）＝全部折旧总和/固定资产原值×100

另一种是年限折旧，估出固定资产的使用年限，在按固定资产原价减残值加清理费除以使用年限，算出每年的折旧额，年折旧额除以12是月折旧额。

年折旧额＝（固定资产原值－预计残值＋预计清理费用）/使用年限

年折旧率＝年折旧额/固定资产原值×100％

【例1-6】一台柴油机，购价5000元，预计使用年限为15年，预计残值为400元（报废后的处理价），预计清理费为50元。

年折旧额＝（5000－400＋50)/15＝310（元）

年折旧率＝310/5000×100％＝6.2％

【例1-7】某村有果树1公顷，成龄后转为固定资产，作价每公顷100000元。预计盛果期20年，幼树期培养费和建园费合计80000元。预计残值70000元（20年中剪下的枝条和20年后刨掉的老树），清理费2000元（运树枝、刨树等）

年折旧额＝（100000＋80000－70000＋2000)/20＝5600（元）

年折旧率＝5600/100000×100％＝5.6％

两种折旧法在一个单位不能同时并用，只能用其中一种。果园折旧用年限折旧法较好。果园虽然不像机械逐渐磨损，但随着时间的推移，果树盛果期的年限在缩短。建园费用和幼树抚养费用，随着树龄增长而逐渐消失，最终也会失去生产能力。这些特点在会计核算上都符合提取折旧的条件，因此，果园承包不提折旧是错误的。

三、经济效益分析

（一）价格分析

1. 风险社会

社会风险的提出者是德国著名社会学家乌尔里希·贝克，风险社会是基于后工业社会充满风险的现状而提出来的，前苏联的切尔诺贝利核电站泄露事件、英国的疯牛病、SARS、全球气候变暖、艾滋病、H1N1甲型流感病毒等充分说明了现代社会是一个充满风险的社会，可以说，风险是无处不在，无时不有。贝克认为"风险是个指明自然终结和传统终结的概念。或者换句话说：在自然和传统失去它们的无限效力并依赖于人的决定的地方，才谈得上风险。风险概念表明人们创造了一种文明，以便使自己的决定将会造成的不可预见的后果具备可预见性，从而控制不可控制的事情，通过有意采取的预防性行动以及相应的制度化的措施战胜种种（发展带来的）副作用。"传统社会人们主要是基于生理发展需求而抵抗风险，其经典命题是"我饿"，而风险社会则是基于风险对人们心理承受能力的打击提出来的，其经典命题是"我怕"，这种怕已经不是心理上的恐惧，它已经超出了人类心理的承受能力。因为风险一旦发生，将会产生灾难性后果，人类负不起这个责任，甚至对灾难无能为力，束手无策。

风险社会理论的主要贡献就是让我们利用其关于风险、灾害和社会思想的分析重建现代性理论。乌尔里希·贝克虽然没有完成整个工程，其风险社会的理论却提出了现实的针对性问题。桃产业由于其自身特性，本身就带有很强的风险性，再加上现代市场经济激烈的竞争影响，使其发展受到了限制；因此，对于桃进行风险分析是很有必要的。市场经济条件下，价格是非常灵敏的，也是衡量经济是否健康良性运行的一个有效手段，通过分析价格波动可以看出市场供求状况和竞争激烈程度，为了研究桃产业的发展情况，需要对桃果价格风险进行分析。

2. 桃果价格风险分析

桃产业发展带有很强的地域性和季节性，同时更是充满了风险，在发展桃产业时，除了要考虑自然灾害因素以外，更重要的是要考虑市场风险，而市场风险的衡量标准主要是价格，价格的波动可以反映出桃市场的供求状况，而市场的供求状况决定了果商对于桃果数量的购买和桃果收购价的高低。桃果价格风险集中表现在以下几方面。

（1）价格信息闭塞，没有正规的价格信息来源渠道　桃果的出售主要靠外来果商到桃树种植地购买，当地果农对于桃果品市场价的信息主要从外来果商的口中得知，由于果商为了追逐自己最大化的利润，因此，总是把市场价说得很低。另外，政府没有直接介入。在某些地区桃果品销售市场机制还不完善的情况下，政府的介入是很有必要的，至少在提供市场价格信息方面，政府应为果农提供及时、准确的价格信息，帮助果农对桃果品进行价格定位。还有一个方面就是果农大多没有走出去看看的意识，等购意识占当地果农思想的主流地位。

（2）价格被人为因素影响，市场经济的公平竞争规则受到冲击

价格的人为因素影响主要表现在：一是有些果商不懂桃，不以桃的质量好坏进行定价，而以自己愿出的价格为价，即是所谓"唯价格论"，不因货说价，而以价评货，致使有些果农的商品果也被他说得不如其实，影响其他果商的购买和果农的自信心，这往往会迫使果农在低扰动的情况下，低价卖出自己的桃果。二是中介组织和代办的影响。一般情况下，中介组织和代办是帮助果商说话的，这有利于吸引果商前来购果，减少他们担心被当地人欺负的顾虑；但是这也有很不利的一面，果商是外地人，要购买桃果，需要依赖当地人的帮助，自然当地的中介组织和代办对他们有着重要影响，而中介组织和代办如果不能客观公正地进行价格协调，必然导致两败俱伤，果农的利益不能得到充分保证，而果商又在当地留下不好的名声，失去了再次合作的机会。

（3）果农普遍缺乏市场价格意识，主要以经验判断决定价格

一般来说，果农对自己桃果价格的定位取决于三个因素：一是成本因素。辛辛苦苦干了一年，怎么也得保住成本才行，况且果农主要靠桃果的出售获得收入，如果不能保本，岂不是连基本的生活也无法保证。二是以往年的出售价为参考。主要是以最近两三年的出售价为参考，如果今年的价格与往年的相差不大，一般情况下，果农会考虑卖掉自己的桃果；相反，如果相差太大，则不考虑售出。三是与周围果农作比较，为桃果定价。周围人的桃果卖了什么价，要与周围人的价格差不多才行，要是能高些，那就最好，如果自己桃果的卖出价比周围人的卖出价低很多，果农会有很大的心理反差，心理极为不平衡，因此，从众效应迫使他们会认真考虑自己周围果农桃果的售出价。

（4）果农之间没有形成适度规模垄断组织，定价规则掌握在果商手里

既没有正规的统一的桃果销售组织，而且果农之间也没有达成契约，在面对桃果定价时，只能任由果商说，果农大多处于从属地位；也就是说，桃出售价的定价规则掌握在果商手里。造成这种局面

的原因主要有两点：一是桃产业经过几年的发展，桃果产量大幅度增加，目前桃果虽然不能算是供过于求，但基本能供上，因此，果农之间存在着较为激烈的竞争。二是没有引导果农正确销售桃的组织，果农之间没有联系，处于一盘散沙状态，在果商前来购果时，大家争抢卖出自己的桃果，这样对于果商来说，有了更大的选择余地和降价的机会，在果农之间竞争的时候，果商进行大幅降价，从中渔利。

（二）供应量分析

改革开放30多年来，我国的绝大部分产业都已经历过从极度短缺、供不应求到供求平衡，再到产品过剩的发展历程。农业中的粮食、蔬菜、各种瓜果也基本达到正常的平衡供应，那么桃产业的发展目前处于何种阶段，供求是否平衡或已达过剩？

1. 桃果总产量仍会增长

近几年，我国桃和油桃的栽培面积维持在69万公顷以上，但开始出现下降趋势，尤其是在我国桃的主产区，其面积减少的趋势更加明显。由于樱桃的市场价格明显高于桃和油桃，种植樱桃将会给果农带来更高的市场回报，因此，在我国桃和油桃的主产区（如山东、河北），一部分桃农减少了桃和油桃的栽培面积，由此导致这些地区的桃和油桃栽培面积持续减少。美国农业部提供的数据表明，2010年我国桃和油桃的栽培面积为68.8万公顷，比2009年减少了2.2%；桃和油桃的总产量为1001.5万吨，比2009年减少了0.02%。因此，可以判断，在今后一段时间内，我国桃和油桃的栽培面积趋于稳定或略有下降，但随着单产的提高，桃和油桃的总产量仍会增长。具体见表1-4。

2. 桃果出口量不会有很大增长

2006～2009年，我国鲜桃出口量和出口额一直保持上升趋势。美国农业部预测我国鲜桃出口量在2010年为5.2万吨，比2009年增长30%。然而，根据海关统计信息网的资料，2010年，我国鲜桃出口量仅为2.78万吨，比2009年减少了30.6%；鲜桃出口额1297.7万美元，比2009年减少了20.8%。鲜桃出口量与出口额的下降，直接导致其在桃产品出口中所占的比重降低。我国鲜桃出口下降的主要原因：一是桃和油桃的栽培面积和总产量下降导致供给紧张。二是国内对鲜桃消费需求强劲。美国农业部的统计资料表明，2010年，我

表 1-4 2006～2009 年我国各主要桃产区产量变化

产量：万吨

省份	2006 年	2007 年	2008 年	2009 年
山东	215.6	234.7	243.7	244.3
河北	131.7	137.1	143.0	144.5
河南	65.0	77.5	85.1	93.8
湖北	48.4	50.2	51.1	56.7
辽宁	41.8	44.0	46.1	50.7
陕西	32.6	39.1	44.1	48.5
江苏	35.0	38.0	43.4	43.8
四川	33.0	35.9	39.3	41.0
北京	30.0	41.5	40.4	40.9
浙江	31.2	31.6	34.6	36.6
全国	821.5	905.2	953.4	1004.0

数据来源：中国种植业信息网。

国鲜桃消费量为 866.3 万吨，比 2009 年增长了 2.8％。三是鲜桃的保质期短，对包装、储存以及运输等方面的要求较高，不适合长距离运输。可以预测，在桃和油桃供给消费需求增速快于生产供给增速的情况下，在今后一段时间，我国鲜桃出口量将很有可能维持现有的出口规模，不会有很大的增长。

（三）需求分析

桃果的消费量随着城镇化的推进与人口的增加在不断地增加，桃果价格也稳中有升，桃果消费需求市场逐渐趋于成熟。

影响桃果消费需求的影响因素有人均年可支配收入、桃市场价格、城市化水平、替代品价格、消费者偏好等。桃果消费需求对人均年可支配收入有着较大的弹性。比较而言，桃需求收入弹性相对价格弹性要大，因此，促进城乡居民人均收入增长是刺激桃消费切实可行的举措；桃消费需求对价格变化缺乏弹性，适度提高桃销售价格，能够促进果农增收。

1. 桃自身的价格

一般而言，一种商品的需求量与该种商品的销售价格之间有着直接的关系，除某些特殊商品外，商品的需求量与其销售价格往往呈反方向的变化。

桃果的需求量对桃果价格变化的敏感程度可以用公式表示为：$E_P=(\Delta D/D)/(\Delta P/P)$。根据理论分析，$E_P$ 应当小于 0。根据实证分析，得到大多数年份桃果需求价格弹性 $E_P<1$，表明桃果的需求对桃果价格变化不敏感，桃果销售价格在一定范围内上涨时，人们对桃果的需求量不会减少或者稍微下降。但当价格上涨达到一定程度时，不可避免地造成消费量的大幅度下降，使 $E_P>1$。

2. 居民的可支配收入

在居民对桃果的购买过程中，受到消费者效益最大化原则的约束，桃果的消费量随着可支配收入水平的提高不断增加。桃果的需求量对消费者的人均可支配收入变化的敏感程度用公式可以表示为：$E_I=(\Delta D/D)/(\Delta I/I)$。通过理论分析，桃果需求的收入弹性系数应当大于 0，根据实证分析，大部分的年份的需求弹性大于 0 且小于 1，说明桃属于正常品，可支配收入对桃果的消费量有正向的促进作用，随着收入的增加逐渐增加对桃果的需求量。

3. 城市化水平的提高，可以拉动桃消费需求

用桃果需求的城市化弹性来描述桃果需求量对城市化水平变动的敏感程度。其公式可以表示为：$E_U=(\Delta D/D)/(\Delta U/U)$。由理论分析可知，桃果需求的城市化弹性系数应该为正值。根据研究年份数据实证分析得到，大多数年份桃果需求的城市化弹性大于 1，说明桃果的需求对城市化水平的变动比较敏感，城市化水平的稍微提高就可以带动较大的桃果消费量的增长。随着桃果市场的逐渐接近饱和等因素的影响，使桃果需求的城市化弹性系数逐渐下降。

4. 影响桃果消费行为的其他因素

桃果的消费量还受很多其他因素的影响，如替代品的价格、消费者偏好、前期消费、国民的文化素质、科技进步、气候状况等都会在一定程度上影响桃果的消费量。

我国农村人口众多，农村消费潜力巨大，因此，破除城乡二元化体制，通过各种途径增加农民收入，可以带动桃果的消费。由于桃果需求对价格不是很敏感，在政策方面应该完善市场信息，在提高桃果品质的前提下，由市场来决定桃果的供应量与价格，使桃果价格在合适的水平下保证消费最大化。

（四）亩年均收益

1. 桃单位面积成本分析

虽然我国桃以农户的小规模生产为主，但是总体规模效益还是明显的，特别是桃优生区。真正的原因是果农收入高，带动产业发展，形成规模效益。王真等以北京市桃主产区为例，对桃单位面积（667米²）成本进行了统计，结果见表1-5。选取成本构成中主要指标为土地、物质、人工成本及总成本进行分析。由图1-4可知，2010～2012年，单位面积成本呈上升趋势，2011年比2010年增长34％，2012年比2011年增长近43％；其中，单位面积物质成本平稳小幅增长，而人工成本显著增加，成倍增长；近3年桃主产区单日用工成本为：2010年40元/工，2011年50～60元/工，2012年100～120元/工，日用工与单位面积用工成本变化趋势一致。到2012年，人工成本已经超过物质成本的投入。土地成本由102元上升到410元，翻了4倍。根据2012年调查数据，虽然土地成本飞速上涨，但其在总成本中所占比例并不高（仍低于10％），而人工成本占总成本的比例已经超过50％。单位面积各类成本所占具体比例见图1-5。

表 1-5 2010～2012 年桃单位面积（667 米²）成本统计

单位：元

项 目	2010 年	2011 年	2012 年
（一）土地成本	102	243	410
（二）人工成本	856	1217	2240
（三）物质成本	1361	1650	1777
1. 农药	216	402	383
2. 化肥	197	323	330
3. 有机肥	221	324	333
4. 套袋	327	341	373
5. 主要农机具折旧	129	113	88
6. 水电燃油	109	112	224
7. 其他	162	35	46
（四）总成本合计	2319	3110	4427

注：1. 土地成本按农户承包与租赁土地平均计算。2. 人工成本含农民自有劳动力。3. 取值：北京市平谷区桃种植专业户抽样调查5户平均值。4. 总成本合计为土地成本、人工成本、物质成本这三种。

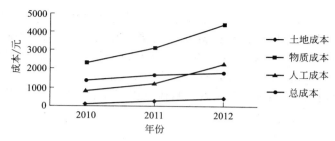

图 1-4　2010～2012 桃单位面积（667 米²）成本变化（王真等，2013）

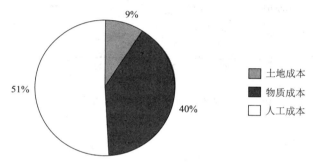

图 1-5　桃单位面积（667 米²）成本比例（王真等，2013）

2. 桃单位面积产量及收益分析

由表 1-6 可知，桃单位面积（667 米²）平均产量基本保持在 2600 千克/667 米² 相对稳定的水平，而桃销售价格逐年攀升，每千克平均批发单价 2011 年比 2010 年增长了 67％，2012 年比 2011 年增长了 42％，桃单位面积的收益多少主要取决于桃的销售价格；而桃单位面积净收益由成本与收益双重决定。

表 1-6　2010～2012 桃单位面积（667 米²）收益情况统计（王真等，2013）

项目	2010 年	2011 年	2012 年
平均产量/千克	2750	2650	2664
平均价格/（元/千克）	2.7	4.5	6.4
收益/元	7425	11925	17050
成本/元	2319	3110	4427
净收益/元	5106	8815	12653

注：1. 收益(元)=平均产量(千克)×平均价格(元/千克)。

2. 净收益(元)=收益(元)-成本(元)。

由表 1-6、图 1-6 可以看出，虽然桃果的平均产量 2012 年比 2010 年有所下降，但单位面积收益及净收益仍有上升，2012 年桃单位面积净收益比 2010 年翻了 1 倍多。总体来讲，种植桃树的经济效益逐年提高，但种植什么品种效益更好，要从不同品种的成熟期、桃果品质、市场供求关系等角度出发，具体分析不同品种之间的效益差别。

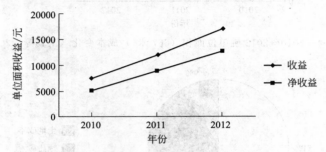

图 1-6　2010～2012 桃单位面积（667 米²）收益（王真等，2013）

第二章

桃园的建立

<<<<

一、建园条件

(一) 生态条件

1. 温度

在选择园址建立桃园时，首先要考虑其对温度条件的要求。

(1) 年平均气温　桃树对建园当地的年平均气温要求因品种而异，通常南方品种群要求年平均气温在 12～17℃，而北方品种群则要求年平均气温在 8～14℃。

(2) 生长期平均气温　在桃树生长期（即 4 月～9 月）气温的高低将直接影响桃树的产量和品质，如果温度过低树体发育不良，果实不易成熟；而温度过高，树干则容易被灼伤，果实品质下降。研究表明，对于大多数品种而言，当生长期的月平均气温在 24～25℃ 时，产量最高，品质最好。

(3) 需冷量　桃树在冬季需要一定的低温才能完成自然休眠，实现正常的萌芽、生长、开花和结果。通常以温度低于 7.2℃ 的累积小时数来计算需冷量。桃树的需冷量因品种不同而有较大差异，需冷量一般在 50～1200 小时之间。通常南方品种群需冷量相对较少，北方品种群需冷量较高。需冷量在 400 小时以下的属于短需冷量品种，而多数品种的需冷量会在 600 小时以上。在休眠期，必须满足桃树对需冷量的要求，否则其生长发育、开花坐果都会出现异常，尤其是设施栽培时，要在充分满足树体需冷量后才能进行升温。否则，会出现花芽僵芽脱落或延迟开花、叶芽不萌发或先于花芽展叶、树体不同部位物候期不整齐、物候期交叉重叠严重、花期持续时间长、性器官败育、果实生长畸形等现象。

（4）绝对低温　桃树在不同时期的抗寒力能力不同。如处于休眠期的花芽在−18℃左右开始表现冻害，在低于−27℃时大部分花芽冻死；而在花蕾期，芽只能忍受−6℃的低温；开花期温度低于0℃即出现冻害。

2. 水分

桃树原产于气候干燥的高原地带，因而其枝叶生长要求较干燥的空气，尽管南方品种群较耐湿润，但雨水过多也不利于其生长发育。如果花期遭遇阴雨多雾的天气，则影响其授粉受精和坐果；生长期多雨则容易引起枝叶徒长，病虫害增多、果实风味变淡、不耐贮运、落果严重等不良现象。因此，桃园不宜建立在春夏多雾、冷凉、潮湿的地带。

桃树根系呼吸旺盛，对氧气需求量大，不耐涝。通常，根系淹水半天，植株就会出现生理性缺水现象，淹水3天就有死亡的危险。高温的情况下，淹水的危害更大。因此，潮湿低洼、地下水位高、排水不良的地方必须应有良好的排水系统，否则不宜种植桃树。

建园时还要考虑要有充足的水源，因为桃树在生长期需要有充足的水分供应。当旱情发生时，需要适时适量灌溉，否则容易引起落果，且果实小，枝梢生长量过小，积累的养分不足，进而影响来年的花量和产量。

3. 光照

桃树属于喜光树种，在光照不足、空气流通不畅的地方，容易出现树体内部枝叶枯死和空膛现象，致使结果部位外移，产量低，树体早衰。因此，建立桃园应尽量选择在背风向阳的南向缓坡地带，避免在光照不良、空气流通不畅的地方建园。

另一方面，桃树怕强烈的直射光。桃树枝干在强烈的直射光照射下，容易引起日灼、流胶、坏死等现象。因此，应避免在直射光过强的地方建园。如果直射光过强，在修剪时可多留外部枝叶来遮蔽内膛枝干，以减轻直射光对枝干的伤害。

4. 风

桃树最适宜在微风条件下生长，微风可促进气体交换和光合作用，有利于花期花粉的传播等。由于桃树根系较浅，固地性差，因此，建园地应避开风口。山区和丘陵地带建立桃园，最好选择在背风向阳的缓坡地段，坡度在 5～15 度之间为宜。如果建园处风较大，则要先建立防风林带。

5. 生态环境质量

为实现果品无公害生产，提高果品质量安全性和果园的经济效益，建园时还应考虑选择在生态环境良好，并具有可持续生产能力的农业生产区域。

（1）土壤质量　无公害桃产地，应选择在生态条件良好，远离污染源，并具有可持续生产能力的农业生产区域，土壤质量应符合 NY 5113—2002 要求（表 2-1）。

表 2-1　土壤环境质量要求（NY 5113—2002）

项　目	含量限值		
	pH 值＜6.5	pH 值 6.5～7.5	pH 值＞7.5
总砷/（毫克/千克）	≤40	≤30	≤25
总镉/（毫克/千克）	≤0.30	≤0.30	≤0.60
总汞/（毫克/千克）	≤0.30	≤0.50	≤1.0
总铜/（毫克/千克）	≤150	≤200	≤200
总铅/（毫克/千克）	≤250	≤300	≤350

注：本表所列含量限值适用阳离子交换量＞5 厘摩/千克的土壤，若≤5 厘摩/千克时，其含量限值为表内数值的半数。

绿色食品桃生产对土壤环境质量要求更高，标准按耕作方式不同分为旱田和水田两大类，每类又根据土壤 pH 值的高低分为三种情况，即 pH＜6.5、pH＝6.6～7.5、pH＞7.5。绿色食品产地各种不同土壤中的各项污染物含量限值参照表 2-2。

表 2-2　土壤中各项污染物的含量限度　　单位：毫克/千克

耕作条件	旱田			水田		
pH	＜6.5	6.5～7.5	＞7.5	＜6.5	6.5～7.5	＞7.5
镉	0.30	0.30	0.40	0.30	0.30	0.40
汞	0.25	0.30	0.35	0.30	0.40	0.40
砷	25	20	20	25	20	15
铅	50	50	50	50	50	50
铬	120	120	120	120	120	120
铜	50	60	60	50	60	60

注：1. 果园土壤中的铜限量为旱田中的铜限量的一倍；2. 水旱轮作用的标准值取严不取宽。

为了提高土壤肥料，生产AA级绿色食品桃时，转化后的耕地土壤肥力应达到土壤肥力分级1~2级指标（表2-3）。生产A级绿色食品桃时，土壤肥力可以此作为参考指标。土壤肥力的各个指标，Ⅰ级为优良、Ⅱ级为尚可、Ⅲ级为差。

表 2-3 土壤肥料分级参考指标

项目	级别	旱地	水田	菜地	园地	牧地
有机质 /（克/千克）	Ⅰ	＞15	＞25	＞30	＞20	＞20
	Ⅱ	10~15	20~25	20~30	15~20	15~20
	Ⅲ	＜10	＜20	＜20	＜15	＜15
全氮 /（克/千克）	Ⅰ	＞1.0	＞1.2	＞1.2	＞1.0	—
	Ⅱ	0.8~1.0	1.0~1.2	1.0~1.2	0.8~1.0	—
	Ⅲ	＜0.8	＜1.0	＜1.0	＜0.8	—
有效磷 /（克/千克）	Ⅰ	＞10	＞15	＞40	＞10	＞10
	Ⅱ	5~10	10~15	20~40	5~10	5~10
	Ⅲ	＜5	＜10	＜20	＜5	＜5
有效钾 /（克/千克）	Ⅰ	＞120	＞100	＞150	＞10	—
	Ⅱ	80~120	50~100	100~150	50~100	—
	Ⅲ	＜80	＜50	＜100	＜50	—
阳离子交换量 /（摩尔/100千克）	Ⅰ	＞20	＞20	＞20	＞15	—
	Ⅱ	15~20	15~20	15~20	15~20	—
	Ⅲ	＜10	＜20	＜20	＜15	—
质地	Ⅰ	轻壤、中壤	中壤、重壤	轻壤	轻壤	砂壤-中壤
	Ⅱ	砂壤、重壤	砂壤、轻黏土	砂壤、中壤	砂壤、中壤	重壤
	Ⅲ	砂土、黏土	砂土、黏土	砂土、黏土	砂土、黏土	砂土、黏土

（2）大气环境标准　绿色食品桃生产产地的环境质量要求符合国家 NY/T391 要求，园址选择在无污染和生态条件良好的地区，应远离工矿区和公路、铁路干线，避开工业和城市污染源的影响，绿色果品桃生产基地的大气环境不能受到污染。大气的污染物主要有二氧化硫、氟化物、氮氧化物、粉尘等，具体限值见表2-4。

（3）灌溉用水质量标准　绿色果品（桃）的农田灌溉用水必须清洁无毒，禁止使用工矿企业和城市排出的废水、污水灌溉。绿色食品产地农田灌溉水中各项污染物含量不应超过表2-5所列的浓度值。

表 2-4　空气中各项污染物的浓度限值（标准状态）　（NY/T 391）

项　目	浓度限值	
	日平均	1 小时平均
总悬浮颗粒物/（毫克/米³）	≤0.30	—
二氧化硫/（毫克/米³）	≤0.15	≤0.50
氮氧化物/（毫克/米³）	≤0.10	≤0.15
氟化物/（微克/米³）	≤7.0	≤20

注：1. 日平均温度指任何 1 日的平均浓度；2. 1 小时平均浓度指任意 1 小时的平均浓度；3. 连续采样 3 天，一日 3 次，晨、午和夕各一次；4. 氟化物采用可用动力采样滤膜法或用石灰滤纸挂片法，分别按各自规定的浓度限值执行，石灰滤纸挂片法挂置 7 天。

表 2-5　灌溉水质量要求

项目	浓度限值	项目	浓度限值
pH	5.5～8.5	总铅/（毫克/升）	≤0.1
总铜/（毫克/升）	≤1.0	总镉/（毫克/升）	≤0.005
总汞/（毫克/升）	≤0.001	总砷/（毫克/升）	≤0.1

（二）社会因素

1. 技术服务

有条件的地区在建园选址时可尽量靠近农业高等院校、科研单位和技术推广部门，或聘请上述单位在桃树生产基地设立技术服务站，因为这些单位信息来源广泛，仪器设备先进，技术力量雄厚，与他们加强联系可得到高质量的物质设备和广泛的优质技术服务，对于提高果品产量和质量，增加经济效益，避免不必要的损失等具有重要作用。

2. 劳动力资源

面积较大的桃园在选址时还应考虑社会劳动力资源问题，以便在果园用工较多的繁忙季节，如土壤深翻、疏花疏果、施肥、打药、果实采收、修剪等时期，可以保证大量用工的需要，有利于果园生产的正常进行。

3. 交通运输

桃的果实不耐贮运，建园时应选择在城郊、工厂矿区附近以及交通方便的地方，以便果实成熟后能在短时间内进入市场销售或加工。

（三）地形及土壤

1. 地形

（1）平地　平地地势平坦或起伏高差不大，建园设计施工、生产操作管理和运输销售方便，建园和生产成本低，但与丘陵山区相比，光合有效辐射少、空气湿度大，植株生长势偏旺，病虫害较重。由于平地的成因不同，土壤状况存在着一定的差异。

①冲积平原　这类平地，地势平坦，土层深厚，土壤有机质含量比较高，水热资源丰富，适合桃树生长，单位面积产量高，但植株生长偏旺，有些地区的地下水位较高，应选择地下水位在1米以下的地方建园。

②洪积平原　这类平地是由山洪冲积形成的冲积扇延伸而来的，如山前平地。与平原相比，成块面积小，土层薄，土层下往往是石砾层，土壤中也夹杂有大量的石砾，而且离山越近，石砾越多，在这类地区建园最好选择离山较远、土层较厚的地方。在栽植桃树前应捡出石块，换入好土。在品种选择上最好选用耐瘠薄的品种。

③泛滥平原　这类平地是指河流故道和沿河两岸的沙滩地带。黄河故道地区就是典型的泛滥平原。在黄河故道的中游地区多为黄土，肥力较高；下游地区，多为沙性土，土壤贫瘠，盐碱化程度高，风沙大，部分地区的土层下有黏土层或白干土层，在这些地区果树易发生铁、锌等元素的缺乏症，降水后易形成假水位而造成涝害。但这些地区昼夜温差大，如能加强管理，生产出的果实品质比其他平地好。根据这些地区的特点，在建园前应营造防护林带，采取增施有机肥、翻淤或拉淤压沙、打破黏土层和白干土层等措施改良土壤。

（2）山地　山地海拔高，与平地相比气候冷凉、空气流通、日照充足、昼夜温差大，树体生长矮小，管理方便，容易形成花芽，碳水化合物积累较多，果实糖分含量高、着色好，而且病虫害较轻，因此，是生产优质果品的良好场所。但山区交通不便，土层薄，水土流失较为严重，而且存在着不同海拔高度、坡向、坡度、坡形等很多因素，气候变化复杂。

（3）丘陵　丘陵是介于平地与山地之间的地形，其地面起伏不大，相对高度差在200米以下，其中顶部与麓部高度差小于100米的称为浅丘，在100米以上的称为深丘。浅丘的特点与平地相似，深丘的特点与山地相似。总的来讲，丘陵地的气候条件介于平地和山地之间，生产的果品品质虽然不如山区，但优于平地，因此，也是较好的果品生产场所。

2. 土壤

（1）土质 桃树在砂土、砂壤土、黏壤土中均可生长，但最适宜在排水良好、土层深厚的砂壤土中种植。在砂地上建园，桃树根系容易患根结线虫病和根癌病，且肥水流失严重，树体易出现营养不良，果实早熟而小，产量低，盛果期短。在黏重土壤上建园，桃树易患流胶病，建园前和栽培时期要进行土壤改良工作，增施有机肥，加强雨期排水，适当放宽株行距，且修剪不能过重。在肥沃土壤上建园，桃树营养生长旺盛，易发生多次生长，并引起流胶，进入结果期晚。

（2）土壤酸碱度 土壤酸碱度对桃树的生长影响很大，在土壤酸碱度为 5.5～8.0 的土壤条件下，桃树均可正常生长，其中最适宜在酸碱度为 5.5～6.5 的微酸性土壤中生长。土壤酸碱度过高或过低都容易引发桃树缺素症。当土壤中石灰含量较高，酸碱度值在 8 以上时，由于缺铁而发生黄叶病，在排水不良的土壤条件下更为严重。

（3）含盐量 桃树根系在土壤含盐量 0.08%～0.1% 时，生长正常；当含盐量达到 0.2% 时，出现盐害症状，如叶片黄化、枯枝、落叶和死树等。

（4）含氧量 桃树根系对土壤中的氧气含量敏感，土壤含氧量在 10%～15% 时，根系和地上部均可正常生长；土壤含氧量在 10% 及其以下时，根系呼吸受抑制，地上部生长较差；土壤含氧量在 5%～7% 时，根系生长不良，新梢生长受抑制。

3. 重茬

桃树对重茬反应敏感，表现为生长衰弱、流胶、寿命短、产量低，或生长几年后突然死亡等。这主要是由于以山桃和毛桃作为的砧木，其根系中含有扁桃苷。以桃砧为砧木的果树被伐除或死亡后，其根中的扁桃苷在土壤某些微生物和线虫分泌的扁桃苷酶的作用下，分解产生的氢氰酸等有毒物质会阻碍根系的呼吸，并导致烂根的发生。因此，凡以桃砧为砧木的果树衰亡后，应改种其他作物，不能继续作为桃园的园址。

河北省农林科学院石家庄果树研究所的试验研究证明，通过以下

3 种方法可以有效减轻重茬病的危害。

（1）种植禾本科农作物 刨除桃树后连续种植 2～3 年农作物（如小麦、玉米等）对消除重茬的不良影响有较好效果。

（2）先在行间错穴栽植大苗，2～3 年后再刨原树 主要原理是如果桃砧根系有生活力时，土壤中的根系不会产生毒素，这时栽上大苗并不表现重茬症状，之后再将原树刨去，此时新栽小树已形成较大根系，再刨掉原树对小树的影响已很小。

（3）挖大坑、清除根系、晾坑并栽大苗 若必须重茬时，也可采用挖大坑（至少 1 米见方）或挖成沟（深和宽均为 1 米），彻底清除残根，晾坑几个月，到第二年春季定植新苗。挖定植穴时与原树栽植处相错开、填入客土等都有较好效果。栽植时，栽大苗（如三年生以上大苗）比小苗影响小。加强重茬幼树的肥水管理，提高幼树自身抗性。

二、桃园的规划与设计

（一）土地规划

1. 用地比例

果园在土地规划时要保证生产用地的优先地位。大型果园，桃树栽培面积应占 80%～85%，防护林占 5%～10%，道路占 4%，绿肥占地 3%，建筑物、蓄水池等占 4% 左右。小型果园，桃树栽培面积应占 90% 以上。

2. 小区规划

（1）划分小区的要求 正确划分小区需要满足 3 个要求：在同一个小区内，土壤、坡向和气候条件应基本一致；有利于果园的运输和机械化操作；有利于防止风害和土壤侵蚀，以保证同一小区内管理技术和效果的一致性。

（2）面积、形状和位置 平原地区，一个小区的面积一般为 8～12 公顷。山区和丘陵区多以 1～2 公顷为一个小区。为了方便管理、有利于机械化操作，提高工效，小区的形状应设计成长方形。平原地区，小区的长边应与主要风向相垂直；山区和丘陵区，长边应与等高线相平行。

3. 道路系统

大型桃园的道路系统由主路、支路和小路构成。小型果园，为减少非生产用地，可不设主路和支路，只设小路。

（1）主路　要求主路居中，贯穿全园，便于运输。其宽度以 6～8 米为宜。山区果园的主路应盘山而行或呈"之"字形，转弯处要宽，最好选在冰雪先融化的地方。

（2）支路　在小区之间应设置支路，支路与主路相通，宽为 4～6 米。山区果园的支路可沿坡修筑，但应有 3/1000 的比降。

（3）小路　在小区内设置小路。小路的宽度一般为 1～3 米，主要用于通过大型喷雾器和便于小区内果品的外运。在平地果园，小路应与支路相通；在山区果园，小路可沿等高线设置。在修筑水平梯田的果园，可利用梯田的边埂作为小路，用作人行道。

4. 建筑物

果园的建筑物主要包括：办公室、贮藏室、包装场、药池等。办公室应设在主路的两边或果园的最外部，主要是便于与外界联系。平地果园，包装场和配药池最好设置在交通方便的地方或果园的中心或小区的中心；畜牧场、肥料场应设置在远离办公和生活区的边角处。山区果园，肥料场、配药场和贮藏室应设在地势较高的地方，主要是便于下运；包装场和果品贮藏库应设在较低的地方。小型果园可根据面积大小，设置有关的建筑物，原则是尽量减少非生产用地。

（二）防护林的设计

1. 防护林的作用

（1）改善小区气候条件，有防护林的果园，桃树开花坐果物候期有所提前，花芽受冻率低，据调查有防护林的五月鲜桃园花芽受冻害为 4.7%；而园地无防护林的受冻率为 20%。

（2）降低风速，减少蒸发，为蜜蜂传粉创造条件。

（3）保持水土，在盐碱地还可防治土壤返碱，为桃园创造适宜的生态环境。

2. 防护林的类型

（1）稀疏透风林带　又有上部紧密下部透风和上下通风均匀两种类型，上部紧密下部透风类型只由乔木组成，上下通风均匀类型由乔木和灌木组成。稀疏透风林带的优点是防风范围大，向风面是林带高度的 5 倍左右，背风面是林带高度的 25～35 倍，其中以离林带高度 10～15 倍的地方防风效果最好；而且这种林带通风好，不易因冷空气沉积而造成辐射霜冻，风速恢复慢。缺点是防风固沙、保持水土的效果不如不透风林带。

（2）紧密不透风林带　该防护林是由高大乔木、中等乔木和灌木3种不同高度的树冠组成的"林墙"。优点是在防护范围内防风固沙、调节温度、增加湿度的效果好。缺点是防风范围小，透风性差，冷空气容易下沉造成霜冻，而且越过林带的气流恢复风速快，背风面容易集中积雪和积沙。

3. 防护林带的营造

从综合性能比较而言，透风林带较不透风林带好。

大型果园的防护林一般包括主林带和副林带。主林带应与主要风向相垂直，如果因地形、地势不能相垂直时，主林带与主要风向的夹角不能小于60°～70°。主林带的间距一般为300～400米，由4行树木组成；风沙大的地区间距可缩小到200～250米，行数以6～8行较好。主林带可采用乔木、灌木隔株混栽，也可采用隔行混栽。

副林带与主林带相垂直，间距一般为500～800米，风沙大的地区可缩小到300米。副林带一般由2～4行树木组成。

乔木的株行距一般为（1～1.5）米×（2～2.5）米，灌木为1米×1米。

为防止林带对果树的遮阴和林果串根，南面林带距离果树不得少于20米，北部、东部和西部不少于15米。为了经济用地，通常将桃园的路、渠、林带相结合配置。

4. 树种

作为防护林的树种应具备以下4个条件：抗逆性强，适应当地的环境条件；与果树无相同的病虫害；生长快，枝叶繁茂；具有较高的经济价值。

桃园防护林北方乔木多选用杨树（毛白杨、沙杨、新疆杨、银白杨、箭杆杨）和泡桐、水杉以及臭椿、皂角、楸树、榆树、柳树、枫树、水曲柳、白蜡等。灌木主要有紫穗槐、沙枣、杞柳、桑条、柽柳等。在桃园附近不宜种的树种有刺槐、梧桐等。

5. 防风网

防风网是用维尼龙和聚乙烯制成的。虽然使用防风网投资大，但具有使用寿命长、防风效果好、节省土地、减轻林木遮阴等优点，因此，使用防风网是今后的发展方向之一。

（三）水土保持的规划设计

果园的水土保持工作是山区和丘陵区果园的一项重要工作，其目的是减缓地表径流，拦蓄降水，减少冲刷，保证一定的土层厚度和肥力。措施主要有以下 3 个方面。

1. 改造地形

（1）治坡 坡度在 25°以上的地段不适宜栽植桃树。在坡度小于 25°的地段建园，其上坡应定植用材林、护坡林，以涵养水源，减轻水土流失。

（2）修筑梯田 修筑梯田是改造地形的最有效措施，适用于 11°～25°的坡地果园。梯田由梯壁、阶面、边埂和背沟 4 部分组成（图 2-1）。

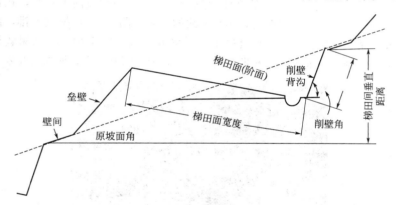

图 2-1 梯田剖面图

① 梯壁和边埂 有直壁式和斜壁式 2 种。梯壁与水平面相垂直的是直壁式，梯壁与水平面有夹角的是斜壁式（图 2-1）。斜壁式阶面窄、修筑费工，但牢固；而直壁式修筑较为省工、阶面宽，但不如斜壁式牢固。梯壁最好用石头修筑，这样梯田的寿命长。纵向走向与等高线相同，长度根据具体情况来定，原则是能长则长，这样省工。高度不宜超过 3.5 米。边埂应高于阶面以保持水土。

② 阶面 有水平式、内斜式和外斜式 3 种，其中以水平式和内斜式较好，有利于蓄水保土。坡度大的地段阶面宽度为 3～5 米；坡度小、土面平缓的地段梯面可宽些，即坡度小应宽、坡度大宜窄。为

了防止雨季梯面大量积水，冲垮梯壁影响梯田的寿命，阶面在横向上应有 2/1000～3/1000 的比降，但不能超过 5/1000，以免水土流失较多。

③ 背沟（排水沟）　位于阶面内侧，沟深和沟宽均为 20～30 厘米，每隔 10 米左右挖 1 个沉沙坑，以沉积泥沙，缓冲流速。背沟在纵向上也应有 2/1000～3/1000 的比降，以利于排水。在背沟的最低处纵向挖总排水沟，排水下山。

（3）撩壕　坡度在 6°～10° 的丘陵果园，可采用等高撩壕，通常是在坡面上按等高线开沟，将土筑在沟的外沿形成壕，果树栽在壕的外坡。壕的规格：壕顶距沟心 1～1.5 米，壕外坡长 1～1.2 米，沟宽 50 厘米。为了防止土壤冲刷，可逐步将撩壕改造成复式梯田。

（4）鱼鳞坑　以一条等高线为基础线，以行距顺坡向下划线，在各线上按株距定点挖半圆形坑，相邻两线的鱼鳞（图 2-2）坑插空安排，使之成"品"字形。将土筑在坑的下沿，修成半圆形的土埂，将果树栽植在坑的内侧。要求坑长 1.6 米左右，宽 1.0 米，深 0.7 米，埂高 0.3 米。

图 2-2　鱼鳞坑

2. 种植覆盖植物

坡地果园植被的多少与径流的强弱呈负相关。因此，在坡地果园种植覆盖植物对减缓地表径流、防止水土流失具有良好效果，而且对减少土壤蒸发、提高土壤腐殖质含量也有良好作用。在果园内和坡上可种植多年生宿根性护坡草种或绿肥，在坡上也可种植树木。

3. 改良土壤

在土壤贫瘠和土壤结构较差的条件下建立桃园，建园前必须进行土壤改良。最常用的改良方法是挖定植沟或定植穴。定植沟一般挖沟宽 80～100 厘米，深 60～80 厘米，行向以南北行向为宜，深施底肥，底肥以有机肥为主，化肥为辅。一般每 667 米^2 施用有机肥 5000 千克，化肥可用多元素复合肥，一般每 667 米^2 施用 100 千克左右，施一层有机肥，撒一层化肥，然后回填熟土，回填平面高出表土平面 10 厘米左右。如果有机肥比较缺乏，也可用秸秆、野草、树叶等，先填入沟（穴）内，厚度以压实后距离土面 30 厘米为宜，然后灌水以湿透秸秆，再将化肥兑成肥液均匀浇在秸秆上，回填泥土至比表土平面高 10 厘米，回填泥土应尽量使用耕作层的土壤，回填时间应比栽植时间提前 1 个月以上，以便于底肥充分腐熟。定植穴一般长、宽各 80 厘米，深 60 厘米，其余方法与定植沟相同。

对于黏重或砂性较强的土壤，应通过掺沙或掺黏进行改良；对坚实、黏重的土壤，应进行深翻，打破不透水层，同时施入足量的有机肥，一般每 667 米^2 施入优质腐熟的厩肥 8000 千克或腐熟的鸡粪 3000～5000 千克。

（四）排灌系统设计

1. 灌水系统

随着灌溉技术的不断改进，灌溉系统也在不断更新，桃园灌溉可分为地面灌、喷灌、滴灌三大类型。目前我国桃园多采用地面灌溉系统。

地面灌溉系统由水源和各级灌溉渠道组成。

（1）水源

① 蓄水　山区要修建小型水库，以便蓄水用于灌溉。水库要修建在溪流不断的山谷或三面环山、集流面积大的凹地。要求地质状况较为稳定，岩石无节理、无渗透和裂缝的地方。水库堤坝宜修建在库址的葫芦口处。这样坝身短，容量大，坝牢固，投资少。母岩为石灰岩的地区，常会有阴河融洞，渗漏现象严重，不能选作库址。为了进行果园自流灌溉，水库的位置应高于果园。果园的堰塘与蓄水池，要选在坳地以便蓄水，如果选在分水岭处，由于来水面积小，蒸发与渗

漏快，难以蓄水。

②引水　在果园高于河面时，可进行扬水式取水。提水机械功率按提水的扬程和管径大小核算。果园建立在河岸附近，可在河流上游较高的地方，修筑分洪引水渠道，进行自流式取水，保证果园自流灌溉的需要。

在距河流较远，利用地下水作为灌溉水源的地区，地下水位高的可修建坑井，地下水位低的可修筑成管井。

（2）灌溉渠道　灌水渠包括干渠、支渠和毛渠（园内灌水沟）。干渠将水引入果园并纵贯全园，支渠将水从干渠引到果园小区，毛渠将水引到果树行间和株间。干渠和支渠的位置要高，便于控制最大的自流灌溉面积。丘陵和山地果园，干渠要设置在分水岭地带，支渠也可沿斜坡分水线设置。输水的距离要尽量短，这样既可减少修筑成本，也可减少水分流失。为节省用工，在修建干渠和支渠时可采用半填半挖式（图 2-3）。根据土质设计不同的边坡比（渠道断面横距与竖距之比），黏土为 $1 \sim 1.25$，砂砾土 $1.25 \sim 1.5$，砂壤土 $1.5 \sim 1.75$，砂土 $1.75 \sim 2.25$。为减少水分流失、避免冲刷毁渠，应用混凝土或石头修建。干渠的方向和位置应随路走，山区可沿等高线设在上坡。支渠与小区的短边走向一致。为保证一定的流量，节约灌溉时间，干渠应有 $1/1000$ 的比降，支渠应有 $1/500$ 的比降。毛渠低于地面，走向与小区的长边一致。

（3）喷灌系统　喷灌是利用机械将水喷射呈雾状进行灌溉。喷灌

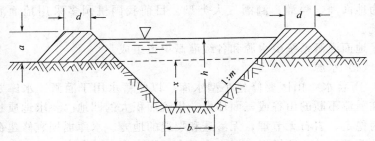

图 2-3　半填半挖式渠道横断面示意图

（引自张玉星等，《果树栽培学总论》）

a—填土高度；b—渠底宽度；d—堤顶宽度；h—水深；

m—边坡系数；x—挖土深度

的优点是节省用水，能减少灌水对土壤结构的不良影响，工效高，喷布半径约 25 米。喷灌还有调节气温、提高空气湿度等改善果园小气候的作用。据报道，在夏季喷灌能降低果园空气温度 $2.0～9.5℃$，降低地表温度 $2～19℃$，提高果园空气湿度 15%。喷灌也适用于地形复杂的山坡地。喷灌的设备，包括水源、动力机械和水泵构成固定的泵站，或利用有足够高度的水源与干管、支管组成（图 2-4）。干管、支管埋入土中，喷头装在与支管连接的固定的竖管上。微型喷灌在美国很普及，是目前灌溉技术中较先进的方法。低头微型喷灌为每株一个喷头，干旱时每天喷雾多次，使土壤水分保持比较合适的程度。

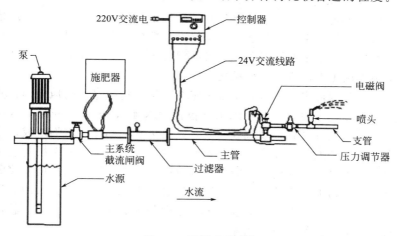

图 2-4　果园喷灌系统

据报道，在冻害发生期实施喷灌还能有效减轻冻害，收到明显的效果，一般能提高气温 $0.5～1.5℃$。如果将低位微型喷灌改为高位，对防霜冻有更好的效果。

（4）滴灌系统　滴灌是一种省水、省工、省力的灌溉方式，尤其适用于水源短缺干旱的丘陵区、山区和沙地，与喷灌相比可节水 $36\%～50\%$，与漫灌相比可节水 $80\%～92\%$。由于供水均匀、持久，根系的环境稳定，因此，十分有利于果树的生长发育。滴灌系统包括水泵、水表、压力表、过滤器、肥料罐等控制设备以及干管、支管、毛管和滴头等输水设备（图 2-5）。在一定的压力下，灌溉水在过滤后经过干管、支管被输送到果树的行间，毛管与支管相连接，毛管上安装有 4~6 个流量为 2~4 升/小时的滴头，在灌水时，水从滴头滴入土壤。在采用滴灌系统进行灌溉的果园，不需要设置明渠灌溉。

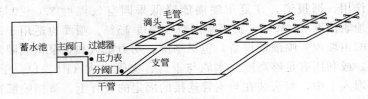

图 2-5　桃园简易滴灌系统

2. 排水系统

桃树不耐涝，在雨季容易积水的平地果园和地表径流大的山地果园均需设置排水系统。目前，我国绝大多数桃园多采用明沟排水。有条件的果园，排水系统可用陶瓷管或混凝土管设置成地下暗管，其优点是不占用土地，不影响机械化操作。

（1）明沟排水　在地表挖掘一定宽、深的沟排水。山地果园，其上方有荒坡或坡面时，由拦水沟（包括蓄水池）、集水沟和总排水沟组成。果园上方没有荒坡或坡面时，则由集水沟和总排水沟组成。拦水沟拦截果园上方的径流，贮在蓄水池内。蓄水池与灌溉系统的引水沟相通。集水沟是利用梯田的背沟或撩壕的壕沟，设在梯田或撩壕的内侧。集水沟上端连接引水沟，下端连总排水沟。总排水沟利用坡面侵蚀沟改造而成。设置在集水线上，走向与等高线斜交或正交。总排水沟可与水库、蓄水池等相连。

平地果园，通常由小区内的集水沟、小区间的支沟和果园的总排水沟（干沟）组成。集水沟集中小区内的雨水排向支沟，为节省用地，集水沟可与毛渠合二为一。支沟是小区间向总排水沟排水的设施，可以单设也可以设在干路输水渠的另一侧，上端连接集水沟，下端通总排水沟。干沟末端是果园向外排水的出水口，将水排出果园。总排水沟可以单设，在大型果园里也可以设在主路的另一侧。为利于排水，排水沟应有一定的比降，支沟的比降为 1/1000~1/3000，总排水沟为 1/3000~1/10000，而且集水沟朝向支沟、支沟朝向总排水沟。

（2）暗管排水　在果园地下埋设管道排水。通常由排水管、干管和主管组成。其作用和位置分别类似明沟的集水沟、干沟和总排水沟。主要用于平地果园。暗管埋设的深度与排水管的间距，根据土壤性质、降水量和排水量决定（表2-6）。中国南方果园暗管埋设深度一般为1～1.2米，间距8～20米；北方果园一般深1.5～2.3米，间距50～200米。暗管可分为有管壁进水和接缝进水两种。常用的管材有不同形状和规格的瓦管、陶土管（管壁上釉）、水泥土管、水泥砂浆管、粗砂混凝土滤水管、塑料管，以及竹、木、砖、石管等。此外还可采用波纹塑料管等，这种管的管壁呈瓦楞形，上有渗水槽孔，在管外包填滤料，其重量轻、运输方便、适于机械化埋设。管外的裹料和滤料有砂石料、棕皮、人造纤维布和稻壳、麦秸等。铺设时干管与主管成斜交。管道下面和两旁均铺放小卵石或砾石，各管段接口处均留1厘米缝隙，缝隙上面盖塑料板，管段和塑料板上面也需铺盖砾石，然后填土埋管平整地面。由于管道容易淤塞应加强管道的管理和养护工作。一般沿管道100～200米设置一个检查孔，用以观测淤塞情况，发现淤堵时用高压喷射水流分段冲洗暗管。

表 2-6　不同土壤与暗管设置的深度与管距的关系

土壤种类	沼泽土	砂壤土	黏壤土	黏土
暗管深度/米	1.25～1.5	1.1～1.8	1.1～1.5	1.0～1.2
暗管间距/米	15～20	15～35	10～25	12

（五）品种选择与授粉树的配置

品种是桃树生产中的基本生产资料。品种选择的正确与否，直接关系到将来桃园的经济效益。建园时在选择品种时总的要求是：用于鲜食果品供应市场的，要求果个大、果形圆正、果顶凹或平、着色鲜艳、果实硬度大、耐贮运、品质佳、丰产性好、抗逆性强。用于加工制罐的品种，要求果实大小均匀、缝合线两侧对称、肉厚核小、不裂核、果肉褐变慢、有芳香、含酸量比鲜食品种稍高。

1. 品种选择的原则

（1）对当地环境条件的适应性　无论是什么品种，都只有在最适宜的环境条件下才能表现出其应有的特性，产生最大的经济效益。所选品种应对当地的气候、土壤等条件有较好的适应性。南方冬季较为温暖的地方，应首先考虑品种的需冷量，要选用需冷量少、在当地能顺利通过自然休眠的品种。长城以北地区冬季严寒，春季温度变化剧烈，生长期短，热量不足，而且纬度越高，气候条件越差。在这些地区选用品种时首先应考虑的是其抗寒性，能安全越冬；其次是果实发育期短，能正常成熟；第三是需热量高，萌芽开花晚，能尽量避开晚霜危害。

（2）销售市场　选择品种应先确定桃果销售的目标市场，然后根据市场要求和特点确定具体品种。如果是销往鲜食市场，则要选择果个大、果形美观、底色粉白或橙黄、果面鲜红、果肉硬脆、风味浓郁的品种；如果是为加工厂提供原料，则应根据不同加工厂的产品要求选择品种。

（3）发挥区域优势　我国地域广大，气候、土壤等条件差异较大，各地应充分利用当地的气候、土地资源选择能在本地区获得最大效益的品种。如我国南方各省市春天来得早，生长季长，各品种成熟期均早于北方地区，如选用极早熟品种，甚至早熟品种，其果实成熟上市时，北方产区的这些品种尚未成熟；虽然南方产区的中、晚熟品种成熟上市期可能会与北方极早熟、早熟或中熟品种相遇，但在果实品质上明显占优势。因此，这些地区栽培需冷量低、抗裂果、品质优的品种可取得很好的效益。

（4）品种的综合经济指标

① 成熟期　南方地区可选择 5 月下旬至 6 月下旬成熟的早熟品种，尽量开花期和成熟期避免遇雨；北方地区应以中晚或极晚熟品种为主；西北地区应以早、晚熟品种为主，结合市场需求，适当发展早、中、晚熟品种。若发展加工品种应以 6 月上旬至 9 月上、中旬成熟的加工品种，最好每隔 7～10 天有一个品种成熟，这样可以拉长加工期，提高生产能力。设施栽培，最好选择极早熟和早熟品种，低温需冷量少，果个大，有花粉，树势中庸的品种。

② 果实大小　对桃、油桃不同成熟期果实大小，一般要求极早熟品种果实 70 克以上，早熟品种果实 100 克以上，中熟及中晚熟品种果实 150 克以上，晚熟和极晚熟品种果实 200 克以上。

③ 果形及外观　蟠桃要求扁圆形，普通桃、油桃的果形均要求为圆形、近圆形、椭圆形等；果形端正，两侧对称，外观着色均匀，色泽艳亮美观，无裂果和果锈。

④ 肉质 无论果肉属于哪类肉质,关键是适口性要好。因此,对肉质总的要求为硬溶质或半不溶质,果肉细而紧密,纤维素少,适口性好。加工品种肉质要求为不溶质,肉内无红色素。

⑤ 风味 果实成熟的风味应为本品种具有的浓甜、甜香、甜酸适口或酸甜适口,可溶性固形物含量在10%以上的品种。加工品种要求味酸、酸甜香或高酸、高糖的品种。

⑥ 核的黏离 鲜食品种应以离核品种为主,而加工品种应以黏核品种为主。

⑦ 低温需冷量 南方地区应特别注意选择需冷量少的品种,以免造成只开花不结果,或枯花等现象发生,给生产造成不应该有的损失。

⑧ 耐贮运性 果实耐贮运性好,货架期长,一般要求5～10天或更长。

⑨ 适应性与抗性 首先选择树体和果实抗病性强或较强、适应性广,有花粉的品种。若选用无花粉品种时,必须配置授粉品种。

2. 配置授粉树

桃树大多数品种能自花授粉,自花结实,种植时可以不配置授粉树,但配置授粉树可提高坐果率,尤其是在设施栽培的条件下,授粉树的配置更为重要。有些品种露地栽培自花结实率较高,而在温室内栽培,自花结实率明显下降;有些品种本身就无花粉或花粉少(如豫农6号、仓方早生、新川中岛、莱山蜜等品种)或自花结实能力低(如曙光等品种)。因此,桃树在设施栽培时要合理配置授粉树。一般

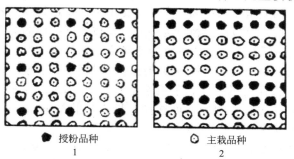

● 授粉品种　　　　◎ 主栽品种
　　　1　　　　　　　　　　　2

图 2-6 授粉品种配置图
1—中心式配置;2—行列式配置

每个棚室定植花期一致或相近的 2～3 个品种（普通桃、油桃、蟠桃均可），以便相互授粉，提高坐果率，从而获得高产高效。

3. 授粉树配置方式

大型桃园可按授粉品种与主栽品种为 1：（3～7）的比例采用行列式进行成行栽植，即栽植 3～7 行主栽品种，栽植 1 行授粉品种。面积较小的小型桃园可按 1：8 的比例采取中心式配置（图 2-6）。

三、栽植与栽后管理

（一）栽植前的准备

1. 土壤改良

在苗木栽植以前，最好先深翻土壤，可采用带状深翻或定植穴深翻的方法进行，同时施入有机肥，对改良土壤结构，提高土壤肥力，促进桃树根系生长有明显作用。

2. 挖穴（沟）或起栽植垄

在修筑好水土保持工程和平整土地以后，按预定的行距、株距标好定植点，并以定植点为中心挖定植穴。定植穴是桃树最初生长的基本环境，它直接关系到桃树栽植的成活和以后根系的生长发育，是桃树早结果、早丰产的关键措施之一。通常定植穴大，桃树根量多，树冠大；定植穴小，根量少，树冠小。一般要求定植穴的直径为 0.8～1 米、深 0.6～1 米。如果土壤质地较为疏松，可适当浅些；如果下层有胶泥层、石块、黏土层或白干土层，定植穴应适当挖深些。另外，定植穴可起到小范围改良土壤的作用，因此，土壤条件越差的桃园，定植穴的质量要求越高，尤其是深度至少要达到 0.6 米以上。

在挖定植穴时应以定植点为中心，挖成上下一样的圆形穴或方形穴。如果是秋季种植，应选择在夏季挖穴，如果是春季种植，应选择在上一年的秋季挖穴，这样可以有足够的时间晾晒土壤，使土壤充分熟化，还可积存雨雪，有利于根系生长。干旱缺水的桃园，蒸发量大，如果先挖穴容易跑墒，可选择边挖穴边栽植的方法，以利于保墒，提高成活率。

如果株距在 2 米以内，可沿行向挖定植沟。沟深 0.6～1 米，宽 1 米。

挖定植穴时要将表土和心土分开堆放，栽植桃树前，将表土与基肥混合后回填，边填边踏实。填至离地面约 30 厘米时，再填入表土并与地面相平，然后再灌一次透水沉实土壤。栽植时再挖定植穴。

对于地下水位较高以及排水通气不良、容易发生涝害的黏土地桃园，可采用起垄栽培。具体方法是：定植前根据栽植的行距，将土壤与有机肥混匀后起垄，一般垄高 30～40 厘米，宽 40～50 厘米，起垄后将桃苗直接定植在高垄上，行间为垄沟，利用行间灌水或排水。起垄栽培的特点是增加疏松土层的厚度，使土壤结构疏松，空隙度大，透气性好，供氧充足，便于排水，可有效避免或减轻涝害。

3. 苗木和肥料准备

（1）苗木准备 良种壮苗时建立高标准果园的基础条件。自己培育或购买的苗木，均应在栽植前对苗木进行品种核对、登记、挂牌。发现差错应及时纠正，以免造成品种混杂和栽植混乱，还应对苗木进行质量检查和分级，剔除弱苗、病苗和劣质苗，并剪除根蘖及折伤的枝或根和死枝、枯桩等，应使用有分枝的大苗，有条件的采用多年生大苗建园效果更好。经长途运输的苗木，运到后应立即解包并浸根一昼夜，使根系充分吸水。栽植前，修剪根系并对根系喷布 3～5 波美度的石硫合剂或用 0.1% 升汞溶液浸泡 10 分钟，再用清水冲洗。用泥浆蘸根后再栽植或假植。用泥浆蘸根栽植部可有效提高栽植成活率。

（2）肥料准备 在建园前，每 667 米^2 施用充分腐熟的有机肥 4～5 吨、过磷酸钙 50 千克、硫酸钾 30 千克，分施于定植穴中，然后填入表土，并与肥料混匀，准备定植。

（二）栽植时期

1. 秋栽

南方最适宜在落叶后的晚秋（11 月间）栽植，但必须在土壤结冻前完成。秋季栽植，由于秋季地温较高，土壤墒情好，栽后苗木断根处的伤口愈合快，根系在土壤中能得到一定的恢复，甚至长出部分新根，苗木成活率高，第二年春季发芽早，基本没有缓苗期，因而生长快、生长势旺盛、生长量大，发出的新梢也能长成长枝。

北方地区如果选择在秋季栽植，应在 10 月份选阴雨天气，可以实行带叶移栽。带叶栽植的苗木，由于带有部分成龄叶片，可以进行正常的光合作用，制造和积累养分，促进根系恢复。带叶栽植应满足以下条件：就地育苗、就地移栽；起苗时少伤根、多带土、少摘叶或剪嫩梢，随挖苗随栽植；选阴雨天气或雨前栽植，栽后若空气干燥应经常浇水或喷水。

2. 春栽

早春土壤化冻至树苗发芽前栽植为春季栽植。冬季气候干燥寒冷的北方地区，为避免冬季发生冻害多采用春季栽植。但春季栽植，苗木往往生根慢，地上部萌发晚，缓慢期长，生长量小，如遇春旱，苗木成活率受到很大影响。同时，春季地表温度高于深层土壤温度，促进了上层根系的活动，容易造成苗木浅根性。春栽宜在土壤解冻后至萌芽前进行。

（三）栽植密度

合理的栽植密度可有效利用土地和光能，实现果园早期丰产和延长盛果期年限。栽植密度过小时，果园通风透光性好，树体高大，寿命长，单株产量高，但单位面积产量低，进入盛果期晚；栽植密度过大时，结果早，收效快，单位面积产量高，但果园容易出现郁闭，树体寿命短，易早衰。栽植密度应根据土壤条件、品种特性、栽培技术等条件而定，不可盲目追求高密度。土壤条件较差、植株生长较小、栽培技术水平高的可栽的适当密些，反之，则应适当稀些。一般条件下，平原地区株行距可选用（2～3）米×（4～5）米，丘陵山地选用2米×（3～4）米，每667米² 栽植45～111株。也可通过合理密植、促进花芽分化和利用副梢结果等措施，实现桃树矮化密植和早结果、早丰产的栽培目的，一般栽植量可达111～417株/667米²（表2-7）。

表 2-7　桃矮化密植不同地区的栽植密度

地区	株行距/米	株/667 米²
长江流域	0.8×3	278
中原地区	0.8×2.5	333
华北地区	0.8×2	417

（四）栽植方式

1. 宽行密植

行距宽、株距窄的一种栽植方式。优点是密株不密行，有效解决了桃园的通风透光问题，既保证了前期的产量又保证了后期的果品质量，有利于果园管理和果园间作，是目前国内外比较先进的一种栽植方式。一般株行距为（2～3）米×（4～6）米，每 667 米² 栽植 37～83 株。

2. 正方形栽植

株行距相等的栽植方式。优点是果园光照分布均匀，通风透光性好，有利于树冠的生长，便于纵横交叉作业。缺点是不便于果园间作和管理，在密植的情况下容易出现果园郁闭。一般株行距为 4 米×4 米或 5 米×5 米，每 667 米² 栽植 27～42 株。

3. 带状栽植

包括双行带状栽植和篱状栽植。一般两行为一个带，带间距为行距的 3～4 倍，带内可采用株行距较小的长方形栽植。由于带内栽植较密，可增加群体的抗逆性，但带内管理不方便。适于主干形密植栽培模式或等高栽植。

4. 长方形栽植

这是最常见的一种栽植方式。其特点是株距窄而行距宽，如 3 米×4 米或 3 米×5 米，每 667 米² 栽植 56～44 株。该栽植方式行间大，成形后有利于树体通风透光和提高果品质量，便于果园机械化管理。此外，单位面积株数较多，密度较大，能实现早丰产早收益。

5. 计划密植

近年来国内外果园多采用先密后稀的计划密植方式，即按长方形的永久树的株行距，增加种植 1～4 倍的临时性植株，等开始出现郁闭封行时，将加密的临时植株有计划的分期分批进行移栽或间伐，达到稀植高采光的目的。这种种植方式有利于桃园早结果、高产、稳产，增加果园产值效益。

6. 等高栽植

适用于坡地和修筑有梯田或撩壕的果园，是长方形栽植在坡地果园中的应用。这种栽植方式的特点是行距不等，而株距一致，且由于行向沿坡等高，便于修筑水平梯田或撩壕，有利于果园水土保持。

7. 三角形栽植

相邻行间的单株位置互相错开，呈三角形排列。该栽植方式可提高单位面积上的栽植株数，但不便于管理和操作，通风透光条件也不好，大面积果园不适宜采用。

（五）栽植技术与栽后管理

1. 栽植方法

（1）定植点测量　无论哪种类型的桃园，都必须定植整齐，以便于后期管理。因此，在定植前应根据规划的栽植密度和栽植方式，按株行距测量定植点，按点定植。测量定植点的同时，留出道路和渠道用地。平地桃园应按区测量。先在小区内按方形四角定 4 个基点和一个闭合的基线。以基线为准，测定闭合基线内外的各个定植点。山地和地形较为复杂的坡地桃园可按等高线测量。先顺坡自上而下拉一条基准线，以行距在基准线上标基准点。用水平仪逐点向左右测出等高线。坡陡处减行，坡缓处可加行。等高线上按株距标定定植点。

（2）挖定植穴与施肥　定植穴的大小应根据苗木根系的大小而定。宽度应稍大于根幅，深度一般为 30 厘米左右。栽植穴的形状为馒头形。

（3）栽植　将苗木放进穴内，舒展开根系，使之向四周均匀分布，根系不相互交叉或盘结，扶直苗木，使前后左右对齐成行，栽植深度以苗木的根颈与地面相平为准，即苗木上的地面痕迹与地面相平。然后填土，边填湿碎土边踏实，使根系与土壤紧密接触，填土至与地面相平。

2. 栽植后管理

幼树从苗圃地移栽到桃园后，抗逆性较弱，需要一定时间适应环境的改变，因此，定植后 2～3 年的管理水平直接影响桃苗的成活以及桃树早结果、早丰产，不可轻视。

（1）及时浇水　栽植后应以苗木为中心用土做一个直径为 1 米的树盘，浇入透水，以提高栽植成活率，水渗下后浅锄保墒。秋栽的桃园，越冬前应浇一次透水，以提高苗木的越冬能力。

（2）防寒越冬　秋栽的苗木，特别是速成苗，组织发育不充实，冬季容易抽条，为提高苗木越冬能力，应做好防冻措施。土壤上冻前，以苗木为中心培一个 30 厘米高的土堆，第二年春季土壤解冻后扒开防寒土。在冬季寒冷的地区，入冬后可对苗木涂白或涂抹聚乙烯醇或羧甲基纤维素等，也可包缠塑料带和干草加以保护。

（3）定干　入冬后至萌芽前进行定干。定干高度应根据苗木高度和土壤类型等确定，一般平原地区定干可适当高些，为 70～80 厘米，丘陵地区适当低些，为 50～60 厘米，定干时剪口下应保留 5～10 个饱满充实的叶芽。

（4）覆膜 在春季干旱少雨多风的地区，春栽后苗木水分蒸发散失快，为提高苗木成活率，缩短缓苗期，土壤解冻后，每株覆盖 1 米见方的地膜，株距在 2 米及其以内的可以一行为单位进行整行覆盖，覆盖地膜可起到增温、保湿、促进根系活动的作用。

（5）除萌 萌芽后，对于栽植的芽接苗应及时抹除砧木上萌发的芽，对于成品苗还应疏除 30 厘米以下的新梢，以免影响整形带内新梢的生长。

（6）加强肥水管理，严防病虫为害 定植后第一年的主要任务就是确保苗木成活和生长健壮，为形成丰产骨架打下良好的基础。为此，应加强土肥水管理和病虫害防治。幼树病虫害较少，主要加强穿孔病、白粉病、金龟子、蚜虫等病虫害的综合防治，以利用幼树健壮生长。

<<<<<

第三章

各器官的形成与特性

一、营养器官

桃树的器官分为营养器官和生殖器官，其中营养器官由根、茎、叶等器官组成。营养器官的主要功能是承担植株体的营养功能，根吸收土壤中的水分和矿质营养，叶片负责进行光合作用和蒸腾作用，茎支撑着植株的各个器官，并将根吸收的水分和矿质营养输送到地上部分，把叶片制造的有机物运往植株体的各个部分。根、茎、叶三者相互制约、相互协调，共同完成植株养分、水分的吸收、运输、转化、合成等生命活动。

（一）根系

1. 根系的组成和功能

桃树的根系是由种子发育而来，主要由骨干根和须根组成。骨干根包括主根和侧根，其中主根向下生长，由主根上分生出的侧根向四周延伸。须根是根系中最活跃的部位，分为生长根、输导根和吸收根。根系是吸收水分、矿质营养、合成激素和有机物质的重要器官。

2. 根系的分布

桃树为浅根性树种。通常水平根较发达，分布范围为树冠直径的1～2倍，但主要分布在树冠投影范围之内或稍远的地方；垂直根不发达，主要在1米深左右的土层中。此外，根系的垂直分布受土壤条件和地下水位的影响。在排水良好的砂壤土地区根系主要分布在地表下20～50厘米的土层中；苏南地区的一些桃园，由于土壤黏重、排水不良、地下水位较高，根系分布浅，主要集中在地表5～15厘米处；建于西北黄土高原粉砂壤土上的桃园，桃树垂直根系可超过1米。

砧木不同，桃树根系的分布也不同。通常毛桃砧的根为浅黄色，老根呈暗赤色，根群发育好，须根较多，垂直分布较深，能耐瘠薄的土壤；以栽培种实生苗为砧木的，根系发育旺盛，主根发达；山桃砧的主根发达，须根少，分布较浅，耐旱、耐寒，适于高寒山地栽植；寿星桃砧和李砧细根多，直根短，分布浅。

3. 生长动态

桃树的根系在年周期中没有自然休眠现象，特别是在土壤通气性良好，温、湿度条件适宜时，即使是在冬季也能生长。

当土壤温度达 0℃ 以上时，根系开始吸收氮素，并将其合成有机营养；土壤温度在 4～5℃ 时，根系开始生长，长出白色的吸收根；土壤温度升至 7.2℃ 时，根系可向地上部输送营养物质；土壤温度达到 15℃ 以上时，根系开始旺盛生长；当土壤温度超过 30℃ 时，根系停止生长。

桃树根系在年生长周期中有两次生长高峰期。第一次生长高峰期出现在 5～6 月份，此时土壤温度在 20～21℃，是根系生长最旺盛的季节；7～8 月份，表层土壤温度过高，往往超过 26℃，同时多数品种正处于果实成熟阶段，需要消耗大量养分，根系的生长趋于缓慢，吸收根发生较少，且寿命也短；进入 9～10 月份，新梢停止生长，叶片制造的大量有机营养向根部输送，土壤温度降至 20℃ 左右时，根系出现第二次生长高峰期，此次新根发生数量多，生长速度快，寿命较长，伤根容易愈合，并能再生新根；11 月份以后，土壤温度降低，根系生长微弱，进入相对休眠期。

4. 影响根系活动的因素

除砧木本身的生长特性外，土壤结构、地下水位、土壤酸碱度等都直接影响根系的生长。

（1）地下水位　桃树是浅根性树种，根系对水分的反应特别敏感。果园地下水位高，根系则分布浅，树体生长衰弱，产量低，寿命短；果园地势低洼，容易积水，通常积水 1～3 昼夜即可造成桃树死根落叶；果园土层深厚，地下水位低，则根系发达，树体生长健壮，产量高，结果年限长。桃树在生长期耐水性弱，休眠期耐水性相对较强。

（2）土壤温度　土壤温度是影响根系生长的因素之一，土壤温度过高，可导致根系死亡。根系致死的临界温度因季节而异，在生长季节，土壤温度达到 $50\sim60℃$ 可使根端细胞死亡；冬季土壤温度为 $-15\sim-10℃$ 时根系生长发生障碍，生长季节土壤温度在 $-7\sim-3℃$ 时根系即枯死。在土壤板结、透水性差的果园，低温季节到来之前，不能为了提高土壤温度而灌水，否则在灌水之后表土层结冰，桃树根颈部位容易受冻致死。在透水性良好的果园，可以在低温季节到来之前灌水。

（3）土壤结构　土壤黏重，通气性差，土壤含氧量低，会对树体和根系的生长造成较大影响。据测定，土壤中含氧量在 $10\%\sim15\%$ 时根系可正常生长，对桃树地上部生长无明显影响；当含氧量降至 $7\%\sim10\%$ 时根系生长不良；含氧量在 5% 以下时，根系呈暗褐色，新根发生少，新梢生长也显著衰弱。因此，为了保证桃地上部和地下部均的健康生长，土壤含氧量至少应在 15% 以上。沙壤土能保水、保肥，通气性好，因此，在沙壤土栽培的桃树，其地上部和地下部生长表现良好。

（4）土壤酸碱度　pH 值直接影响桃树对土壤营养元素的吸收和利用。桃树适宜在微酸性土壤中生长，根系生长适宜的 pH 值为 $5.5\sim6.5$。在微碱性土壤中桃树也能生长，但土壤管理不好时，根系生长缓慢，树势衰弱，容易产生缺素症。

（二）芽

芽是指维管植物中尚未充分发育和伸长的枝条或花，其实质为枝条或花的雏形。桃树每个节的芽眼处可以着生 1 个或多个芽。桃芽可按每一节上着生芽的数量分为单芽和复芽。每一节上仅仅着生一个芽，该芽无论是叶芽还是花芽，都称为单芽。每一节上着生两个芽或两个以上的芽则称为复芽。

依照芽着生的位置、性质、构造和生理状态等，可以将桃树的芽划分为叶芽、花芽、盲芽和不定芽。

1. 叶芽

桃树叶芽（图 3-1）呈圆锥形或三角形，着生在枝条的叶腋处或顶端。在每一个节位上仅着生一个叶芽的叫单叶芽，着生两个或两个以上叶芽的叫复叶芽。一般情况下，桃树叶芽多为单叶芽。桃树萌芽率高、成枝力强，且芽具有早熟性。叶芽被覆鳞片越冬，大多数叶芽能在第二年萌发后长成不同类型的枝条。生长势较强的新梢上，有些叶芽当年可以萌发抽生副梢（或叫二次枝），生长旺盛的副梢上的侧生叶芽可抽生二次副梢，因此，桃树树冠容易出现枝条过多而郁闭的现象，但也可以利用这一特点使幼树提早形成树冠，实现早结果，早丰产。二次枝基部没有芽鳞痕，可利用这一特征鉴别枝条年龄。

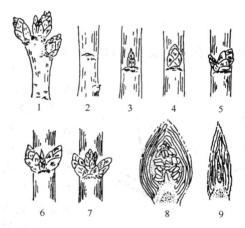

图 3-1 桃树叶芽（孟月娥，1997）

1—短果枝上的单芽；2—盲芽；3—单叶芽；4—单花芽；

5～7—复芽；8—花芽剖面；9—叶芽剖面

2. 花芽

桃树的花芽外观呈椭圆形，为纯花芽，着生在枝条的叶间，只能开花结果，而且一个花芽开一朵花结一个果。根据每一节位上花芽的数量，可以分为单花芽和复花芽。每一节位上仅着生一个花芽的叫单花芽，着生有花芽的复花芽统称为复花芽。在一个节位上，复花芽的着生方式有多种：着生一个花芽和一个叶芽，着生一个花芽和两个叶芽，着生两个花芽，着生两个花芽一个叶芽，着生三个花芽，着生三个花芽一个叶芽，但以中间为叶芽两侧为花芽的复花芽为多。

花芽着生的节位高低和单花芽、复花芽的数量以及比例与品种的特性有关。通常北方品种群中的蜜桃系、硬桃系和南方品种群中的硬桃系，它们的花芽多为单花芽，且花芽着生节位较高；而蟠桃和南方品种群中的水蜜桃系多为复花芽，花芽着生节位相对较低。在同一品种内，复花芽比单花芽结的果大，含糖量高，品质好。复花芽多，花芽着生节位低、花芽饱满，而且排列紧凑是丰产的性状之一。

花芽的数量及花芽类型与土壤肥力、栽培管理技术也密切相关。土壤肥力高，有机质含量多，花芽形成的数量多。反之，在偏施氮肥的情况下，花芽形成的数量少。施用多效唑可以促进花芽的形成，且复花芽比例增加。

3. 不定芽

树体骨干枝因受伤有可能在伤口附近或在骨干枝上发生不定芽（图 3-2），并抽生强旺的枝条。但桃树的不定芽发生量很少。

4. 潜伏芽

潜伏芽（图 3-2）着生在新枝的最下部，形状瘦小，平时不萌发，在受到强烈刺激后才能萌发。桃树潜伏芽寿命较短，萌发更新的能力也较弱，其萌发能力一般只能维持 1～2 年。因此，桃树树冠内膛容易光秃，树体容易衰老，更新也比较困难，这也是桃树的整形修剪不同于苹果、梨之处。

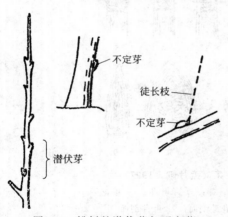

图 3-2　桃树的潜伏芽与不定芽

（三）枝

1. 营养枝

根据生长势的强弱可将桃树的营养枝分为发育枝、徒长枝、单芽枝和叶丛枝。

（1）发育枝　一般着生在树冠外围光照条件较好的部位，组织充实，腋芽饱满，生长健壮。长度多在 50 厘米左右，最长可达 80 厘米，粗度一般为 0.5 厘米左右，最粗可达 1.5 厘米，较粗较长的发育枝上会发生二次枝。发育枝的主要作用是形成主枝、侧枝、枝组等。

（2）徒长枝　主要分布在骨干枝的中后部，直立向上生长，多由树冠内膛的多年生枝上的潜伏芽萌发形成。这类枝的长势强旺，长度在80厘米以上，粗度在2厘米左右，节间长，组织不充实，其上发生二次枝和三次枝，生长势过旺的徒长枝还可抽生四次枝。如果控制不好，常常形成"树上树"，导致树形紊乱，严重影响树冠内膛的光照条件，进而造成产量降低，果实品质下降。

（3）单芽枝　是指顶端只有1个叶芽的枝。这种枝的侧生部位没有芽，均是盲节。对于这类枝，如果较短，不足10厘米，而且有生长空间可进行缓放。如果长度超过10厘米，在有空间的条件下，可以通过极重短截，使其基部的两个副芽萌发抽枝，然后再疏除1个，保留1个。对于没有生长空间的单芽枝，不论多长均应疏除。

（4）叶丛枝　是指长度在1厘米及其以下的营养枝。通常发生在树冠内膛，主要是由于营养不良或光照不足造成的。这种枝可多年保持单芽枝的状态，生长量很小，如果条件继续恶化，便会枯死。但当营养、光照条件好转或受到其他刺激时，也能抽生徒长枝、发育枝或结果枝。因此，也可利用它进行更新。

2. 结果枝

叶腋处着生有花芽的枝条称为结果枝（图3-3），根据其生长势强弱和花芽的着生情况可分为徒长性果枝、长果枝、中果枝、短果枝和花束状果枝。

（1）徒长性果枝　生长势旺盛，长度在60厘米以上，上部有数量不等的二次枝和三次枝。叶芽多，花芽少，有单花芽和复花芽，但花芽着生节位较高，而且质量较差，坐果率也低。但也有部分品种结实较好，结果后仍能萌发较旺新梢，故常利用其培养健壮枝组。

（2）长果枝　长度在30～60厘米之间，没有二次枝。这类枝的基部和上部数芽常为叶芽，中部多为复花芽，不但结果可靠，而且在结果的同时还能抽生新的长果枝、中果枝，保持连续结果能力。长果枝是南方品种群桃树和幼树期桃树的主要结果枝类型之一。

（3）中果枝　长度在15～30厘米之间，没有二次枝。发育良好的中果枝基部和上部的芽为叶芽，中部为复芽和单花芽，坐果率高，果实品质好，在结果的同时还能抽生新的分枝。但长势较弱的中果枝，以单花芽为主，坐果率低，也较难抽生出分枝，一般只能从顶芽

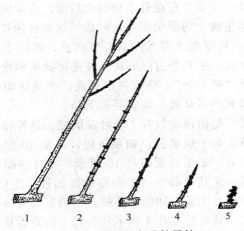

图 3-3 桃树的各种结果枝

1—徒长性结果枝；2—长果枝；3—中果枝；4—短果枝；5—花束状果枝

抽生出短果枝，寿命较短。是南方品种群的主要结果枝类型之一。

（4）短果枝 长度在5～15厘米之间，节间短，除了顶芽是叶芽外，其余各节大多是单花芽。这类枝条的花芽饱满，坐果率高。发育良好的短果枝在结果的同时顶芽仍然可以继续抽生出新的短果枝连年结果，但比较瘦弱的短果枝结果后常常枯死，或变成更短的花束状果枝。是北方品种群的主要结果枝类型之一。

（5）花束状果枝 长度在5厘米以下，除了顶芽是叶芽外，侧芽均为单花芽，开花时各花相互邻接形成花束。结果后多数枯死或从顶芽继续抽生为花束状果枝。是北方品种群的主要结果枝类型之一。

3. 枝条的生长动态

（1）新梢的伸长生长 春季萌芽展叶后，新梢生长主要依靠树体的贮藏营养，生长比较缓慢，节间短，叶片小，叶腋里没有腋芽而形成盲节或者腋芽很小。随着气温上升，新梢上叶片总面积增加，叶片制造的营养增多，新梢进入迅速生长期。此时新梢的单叶面积增大，节间加长，叶腋内形成的腋芽大。5月中下旬，生长势较弱的新梢（最终生长长度小于20～30厘米）生长速度减缓并依次停止生长，而生长势较强的新梢，迅速生长期长，有时可出现2～3次迅速生长期。而徒长性新梢（落叶时形成徒长性果枝或营养枝），停止生长的时期晚，通常会在 7 月中下旬，有的甚至在 8 月份才能停止生长，在此期间部分腋芽萌发形成副梢。由于结果枝类型不同，抽生的新梢生长势也不同。因此，桃树新梢延长生长与结果枝的种类密切相关，这种差异主要表现在出现生长速度减缓的时间上。通常在花后 20 天内，不同结果枝上的新梢生长势基本相同，但从 5 月下旬开始，中、短结果枝上的新梢生长速度减缓，6 月中旬完全停止，而长结果枝和徒长性果枝上的新梢在 6 月中下旬，其生长才开始减缓。

桃树新梢的生长动态还与品种特性、树体年龄以及栽培管理措施等有关。对于早熟品种和极早熟品种，在整个生长季里长枝和徒长枝的生长动态呈双"S"曲线；在果实迅速生长阶段，则有一个缓慢生长期；果实采收后，新梢开始第二个生长高峰。对于幼龄树，新梢生长旺盛，徒长枝多，生长持续的时间长，有些旺盛的徒长枝甚至可以形成三次梢。另外，栽培管理措施有利于树体生长时，新梢生长旺盛，持续时间长；反之则短。如果采用不同的修剪方式，树体枝条发生和生长动态则不同。采用长枝修剪法时，新梢早期营养生长缓和，从萌芽一直到果实采收前，新梢生长总量以及每周净增长量均明显少于采用短枝修剪法的桃树。但在采果后，采用长枝修剪法的桃树上新梢增长总量以及一年生枝梢上的新梢增长量却明显高于采用短枝修剪法的桃树。

修剪方式不同，一年生枝上不同部位抽生的新梢生长能力不同。在对"庆丰"和"绿化 9 号"两个品种的研究结果表明，利用短枝修剪法的情况下，留下的一年生枝不论生长状况如何或抽生多少新梢，只要抽生的新梢在一年生枝上越接近顶端，其顶端优势越明显，生长能力越强，生长持续的时间越长，生长停止越晚。而在采用长枝修剪法的情况下，一年生枝顶端抽生的新梢其生长势并不明显，最终生长的长度较短。相反，处于一年生枝基部的 1～2 个新梢的生长势相对较强，其最终长度比其它部位的新梢长，甚至在 5 月底～6 月初，枝条基部的部分芽能抽生较长的新梢。

（2）枝条和枝干的加粗生长　通常桃树枝条和枝干的加粗生长和枝条的伸长生长同时开始。枝条和枝干的加粗生长与品种特性、树体的年龄、环境条件、树体在年生长周期中所处的生物气候时期以及栽培管理措施等因素密切相关。如果品种生长势旺盛、树体的年龄小和栽培管理措施有利于树体营养生长，则枝条和枝干的加粗生长量大。影响枝条和枝干加粗生长的环境条件主要是土壤水分和气温。如果土壤干旱，加粗生长量小。枝条和枝干加粗生长最适宜的温度是18～23℃。早春和晚秋外界温度过低，加粗生长量小。此外，枝条和枝干的加粗生长还受果实生长动态的影响。对于中、晚熟品种而言，枝条和枝干的加粗生长高峰期出现在果核硬化期，而在果实迅速生长期，枝条和枝干的加粗生长量明显减小。

（四）叶

1. 叶片的主要功能

桃树的叶片由表皮、叶肉、叶脉三部分组成。表皮上有表皮毛和气孔，表皮毛加强了表皮的保护作用，同时也减少了水分蒸腾。桃树叶片的气孔分布在下表皮，上表皮没有气孔分布，气孔能自动开闭，调节气体进出和蒸腾作用。叶肉细胞内含有许多叶绿体，是进行光合作用的主要场所。桃树植株90%～95%的干物质来自于光合产物。自叶片展开开始，随着叶片体积的不断增大，其光合能力逐渐增强，当生长至其应有大小的50%以前，叶片制造的光合产物不够其自身消耗，其实质为一个寄生叶，当超过应有大小的50%以后，叶片开始对外提供营养物质。当叶片长至其应有大小时，光合能力达到最大，以后随着叶片的衰老，光合能力开始下降。

叶片还具有呼吸、吸收等生理功能。利用叶面角质层的吸肥特性，进行叶面喷肥，可及时补充植株对矿质元素的需要，对解决植株缺素症具有较好的作用。叶内矿质元素的含量和比例可以在一定程度上反映树体的矿质营养水平，分析叶内的矿质营养水平，可作为施肥的参考依据。叶片不仅与树体有机营养关系密切，而且还直接影响到树体的生长发育、产量高低以及果实品质的好坏。叶面积的变化虽然较大，但容易被人为控制，通过调节叶片的形成和分布，可以适当地扩大叶面积，增加树体有机物的积累，为植株早产、丰产、稳产和优质奠定基础。

2. 叶的形态及生长动态

桃树叶片属于完全叶，由托叶、叶柄和叶片三部分组成，着生在叶芽抽生的枝上，叶形为披针形。颜色多为绿色，有的表现为深绿色，有的为浅绿色，有些早熟品种在生长后期叶片变为红色或紫红色，黄肉品种的叶片常为黄绿色。

叶片的形态、色泽变化在年生长周期中可分为四个时期：第一个时期为4月下旬至5月下旬，叶片迅速增大，颜色由黄绿色转变为绿色；第二个时期为5月下旬至7月下旬，叶片大小已形成，叶片的生理功能达到高峰；第三个时期为7月中旬至9月上旬，叶片呈深绿色，最终转为黄绿色，质地变脆；第四个时期为9月上旬至9月下旬，枝条下部叶片逐渐向上产生离层，10月底到11月初开始落叶。

3. 叶面积指数和叶幕

叶幕是指叶片在树冠内的集中分布区。叶幕的结构包括叶幕形态、厚度、层次和密度等。叶幕形状与体积随着树龄和整形方式变化而改变。幼龄树或人工形整枝的植株，其叶片充满了整个树冠，树冠的形状和体积也就是叶幕的形状和体积；自然形整枝的成年树，叶幕形状与体积具有较大变化。叶幕的厚薄是衡量叶面积多少的一种方法，常用叶面积指数来表示。

桃树叶幕大小与其树冠内不同枝条类型的比例密切相关。一般树冠内中、长枝多时，叶幕出现的高峰晚，叶幕形成的时间较长；反之，中、短枝较多时，叶幕形成较快，高峰期出现较早。适宜的叶幕形成动态是前期叶面积增长较快，中期保持适度的叶面积，后期叶面积维持的时间较长，这样才有利于提高树体的有机营养水平。因此，在修剪时，长、中、短果枝和营养枝的留量比例一定要协调。

叶幕大小和厚度影响其对太阳辐射的吸收量，进而间接影响桃树体生长及果实发育。叶幕过大或过厚，容易造成内部叶片得不到足够的光照，当光线减弱至全光照的30%以下时，叶片的光合产物低于其自身的消耗量，导致寄生叶的产生。叶幕结构不同，对太阳辐射的投射率不同，开心形叶幕层对太阳辐射的吸收截获率较低，故而透射率较高；而小冠形结构则由于相反的原因，叶幕层的透射率较低。因此，为了改善桃果实的经济产量和品质，一方面要求叶幕获取尽可能多的太阳辐射，另一方面要求通过叶幕结构的改善，使叶幕截获的太阳辐射在叶幕层中有比较合理的分配，以营造适宜的微区光环境，提高叶片的光合效率。

在桃树的栽培实践中，常采用整形修剪等技术措施调节叶幕的层次和厚度，使单位树冠容积内形成最佳数量的叶片，获得充足的光照量，得到最大的净同化率和最优的叶面积系数，从而实现高产、稳产和优质。桃树叶片净同化率的最旺期在展叶后 3～6 周，冬季和春季修剪时应尽早调节好树冠的枝条数量，以实现全年生长周期内保持最佳的叶面积系数状态。如在夏季发现叶幕过密、过厚时再进行调节，由于叶龄已大，收效甚微。

由于土壤和气候条件、栽植形式等存在着差异，很难规定出一个固定的叶面积系数。而且最佳的叶面积系数与最适的光照水平相关，一个最有生产能力的叶幕结构，叶片的分布状态必须能够避免过分的相互遮挡而限制光合作用的进行。影响树体光照条件的因素主要有载叶枝系的结构特点、树体栽植的行列形式以及阳光的入射特点，其中前两个因素是可控因素，生产中通过这两个方面实现树体最佳的叶面积系数。桃树最佳叶面积指数通常为 4～6。

二、产量的形成

植株的营养生长是桃树产量形成的物质基础，其生殖生长却是桃产量形成的直接和关键因素。生殖生长是指植物生长到一定时期以后，便开始分化形成花芽，然后开花、授粉、受精、结果（实）、种子形成等一系列生命活动的过程。桃树的生殖生长过程包括花芽分化、开花与结果以及果实发育等进程，这些进程不同程度地影响着桃产量的形成。

（一）花芽分化

花芽分化即芽轴的生长点无定形细胞的分生组织经过各种生理和形态的变化最终形成花原始体的全过程。花芽分化包括生理分化和形态分化。雏梢生长点由营养生长转向形成花芽的生理状态的过程称为成花诱导，生长点内进行着由营养生长向生殖生长的一系列的生理生化转变，因此，也称为花芽的生理分化。从花原基最初形成至各花器官形成完成称为形态分化。

1. 花芽分化过程

（1）桃树花芽分化的形态标志

① 花芽为纯花芽，芽内无叶原始体，而紧抱生长点的是苞片原始体。

② 花芽内只有一个花蕾原始体。

③ 分化初期　生长点肥大隆起，略呈扁平半球状，即花蕾原始体。

④ 萼片形成期　花原基顶部先变平坦，然后其中心部分相对凹入而四周产生突起体，即萼片原始体。

⑤ 花瓣形成期　萼片内侧基部发生突起体，即花瓣原始体。

⑥ 雄蕊形成期　花瓣原始体内侧基部发生的突起（多排列为上下两层）即雄蕊原始体。

⑦ 雌蕊形成期　从花原始体中心底部发生，但只有一个突起，即单子房，子房上位。

（2）花芽分化期

桃树的花芽是由开花前一年夏、秋季新梢叶腋处的芽分化而成的。桃树的花芽分化需经历生理分化期、形态分化期和性器官发育期3个时期。

① 生理分化期　生理分化期一般从5月下旬至6月上旬开始，至7月下旬前后结束。在花芽生理分化期内，生长点内部发生一系列生理和生化的变化，在此期间，生长点容易受内外条件的影响改变代谢方向（或向营养生长或向生殖生长方向发展），故也称为花芽分化临界期。

生理分化开始的早晚和持续时间的长短与品种、树龄、树势、新梢生长节奏、芽在枝条上的着生部位、环境条件等因素有关。成年树开始分化的早，幼龄树则开始的晚；弱树开始的早，强旺树则开始的晚；短梢开始的早，长梢开始的晚，一般短梢要比长梢早20～30天；对于同一新梢，下部的芽开始分化早，持续时间长，上部的芽开始晚，持续时间短；气候干旱的地区或年份开始早，降雨较多的地区或年份开始晚；生长季长的地区开始早，结束晚，持续时间长，生长季短的地区则开始晚，结束早，持续时间短。

② 形态分化期　生理分化开始后不久，在芽轴上，其尖端突起呈半圆形，之后可以辨认出花原基，这一时期被称为花的发端，标志着花芽形态分化的开始。在花芽形态分化期，花各器官组织原基依次出现，生长锥由外向内先后形成几轮突起，即相继出现花萼原基、花冠原基、雄蕊原基、雌蕊原基；至秋季落叶前，芽内逐渐分化形成萼片原始体、花瓣原始体、雄蕊原始体和雌蕊原始体。不论分化开始早

晚，冬前均可分化形成雌蕊原始体。随后，花芽停止分化，进入冬季休眠状态。

③ 性器官发育 解除自然休眠后，随着环境温度的回升，花芽逐渐萌动，开花前 40 天左右形成单核花粉；开花前 10 天左右花粉发育成熟。与此同时，雌蕊分化形成胚珠和胚囊。此期，有少部分花芽，由于养分或其他原因，花芽分化在中途停止，形成缺少某一器官的不完全花。有些品种，如豫农 6 号、仓方早生、深州水蜜桃，不能形成有生活力的花粉，只能形成具有雌性功能的雌能花。

（3）花芽分化的顺序 整个树体进入花芽分化，前后可延续 2～3 周，一般成龄树比幼树花芽分化开始早；短枝比长枝早，但花器官的各个分化期延续时间较长，长果枝开始分化较晚，但其分化速度较快，长果枝中又以中下部的芽分化较早；徒长枝、副梢果枝花芽分化最晚。在北京地区 6 月份以前发生的副梢形成的花芽多而充实，7 月份以后形成的副梢花芽较少。桃树容易形成花芽，进入盛果期后，几乎所有当年生枝都能形成花芽。但一切有利于枝条充实和养分积累的措施，如控水控氮抑制幼树旺长、夏季修剪、采果前后追施磷肥等，均有利于花芽分化和花器官的发育。

2. 花芽分化临界期

果树的芽向花芽形态转化之前，生长点内生理生化状态处于极不稳定的状态，代谢方向容易改变，因此，生理分化期也称为花芽分化临界期。此期如果条件适宜芽就向花芽的方向分化，即可分化成花芽，否则将转化为叶芽。桃树的花芽分化临界期取决于枝条长度和芽在枝条上的位置，枝条越短，花芽分化越早，由基部向枝条顶端逐渐发展。花芽分化临界期是调控花芽分化的关键时期。

3. 影响花芽分化的因素

影响花芽分化的因素包括内在因素和外界因素。内在因素有遗传因子、碳氮比学说、植物激素平衡学说等，对某一个品种而言，遗传因子是主要的，就一个品种的年生长周期而言，营养的积累、花芽分化期的外界条件以及农业技术措施的影响是主要的。因此，在生产上为了保证桃树连年丰产、稳产，应从选择丰产品种、运用恰当的农业技术措施、满足花芽分化的外界环境条件等多方面综合考虑。

影响桃树花芽分化的外界因素主要有光照、温度、农业措施等。

（1）光照　光是花芽形成的必需条件。桃树属于喜光树种，如果树体生长过旺，则枝条多、叶片多、叶幕厚、通风透光性差，树冠郁闭，枝条生长细弱，将直接影响到花芽分化。据观察，6～8月份三个月的自然光照强度在1000勒克斯以上，树体内部光照强度在20～50勒克斯之间，桃树的花芽分化能顺利完成。如果7月份以前光照条件差，则营养物质积累少，不利于花芽分化。光的质量对花芽形成也有影响，紫外线抑制生长，钝化生长素，诱导乙烯的产生，促进花芽分化。

（2）温度　通常当日平均气温达到20～25℃时，桃树开始花芽分化。但花芽分化的温度主要取决于萌芽到花芽分化的有效积温量，10℃以上的有效积温达到900℃才能开始分化。因此，花芽分化的早或晚、快或慢与萌芽后的有效积温密切相关。

此外，花芽萌动期对环境温度反应十分敏感，温度过低发育缓慢，温度过高则容易使花粉败育、花芽脱落。自然休眠解除后不同升温梯度影响性器官发育和坐果，高温或不合理的变温（升温过快），可使桃树提早萌芽、开花，物候期进程快，但花粉、胚囊败育率高，坐果率低；采取缓慢梯度升温，则花期整齐，花器官发育正常，坐果率提高。沈元月（1999年）以早露蟠桃为试材，研究了温度对桃花器官发育的影响。结果表明：在夜间温度为15℃、白天20℃的条件下花器官发育正常；白天25℃花粉量减少50%；30℃花药不能开裂，花粉几乎全部败育；35℃花芽萌动后不久便很快枯萎脱落。

（3）农业措施　修剪和施肥均能影响桃树树体的营养生长与生殖生长，花芽分化的营养物质是单株个体营养平衡的结果，即树体生长势中庸，树势均衡，枝条粗细适中，结果与枝条生长成比例。施肥种类、施肥时间对树体生长和花芽分化有一定影响，修剪能调节营养物质分配以及生长与结果的关系。夏季修剪两次和三次的植株花芽分化略早，并且经过两次夏剪的单株，6月份抽生的副梢芽体饱满，节间短，有70%的芽能形成花芽，可以利用其结果。花芽分化开始的时间与枝条停止生长有密切关系，与果实成熟期无关，因此，生产上能够抑制新梢生长的措施如夏剪、摘心、喷施植物生长调节物质等均能促进花芽分化。

（二）开花与结果

树体完成花芽分化后，第二年春天就可以开花坐果。正常开花，并能坐住果，是形成产量的又一个重要环节。

1. 开花

桃树大部分品种的花属蔷薇型，花瓣较大，雌、雄蕊包于花内或稍露于花外，且多为完全花，每一朵花中有一个雌蕊和多数雄蕊，变态花有 2～4 个雌蕊。大部分桃树品种都有花粉，可自花结实，自花坐果率高，一般在 30% 左右，最高可达 80%。但也有部分品种花粉败育，自花结实能力差，甚至没有自花结实能力，如新大久保、上海水蜜、安农水蜜等品种，栽植时要配置授粉树，以提高产量。还有些品种如丰白、仓方早生等没有花粉，定植时也要配置授粉树。花粉多的品种如大久保等，结实率高，且不容易受花期不良气候影响。即使自花能结实的品种，在多品种混栽、有其它授粉品种时，更能提高产量和品质。

当春季气温稳定在 10℃ 以上时桃花即可开放，但开花的最适温度是 12～14℃。桃树开花早晚因品种、树龄、树势、枝条类型、天气、土壤条件等而异。在南方，冬季短且较温暖，开花早晚与品种需冷量有关，需冷量越少开花越早；在北方，冬季低温时间长，所有品种的需冷量均能得到满足，开花早晚与品种需热量有关，需热量低的品种开花早。

盛果期树比初果期树开花早；树势弱的比树势强的开花早；花束状果枝和短果枝比中、长果枝开花早，徒长性果枝开花最晚；树冠中下部的细弱枝开花早；同一果枝上顶部的花明显比基部的花开放早，早开的花所结果实大，这种发育上的差异，对疏花疏果、修剪等技术有着重要的指导意义。

正常年份同一品种的花期为 7 天左右，花期长短与天气条件有关，一般可相差 3～5 天。气温低、湿度大则花期长；反之，花期短。不同品种花期长短也有差异。健壮的树开花整齐度高，花期较长，老弱树花期短。

2. 坐果

当花瓣即将开放之前，雌蕊、雄蕊成熟，部分花药已开裂并散出花粉，此时在本朵花内即可自行授粉。据观察，从小蕾期（露瓣初期）到大蕾期（露瓣后期）花粉发芽率逐渐提高，如果中途遇到湿度过大等异常情况，也有大蕾期比中、小蕾期花粉发芽率低的现象。

温度在10℃以上桃花粉萌芽和花粉管伸长都比较快，在4.4～10℃条件下上述生命活动受阻，4.4℃以下则停止发育。花粉萌芽率和花粉管的生长速度还因花朵在果枝上的着生节位而不同。果枝基部花的花粉萌芽率低，生长也慢；果枝上部花的花粉发育良好、比较饱满，萌芽率高，且花粉管生长快，因此，进行人工授粉前采集花粉时，应选择果枝上部的花蕾。

临近开花前，桃花的雌雄配子发育成熟，开花当天花药开裂散粉，花粉落到柱头上并萌发，通过花粉管到达胚囊，雌雄配子结合而形成胚，完成了受精过程就称为坐果，没有完成这一过程的花朵在开花结束后即脱落。桃单花的有效授粉期一般为2～5天。花期温度低、湿度大时，有效授粉期长；温度高、空气干燥时则短。研究结果表明，不同品种，从授粉到受精完成所需的时间不同，如菲利浦黏核桃和米欧桃的受精是在盛花后10～16天；大久保桃在花后2～3天已受精，一般在花后60小时内完成受精。受精后，胚珠发育成种子，子房壁的内层发育成果核，中层发育形成果肉，外层发育成果皮。

授粉受精与花期气候条件密切相关，开花期气候稳定，气温缓慢回升，各品种依次相续开花，且花期整齐一致，有利于昆虫传粉。如果花期寒暖交替，气候变化异常，不仅品种间花期差别较大，也不利于昆虫传粉，尤其对花期较早的品种影响更大。花期如果遇"倒春寒"，温度降至-1℃左右时，花芽会发生冻害。

3. 落花落果

桃树坐果率的高低对产量有直接影响，南方品种群适应性强，产量较高，坐果率一般为15%～20%。

桃树有三次落花落果高峰，第一次出现在开花后，主要是未完成授粉的花自行脱落；第二次在落花后10～15天，脱落的是未授精的幼果，此次落果量可达35%～65%；第三次在落花后25～40天，此次总落果量可达85%～90%。此后，除病虫果外，至果实成熟前一个月内，一般不再落果。

桃树前期落花主要是由于气候和品种原因，花期低温、高湿、光照不足，会阻碍花粉和种胚发育，影响昆虫传粉，雨水过多使花药不能开裂散发花粉或花粉吸水后胀裂失去生活力，致使授粉受精不良；自花结实能力低的品种，又缺少适宜的授粉树等都是导致落花落果的原因。后期落果主要是枝梢生长与果实发育发生养分竞争，使幼果和种胚发育中止而引起。

（三）果实发育

1. 生长发育的过程

桃树果实生长发育呈双"S"形。受精后，果实开始发育。在发育过程中，先后出现两次迅速生长期，中间有一次缓慢生长期，即第一次果实迅速生长期（幼果膨大期）、果实缓慢生长期（硬核期）、第二次果实迅速生长期。

（1）第一次果实迅速生长期（幼果膨大期）　主要是果实细胞分裂时期。从授粉受精后开始，子房开始膨大，果实细胞迅速分裂增多，果实的重量和体积迅速增加，其纵径增长比横径快。此期不同品种增长速度大致相似，一般到果核开始硬化为止，表现为幼嫩的白色果核的核尖出现浅黄色。不同地区由于花期出现的时间不同，尤其是花后一段时期的气候条件差异较大，因此，同一品种在不同地区此期的起止时间相差较大。北方地区，开花晚，花后气温上升快，果实第一次迅速生长期短，一般持续30～40天。但在冬季相对较温暖而早春冷凉的地区，花期早，但花后果实生长发育速度缓慢，此期持续的时间长，最长可达两个月以上。

（2）果实缓慢生长期（硬核期）　果实增长缓慢，果核长到固有的大小，并逐渐硬化，种胚逐渐发育，胚乳逐渐消失，因此又称硬核期。此期的结束标志是果实再次出现迅速生长。果实成熟期的早晚取决于这一时间的长短，因此，该期持续时间长短因品种而异。通常极早熟无硬核期，因此观察不到果实有缓慢生长现象；早熟品种只有几天或1～2周的果实缓慢生长期。中熟品种的缓慢生长期一般持续4～5周。晚熟品种的果实缓慢生长期长，一般持续6～7周，有的甚至在两个月以上。

（3）第二次果实迅速生长期　又叫果实最后迅速生长期。这一时期果实细胞体积迅速膨大，表现为横径比纵径增长快。该时期是果实重量和果肉厚度的主要增长期，重量增加约占总重量的50%～70%。果面变得丰满，果实底色明显改变，叶绿素消失，并开始着色，最后表现出本品种固有的色泽。果实中有机酸和淀粉含量下降，可溶性糖含量增加，尤其是蔗糖（占果肉总糖量的50%~80%）、葡萄糖和果糖累积，果实硬度下降，富有一定的弹性，进入果实成熟期，并表现出本品种固有的风味和品质。各品种此期延续时间不同，开始和终止时期不一，但均是在采前20天左右增长速度最快。第二次果实迅速生长期是果实生长和品质形成的关键时期。在这一时期，环境条件、栽培管理技术措施等均能显著影响果实的大小和品质。有试验结果表明，在第二次果实迅速生长期进行水分干旱胁迫处理，能显著减小果实的体积，增加果实的含糖量并提高果实的耐贮运能力；但在第一次果实迅速生长期和果实缓慢生长期进行水分干旱胁迫处理，对果实的生长并没有显著的抑制作用，对果实的含糖量和贮藏特性也没有影响。

2. 单性结实

有些桃树品种没有花粉或花粉很少，如传统品种肥城桃、深州蜜桃以及从日本引进的品种砂子早生等，部分没有经过授粉受精的花也能坐果而形成果实，这种现象被称为单性结实。通过单性结实所结的果俗称桃奴。在自然条件下，肥城桃桃奴比率为50%左右，深州蜜桃为30%~40%。桃奴表现为核小，没有种仁或仅有小且干缩的种仁，果实生长发育物候迟，成熟晚，可溶性固形物含量高，味极甜。但因为果实小，肉韧汁液少，商品价值低。减少桃奴比率，是实现高效栽培的主要措施之一。配置适量的授粉品种并进行人工授粉，及时疏除桃奴，可有效降低桃奴比率。

3. 裂核

通常早熟品种裂核发生率比中晚熟品种多，且果实越大，裂核现象越严重。裂核果的果形不端正，种子容易发霉腐烂，风味较淡，核裂处常有果胶流出，影响食用，而且不耐贮运，也不宜加工制罐。因此，裂核会大大降低桃果实的商品价值。

多数情况下裂核发生在果核尚未完全硬化时。对于早熟品种而言，核的木质化程度低，抗拉力的强度弱，果肉细胞伸长膨大所产生的力量容易导致果核破裂。另外，在核的木质化初期如果气温降低，裂核现象严重。成熟前遇到阴雨、霜冻天气或大量灌水、过早疏果等也会导致裂核率的增加。

防止裂核比较困难。有效措施是在裂核频繁的地区选用不裂核或裂核轻的品种。另外，合理灌水，适当增加树体的负载量和推迟疏果，对裂核也有一定的预防效果。

（四）产量形成的基础

产量又称为生产能力。广义的产量概念又称为生物学产量，是指作物在单位土地上干物质总重量。狭义的产量概念称为经济学产量，指单位土地上人为栽培目的物的那部分产量，理论公式为：

经济产量＝（光合面积×光合强度×光合时间－消耗）×经济系数

从公式右边构成因子可以看出，光合对产量形成至关重要。加速累积、运转和有效转化，并尽可能地降低消耗是提高经济产量的途径。

桃树的产量主要由花芽数、坐果率及单果重等要素构成。用公式加以表达为：

产量＝花芽数量×坐果率×平均单果重量

花芽数量＝枝条数量×花枝率×平均花芽数量/果枝

坐果率＝坐果花朵数量/花朵总数×100％

平均单果重量＝果实总重量/果实个数

由桃的产量构成公式可以看出，花芽数量、坐果率和平均单果重量均与产量成正相关，但三个要素在产量构成中的作用不同。花芽数量是产量形成的前提和基础，坐果率是产量形成的关键，平均单果重量是产量的决定因素。这三个产量构成要素缺一不可，不能互相替代。生产过程中把握、协调好产量构成的三个要素，即可为丰产、优产奠定基础。

三、主要物候期

桃树各个器官随着一年四季的气候变化而表现出的生命活动的变化现象，称为生物气候学时期，简称物候期。桃树在年周期中有两大物候期，即生长期和休眠期。在生长期内又有萌芽期、开花期、新梢生长期和果实发育期等之分；而休眠期也可分为自然休眠期和被迫休眠期。物候期有一定的顺序性和重演性，各个物候期有一定的交叉重叠。不同器官的同名物候期并非同时通过，外界自然环境条件和生产管理水平对各个物候期进程有着显著影响。

（一）萌芽期

鳞片开始分离，露出浅色痕迹，树体随温度升高开始活动。桃树的萌芽期包括芽膨大期和芽开绽期。芽膨大期是指芽体开始膨大，鳞片开始松动，颜色变浅的时期；芽开绽期是指鳞片松开，芽先端露出幼叶叶尖的阶段。通常情况下，桃花芽萌动期较叶芽萌动期早 7～15 天。

（二）开花期

开花期是指从花蕾的花瓣开始松裂，到花瓣脱落为止的过程。开花期是桃树的一个重要物候期，当年产量的高低很大程度上取决于开花期能否顺利通过。桃的花芽为纯花芽，一个花芽从萌动到开花中间要经过一系列阶段：开绽期、吐蕾期、散蕾期、待放期、盛花期和落花期。桃树花期要求的最适宜温度为 12～14℃，华东、华中一带多在 3 月中、下旬开花，桃树开花期一般分为四个时期：

1. 始花期

全园有 5% 的花朵开放，表明已开始授粉。

2. 初花期

全园有 25% 的花朵开放，表明大量花朵开始授粉，是将来产量的主要部分。

3. 盛花期

全园有 50% 的花朵开放，是授粉的主要时期。

4. 末花期

全园有 75% 的花瓣变色，开始落瓣。表明花的授粉期已过，幼果开始膨大。

（三）新梢生长期

新梢是构成树冠的主体，其不但是着生芽、叶、花和果的母体，还是营养物质和水分的运输通道和贮藏器官。春季根系最早开始活动，为树体萌芽提供必要的水分、养分和促进细胞分裂与生长的激素。新梢的开始生长期所需的营养，主要是上年树体贮藏的营养。新梢经过短暂缓慢生长后进入迅速生长期，在这段时间内出现 1～2 次生长高峰，此期所需营养主要来自当年同化的营养。根系高峰期与新梢生长高峰期基本上呈交替出现现象。在新梢生长期，嫩茎幼叶合成的生长素自上而下运输到根部，对地下部具有促进作用。

新梢在8月下旬停止伸长生长，进入迅速增粗生长阶段，9～10月份根系再次出现生长高峰。此期叶片光合强度虽然已降低，但因为没有新生器官的消耗，可以大量积累营养。在正常落叶前，叶片营养回流，贮藏在芽、枝、干和根中，因而秋季保护叶片对养根、壮芽和充实枝条具有重要意义。

（四）果实发育期

从落花开始至果实成熟所经历的时期称为果实发育期。桃果实的生长发育在外观上表现为果实体积不断增大，果实生长前期主要是果肉细胞的迅速分裂，果实纵径增长较快。细胞分裂在花原始体形成时已经开始，开花期暂时停止，经过授粉受精后继续分裂，一般延续3～4周，个别品种达到5～6周。此阶段提高树体营养水平、适当调整坐果率、控制新梢长势等均能增加细胞分裂的速度和数量，对增大果个具有重要作用。

细胞体积的增大从花后细胞旺盛分裂时开始，直至果实成熟为止。但在果肉细胞分裂停止后，果实体积增大的主要原因是果肉细胞的膨大。在这一阶段内果实以横向生长为主。细胞膨大期所需有机营养主要来源于当年叶片制造的光合产物，一切影响光合产物的因素都会影响果实发育和品质的提高。此外，细胞体积的增大主要是液泡扩大的结果，因此，除了各种营养物质的供应，水分也发挥着重要的作用。此时供水不足，会导致果实停止生长，甚至缩小；水分供应充足，则有利于果实的正常生长发育。

果实在生长发育过程中，形成和完善了果个、果形、色泽、风味以及营养成分等果实品质。果实进入成熟期后，内含物迅速转化，含水量逐渐减少，淀粉转化为糖，有机酸迅速减少，甜味和香味增加，果面着色，达到本品种固有的经济形状。影响果实品质的因素不仅有品种的遗传特性，而且还有树体的营养状况、生态环境条件和科学管理等。

（五）休眠期

1. 休眠

桃树叶片的脱落，芽、枝、根等器官生长的暂时停顿，仅维持微弱的生命活动的现象称为休眠。桃树植株入冬时叶片脱落进入休眠的时期称为休眠期，大约经过 5 个月时间（当年 10 月下旬或 11 月上旬至第二年 3 月下旬或 4 月上中旬）。在该时期内，植株在外部形态上看不出任何生命活动，然而由于气温的下降，桃树植株体内积累的大量淀粉逐渐转化为糖，同时细胞内脂肪和单宁含量增加，水分含量减少，细胞液浓度和原生质黏滞性增加，原生质膜透性减弱，从而提高植株的器官和组织抵抗外界不良环境的能力，使其能够顺利越冬。幼龄树停止生长较晚，贮藏营养较少，冬季休眠期容易受到冻害。

桃树植株的休眠分为自然休眠和被迫休眠。自然休眠是由芽内部因素控制，即使给予适宜生长的环境条件，芽仍然不能萌发生长，需要经过一定的低温条件才能解除休眠而开始萌芽生长的休眠状态。桃树植株在冬季发生的落叶休眠即属于自然休眠，需要 $7.2℃$ 以下的低温 $500～1200$ 小时才能完成。自然休眠期内，低温不足，来年春季萌芽开花参差不齐，落花落蕾现象严重。自然休眠期过后，遇到合适的环境条件即可开始萌芽生长。自然休眠根据休眠深度分为"深真休眠"和"浅真休眠"两个阶段。在深真休眠期，无论做任何处理均不能打破休眠，浅真休眠期是进入真休眠之前和真休眠逐渐解除之后的一段时期，在浅真休眠期，芽休眠可以被人为打破，这就为人工提早解除自然休眠，进行促成栽培提供了可能。为了解真休眠深度，开始时期和休眠结束时期可以通过摘叶插枝法，即将整株树或离体插枝的叶片全部摘除，放于适合萌芽生长的条件下，如放在室温内，按一定日期间隔处理，可见萌芽率逐渐下降。用这种方法观察到桃树在 8 月份前后是芽真休眠开始期。休眠期定期剪下枝条，移入温室进行插枝，观察不同插枝时期的萌芽情况，一般认为能够萌芽的时期标志进入浅真休眠期，整齐而均一萌芽，萌芽率在 $30\%～50\%$ 以上为自然休眠解除。

被迫休眠是指植株遭遇低温、缺水等不利环境条件的限制，使其不能萌芽生长，被迫处于休眠状态。被迫休眠期内，遭遇温度回暖再转寒时，桃树植株容易遭受冻害。因此，生产上常采用树干刷白、早春喷水灌溉或喷施生长延缓剂等措施，迫使植株继续休眠，避免早春冻害的发生。

对于一株桃树而言，不同部位的休眠期存在着差异。通常情况下，芽和小枝比树干进入休眠期早而结束较晚，根颈部位休眠最晚而解除休眠最早，同一枝条上皮层和木质部进入休眠比形成层早，花芽比叶芽解除休眠早。

2. 低温需求量与自然休眠解除

当桃树进入真休眠后，为保证较早结束芽真休眠而均一萌发、开花所必须满足的一定低温作用的时间，称为需冷量或低温需求量。

桃树完成自然休眠的最有效温度是 7.2℃ 左右，而 10℃ 以上或 0℃ 以下的温度对低温需求量的累积基本上无效。需冷量的估算主要有两种模型，即 7.2℃ 低温模型和犹它模型。

(1) 7.2℃ 低温（冷温）模型 以 7.2℃ （45°F）为低温需求量的上限，计算低于 7.2℃ 的累积低温小时数。解除休眠所需的低温小时数因品种而异（表 3-1），并且不同阶段的低温贡献率也不同，而且存在着地理差异，同一品种不同器官也不一样，如桃枝梢的顶生叶芽低温需求量最少，而侧生叶芽的低温需求量最大，大多数情况下花芽的低温需求量介于二者之间。

表 3-1　主要桃品种的需冷量

品　种	7.2℃低温模型/小时	
	花芽	叶芽
早露蟠桃、早乙女、庆丰、北农早艳、京红、双丰、瑞光 7 号	570	640
砂子早生	570	570
瑞光 1 号	570	610
朝霞、瑞光 11 号	640	640
早花露、雨花露	650	650
早美	660	650
京春	650	660
瑞光 5 号、瑞光 2 号	660	690
瑞光 4 号	660	710
早九保	710	710

(2) 犹它模型（冷温单位模型）　使用"加权冷温单位"的概念区分不同温度对解除芽休眠的不同作用效果，将不同温度范围作用时间按作用效果转换为冷温单位（表 3-2）。桃品种低温需求量一般在

500～900C.U。王丽荣等用田间统计的方法，得出我国西北部桃资源低温需求量普遍较高，大部分品种分布在 800～930C.U。

表 3-2　温度与冷温单位转换表

温度/℃	冷温单位/C.U	温度/℃	冷温单位/C.U
＜1.4	0	12.5～15.9	0
1.5～2.4	0.5	16.0～18.0	−0.5
2.5～9.1	1.0	18.1～21.0	−1.0
9.2～12.4	0.5	21.1～23.0	−2.0

欧阳汝欣（2000—2001 年）在保定连续两年对 3 个油桃品种用 7.2℃低温模型和犹它模型进行需冷量的估算（表 3-3）。研究结果表明 7.2℃低温模型估算值两年的数值接近；而用犹它模型进行估算所得的结果在两年间差异较大。

表 3-3　2 种模型估算需冷量比较（欧阳汝欣，2001 年）

品　种	7.2℃低温模型/小时				犹它模型/C.U			
	2000 年		2001 年		2000 年		2001 年	
	叶芽	花芽	叶芽	花芽	叶芽	花芽	叶芽	花芽
早红珠	650	730	640	700	430	500	580	640
曙光	650	650	640	640	430	430	580	580
瑞光 5 号	—	—	700	760			640	680

了解桃树年生长周期中的各个物候期及其生长、发育特征，在生产上具有现实意义。尤其是对于桃树病虫害的防治更为重要，桃树病虫害的消长规律与树体年生长周期有着密切关系，不同物候期的病虫害发生特点存在较大差异。因此，在防治桃树病虫害时，应充分利用病虫害的发生、繁殖与物候期息息相关的特性进行防治，可有效地减少防治的盲目性，从而达到事半功倍的防治效果。此外，全球气候环境变化明显加快，如气候变暖成为近百年来地球环境最突出的变化，气温升高已引起了一系列的生态环境变化，也使植物的正常生长发育受到了较大的影响。桃树植株不同物候期的出现时间以及各生长、发育期所间隔的时间等也都发生了较大变化，因此，在了解桃树物候期的基础上，分析外界环境对桃树物候期变化的影响，从而采取有针对

性的生产管理措施，对保证桃树的产量和品质都具有重要意义。

四、不同年龄时期及其生长发育特点

生产上栽培的桃树，绝大多数是通过嫁接获得的无性繁殖个体。桃植株从幼小的嫁接苗开始直至整个植株死亡为止，在其整个个体发育过程中要经历生长、结果、衰老、更新和死亡等一系列变化过程。在这个过程中包含了其一生的所有生命活动，因此，被称为生命周期，又被称之为年龄时期。在不同的年龄时期内，桃植株在生长和结果方面存在着明显差异，这种表现是桃长期以来在系统发育过程中形成的。在桃植株的个体发育过程中，除了不断形成营养器官和生殖器官外，同时在其个体上还不断地进行着树冠个别部分的死亡过程。桃植株个体的不同年龄时期存在着特有的变化特征和不同的管理要求和任务。各个年龄时期的长短因品种、产地条件和管理水平的差异而有所变化。

（一）营养生长期

又叫幼树期，是指从定植到第一次开花结果为止的发育阶段，在这一阶段内，植株以营养生长为主，因此，被称之为营养生长时期。桃树的营养生长期一般为 2～3 年，在保护地栽培中，可采取措施缩短营养生长期，实现第一年种植，第二年结果。

1. 生长特点

树冠骨架逐渐形成，新梢生长量大，节间长，树体迅速扩大。枝条生长势强并且呈直立状态。在此时期，无论是地上部分还是地下部分离心生长旺盛，根系生长快于地上部分，冠根比较小。在根系生长方面，一般先形成垂直根和水平骨干根，继而发生侧根等，到定植 3～5 年时才开始大量发生须根。随着树龄的增加，根系和树冠迅速扩大，根系吸收面积和叶片光合面积增大，矿质营养和同化物质累积逐渐增多；另外，内源激素如生长素、赤霉素、细胞分裂素和脱落酸等的作用，桃树逐渐由单一的营养生长转向生殖生长。

2. 栽培技术措施

此期的主要目的是促进桃树成形，形成稳定的树体骨架结构，缩短营养生长期，为开花结果打好基础。一般来说，气候条件适宜的地区营养生长期相对较短。在栽培技术措施中，修剪是影响桃营养生长期的一个重要限制因子，整形修剪不当，往往推迟第一次结果到来的时间。此外，土壤贫瘠往往导致桃幼龄期拖长。

此期的栽培技术措施是：一是为根系的生长发育创造良好的土壤条件，如深翻改土、提供生长所需的肥水等；二是最大限度地增加枝叶量，扩大光合面积，积累营养，如轻剪多留枝，人工促花等。

（二）初果期

初果期是指从第一次开花结果到有一定的经济产量为止的一段时期，一般为 3～5 年。

1. 生长特点

在这一时期，刚开始时仍以营养生长为主，枝叶生长旺盛，离心生长强，分枝大量增加并继续形成骨架；根系继续扩展，须根大量发生。随后树体结构建成，从营养生长占绝对优势向营养生长和生殖生长平衡过渡。此阶段所结果实较大，水分含量高，并且果皮较厚，肉质较粗，风味偏酸。随着树龄增大，骨干枝的离心生长减缓，产量和品质不断提高。

2. 栽培技术措施

初果期的长短主要决定于品种和栽培技术。该时期仍以轻度修剪为主，加强土肥水管理，增施磷、钾肥，使树冠、根系迅速扩展，以尽早达到最大的营养面积；在保证树体健壮生长的基础上，注意防止树冠旺长；着重培养结果枝组，调整生长与结果的比例，使产量稳步上升，为盛果期奠定基础。

（三）盛果期

从有一定的经济产量到较高产量，并保持产量相对稳定的时期，又称之为结果盛期。一般 7～20 年。在我国北方桃产区，盛果期年限较长，而在我国南方桃产区则较短。

1. 生长特点

树冠和根系已经扩展到最大限度，骨干枝的离心生长变缓，开始出现由外向内生长；枝叶生长量减少，营养枝减少而结果枝大量增加，产量达到最高峰。此时期的果实大小、形状和品质完全表现出该品种的特性，特别是 7～10 年树的果实品质最好，因此也将这一时期称之为品质年龄期。与初果期相比，盛果期的桃树结果枝的类型开始发生改变，由长、中果枝结果为主逐步转到以短果枝结果为主。若管理不当，树冠外围就会出现上层郁闭，骨干枝下部光照不良的部位出现枯枝现象，结果部位逐渐外移。另外，在树冠内膛空虚部位可能发生少量生长旺盛的徒长更新枝条，向心生长开始；根系中的须根部分死亡，发生明显的局部交替更新现象。

2. 栽培技术措施

在盛果期应注意调整好营养生长与生殖生长的关系，保持新梢生长、根系生长与结果、花芽分化之间的平衡，防止大小年结果现象提早出现。由于进入盛果期后，桃树的骨架和树冠已经形成，盛果期桃树已经大量结果，树势趋于缓和，树冠扩大缓慢。因此，此时的肥水管理主要是提高花芽分化质量，保证产量和果实品质；树体修剪管理主要是在加强综合管理的基础上，维持健壮的树势，调节生长和结果的平衡，维持树冠的结构，防止树体过早衰老，延长盛果期年限。

（四）结果后期

结果后期是指从高产期过后到开始出现大小年、产量和品质逐步下降的阶段。

1. 生长特点

新梢生长量减小，主枝先端开始衰枯，骨干根生长逐步减弱并相继死亡，根系分布范围逐渐缩小。结果量逐渐减少，果实逐渐变小，含水量少而糖分增多。

2. 栽培技术措施

以加强肥水管理为核心，结合修剪等一些措施延缓衰老期的到来。一般在配合深翻改土的基础上，增施有机肥和氮、磷、钾速效肥；通过适当重短截、回缩以更新结果枝组；根据树势的负担能力，大年及时疏花疏果，冬剪时留取适量的结果枝；小年则促进新梢生长和控制花芽形成量，以平衡树势，缓和大小年现象。

（五）衰老更新期

随着树龄的增加，营养生长和生殖生长都减弱，产量逐年下降，一直降至几乎无经济栽培意义为止。

1. 生长特点

长势弱，延长枝生长量逐渐减小，坐果量少。树冠末端和内膛骨干枝背后小枝已经大量死亡、光秃。向心更新强烈，内膛开始出现徒长枝。

2. 栽培技术措施

加强土壤管理，增施肥水，适时更新复壮，合理留果，保持树势，加强病虫害防治。在无经济栽培意义之前进行清伐，重新建园。

<<<<

第四章

主要优良品种与选择

一、主要品种群

桃品种众多，果实类型多种多样，生态适应性也多有不同，为便于栽培管理，人们按照不同的分类方法将桃分成了不同的品种群。

（一）果实性状分类

以果实形状和生长发育特性作为分类依据较为重要，能帮助我们在接触某一新品种之前，根据品种特性的描述，判断该品种主要的生物学特性。

1. 圆桃和蟠桃

这是以果实形状为依据进行分类的。目前，世界上栽培的桃品种大部分属于圆桃类型。圆桃的果实为近圆形或长圆形，果顶微凹至突尖。蟠桃果实扁圆，两端凹入，果形如饼。

2. 毛桃和油桃

毛桃又称为普通桃。普通桃果实表面覆有一层茸毛，目前世界上栽培的桃品种绝大部分属于普通桃类型。油桃是普通桃的变异，特点是果实表面光滑、无茸毛。

3. 离核、黏核和半黏核

这是以果核与果肉的黏离度为依据进行的分类。离核品种的果肉组织较松散，果核容易从果肉上剥离。黏核品种的果肉致密，果肉与果核不分离，纤维少，适宜于加工制罐。半黏核介于上述二者之间。

4. 肉溶质、不溶质和硬肉桃

这是根据果实成熟时肉质的特性进行分类的。肉溶质类型品种，在果实成熟时，果肉柔软多汁，适宜鲜食。肉溶质类型又可分为硬溶质和软溶质两种类型。而不溶质类型品种，在果实成熟时，果肉质地强韧，富有弹性，加工时耐烫煮，且不溶质桃多为黏核，一般均为加工制罐品种。硬肉桃在果实初熟时，果肉硬而脆，但完熟时果汁少，果肉变绵。

5. 白肉桃、黄肉桃和红肉桃

这是以果肉的颜色为依据进行分类的。白肉桃，肉色呈白色或乳白色，包括肉色呈白或乳白色而近核处果肉带红色的品种。通常白肉桃果实含酸量较低，这比较符合东方人喜食偏甜少酸水果的习惯。因此，我国从古至今主栽的鲜食桃品种绝大部分是白肉桃类型。黄肉桃，肉色呈黄或橙黄色。黄色品种在加工制罐时能保证汁液清澈透明，因此，除少数兼用的白色桃品种外，专一的制罐品种均是黄肉桃品种。黄肉桃一般果实含酸量偏高，风味较浓。在西欧的一些国家和美国，黄肉桃的鲜食品种占较大比重。红肉桃果肉血红色，如血桃、天津水蜜桃以及国外的 Red Robin 等品种。

6. 极早、早、中、晚和极晚熟桃

主要是依据果实生长特性和果实成熟期进行分类的。极早熟和早熟桃果实生长发育没有缓慢生长期，果实成熟期早。中熟品种有较短的缓慢生长期（即果核硬化期），其生长期较早熟品种长。晚熟和极晚熟品种果实有较长的缓慢生长期（即果核硬化期），果实生长发育期很长。极早熟品种果实发育期在 60 天以内，早熟品种果实生育期为 61～90 天，中熟品种果实生育期为 91～120 天，晚熟品种果实生育期为 121～160 天，极晚熟品种果实生育期在 161 天以上。

（二）生态分类

桃原产于我国西北地区。在我国华北、西北栽培后，通过不断选育，形成了一定数量的品种群体。之后，桃向我国南方（长江流域，以南京、杭州、上海为中心）、波斯海湾以及地中海沿岸的西班牙等地传播，形成了适应于当地生态环境条件的新品种群。根据不同品种对生态环境的适应性，可分为以下类群：

1. 北方品种群

在黄河流域的华北、西北地区有着悠久的栽培历史和极其丰富的品种资源。主要分布于甘肃、陕西、宁夏、山西、山东、河北、河南以及江苏和安徽北部、东北的南部等地。这些地区的气候属于我国南温带的亚湿润和亚干旱气候,年降水量少(400~800毫米),降水主要集中在7~9月份,大部分地区为冬冷夏凉,日照充足,平均温度为8~14℃。该品种群具有较强的抗寒性和抗旱性,但不耐暖湿气候,移至南方栽培往往生育不良。

北方品种群中多数品种表现为树冠较直立,节间较长,发枝力弱,中、短果枝比例多,单花芽多。果实圆形或长圆形,果顶尖,缝合线较深;果面颜色红、白;果肉较硬、致密,较耐贮运。抗病性差,产量较低。根据进化程度,本品种群又可分为面桃系和蜜桃系。

(1)面桃系 品种比较古老,果顶有明显突起,硬熟时果肉脆,充分成熟后果肉发绵,水分少,品质下降,多为离核,一般对不良环境和病害的抗性较强,其代表品种有五月鲜、六月鲜等。

(2)蜜桃系 品质较好,果实较大,有果尖,硬熟时肉质致密,充分成熟后汁液较多,果肉大多白色,黏核,成熟期较晚,较耐运输,其代表品种有山东肥城佛桃、河北深州蜜桃等。

2. 南方品种群

适应夏季湿润的生态环境,主要分布在北纬28°~33°范围内。以江苏、浙江栽培较多,其次为上海、江西、安徽、湖南、湖北、四川、贵州、云南等省,广东、广西和福建也有少量分布。这一地区的年降水量为1000~1200毫米,雨量集中在5~6月份,而7~8月份则降雨量相对减少,夏季高温,昼夜温差较小,冬季较为温暖,无冻害发生。南方品种群又可分为硬桃类和水蜜桃类。

(1)硬桃类 为南方品种群中起源较早的品种。适应性强,分布广,栽培遍及南方各省。树势强,枝条直立,中长果枝多,单花芽多,叶片狭窄而色泽深绿;果顶微突,果肉硬而细密,汁液少。适于硬熟期采收,过熟时果肉发绵而品质下降。多数为离核,成熟期早。抗性强,耐瘠薄。代表品种有浙江一带的小暑桃、安徽的吊枝白、江西等地的象牙白等。

(2)水蜜桃类 为南方品种群中高度进化的品种群,在南方夏季高温条件下果实品质优良。水蜜桃品种多数表现为树势中强,树冠开张,枝梢粗壮,复花芽多,结果性能好;果实圆或微长圆形,顶部钝,肉质柔软多汁,味甘甜。充分成熟后果皮易剥离,多为黏核。贮运性能较北方品种群差。代表品种有玉露、白花和白凤等。

3. 欧洲系品种群

适应夏季干燥的生态环境，包括地中海沿岸的西班牙南部、法国、意大利、巴尔干半岛、非洲北部沿海地区；小亚细亚沿海地区，黑海沿海一部分地区。这一地区的桃树品种是在 2000 年以前从我国传入，经过长期的栽培驯化，形成了适应当地夏季凉爽的气候特性。本品种群大多树冠较直立，枝条粗细分明，单花芽多，复花芽少；小花型居多，开花早；多为黄肉，肉质有溶质与不溶质两种类型。不溶质桃的代表品种有菲律普斯、西姆士和它什干等，都具有很好的加工适应性，是培育罐藏品种的宝贵种质资源。

二、主要优良品种

（一）极早熟品种

1. 普通桃

（1）秦捷　西北农林科技大学以大久保为母本、春蕾为父本杂交选育出的特早熟品种。果实椭圆形，果顶尖圆，缝合线浅，两侧略不对称；果皮白色，阳面着玫瑰色晕，外观漂亮；平均单果质量 135克，最大单果质量 200 克；果肉白色，近核处白色，溶质，肉脆，略粗，汁液多，风味甜酸适中，品质优，可溶性固形物含量 $9.0\% \sim 10.4\%$；黏核。

树姿半开张，树势强健，萌芽力、成枝力均强；长、中、短果枝均可结果，长果枝花芽起始节位低，复花芽多，无花粉，栽培需配置授粉树，丰产性能好。在陕西关中地区 3 月中旬叶芽萌动，4 月上旬开花，4 月中旬展叶，4 月下旬抽梢，6 月 6 日～8 日果实成熟，果实生育期 60 天左右。

适于在陕西关中平原、渭北草原、秦岭北麓坡地种植。

（2）五月金　中国农业科学院郑州果树研究所用（白凤×五月火）1-10×曙光人工杂交，通过胚培养选育而成。果实圆形，平均单果质量 80 克，最大单果质量 130 克；果面 70％着玫瑰红晕和条纹，茸毛中等；果肉黄色，硬溶质，风味甜，有香味；黏核。

树势中庸健壮，树姿半开张，以长、中果枝结果为主；成花容易，花芽起始节位低；秋叶紫红色；花粉多，自花坐果能力强，极丰产。果实生育期 50～53 天，在河南郑州 5 月下旬成熟。需冷量 600 小时。

（3）春艳　青岛市农业科学研究所用早香玉×仓方早生杂交选育而成。果实近圆形，果顶圆，单果质量 110～150 克；硬熟期底色纯白，果顶微红，完全成熟后着鲜红色；果肉乳白色，硬溶质，汁液中等，风味甜，可溶性固形物含量 11%～14%。黏核。

树势强健，树姿开张；植株开始结果早，丰产性强，以长果枝结果为主。在河南郑州 3 月下旬开花，6 月初果实成熟，果实生育期 65 天。

2. 油桃

（1）秦光 4 号　西北农林科技大学以中熟油桃 82-4-33 品系为母本，特早熟甜油桃华光为父本，进行杂交育成。果实椭圆形，果顶短圆形，缝合线浅，两侧较对称，平均单果质量 136 克，最大单果质量 215 克；果面着玫瑰色晕，近全红，外观漂亮；果肉白色，近核处同色，阳面红色素略深入果肉，纤维中多，肉较细，硬溶质，汁液多，风味甜浓，芳香，可溶性固形物含量 13.8%，品质优；黏核。

树势强健，树姿半开张；萌芽力和成枝力均强；以长、中果枝结果为主；花芽起始节位低，花芽占总芽数的 2/3 以上；花蔷薇形，有花粉，雌蕊与雄蕊等高。早果丰产性好。在陕西关中地区，叶芽 3 月中旬萌动，3 月下旬至 4 月上旬开花，花期持续 6～7 天，果实成熟期 6 月 6 日，果实生育期 64 天。

栽培适应性较强，在陕西等北方桃产区地势高燥、土层深厚、土质疏松、水源充足、排水通畅的平原、山地、坡地均可栽培。不宜在土壤黏重、低洼排水不畅的地方栽培，成熟期遇雨有轻微裂果现象。

（2）超五月火　山东果树研究所选育而成。果实近圆球形，果顶圆平稍凹，缝合线不明显，两半部对称，果形整齐；平均单果质量 77.4 克，最大单果质量 110 克；果皮底色黄绿，全面浓红，光滑亮泽，外观美丽。果肉黄色，肉质细嫩，完熟后细软多汁，风味酸甜，有香气，品质优；可溶性固形物含量 9.8%；黏核，核卵圆形，较硬，核仁不成熟，可食率 95.1%。

树势健壮，树体紧凑。萌芽率高，成枝力强，枝条分布均匀。大多数当年抽生的副梢能成花，复花芽居多。以中、短果枝结果为主，占果枝总量的 71%，能自花结实，自然坐果率高达 48%。花蔷薇型，粉红色，花器发育健全。在泰安 3 月中旬萌动，4 月上旬开花，5 月中旬果实开始着色，6 月上旬成熟，果实生育期 62 天，成熟期比五月火早 3 天，11 月上旬落叶，年生育期 210 天左右。

适应性较强，在山东省及周边地区栽培均生长结果良好。

（3）华光　中国农业科学院郑州果树研究所以瑞光 3 号×阿姆肯杂交选育而成。果实近圆形，平均果重 100 克；果面 1/2 以上着玫瑰红色，外观美；果肉白色，肉质软溶，风味浓甜，可溶性固形物含量为 13%，有香气；黏核。适合在雨水较少的黄河以北地区种植和北方保护地栽培。

树势中强，树姿半开张，树体紧凑；以中、长果枝结果为主；复花芽居多，花芽起始节位低；花粉量多，能自花结实，坐果率高，丰产性良好，成熟期略早于曙光。耐贮运，无裂果现象。在郑州 4 月初开花，6 月上旬果实成熟，果实生育期 60～65 天。需冷量 650 小时。

（4）超红珠　北京市农林科学院林业果树研究所选育而成。果实长圆形，平均单果质量 148.2 克，最大单果质量 155 克。果实鲜红至玫瑰红色，表面光滑无毛。果肉乳白色，软溶质，半黏核，硬度中等，香气中等，可溶性固形物含量 11.0%～14.0%，风味浓甜，品质优。

在北京市 3 月下旬至 4 月上旬萌芽，4 月中旬开花，果实 6 月中旬成熟，果实发育期 57 天左右。

可在北京市及立地条件相同的桃主产区，如河北、四川、河南、山东、山西、陕西等省栽植。

（5）千年红　中国农业科学院郑州果树研究所以 90-6-10（白凤×五月火）为母本、以曙光为父本杂交，经胚培养选育而成。果实椭圆形，两半部较对称，果顶圆，平均单果质量 80 克；果皮光滑无毛，底色乳黄，果面 75%～100% 着鲜红色，果皮不易剥离；果肉黄色，红色素少，肉质硬溶，汁液中，纤维少；果实风味甜，可溶性固形物含量 11%；果核浅棕色，黏核。

树势中强，树姿较开张；幼树生长较旺，萌芽力和成枝力均较强，以中长果枝结果为主，进入盛果期后，各类果枝均能结果；复花芽居多，花芽起始节位低；花色粉红，花粉多。在郑州 3 月底始花，

5 月下旬果实成熟，果实生育期 55 天左右。需冷量 600～650 小时。

(6) 早红宝石　中国农业科学院郑州果树研究所育成。果实圆形、端正，平均单果质量 100 克，最大单果质量 150 克。果面光洁艳丽，全面着红宝石色。果肉黄色，多汁，风味浓甜，有香气，可溶性固形物含量 12%。黏核。坐果率高，丰产性好。果实生育期 60～65 天。

(7) 东方红　江苏省丰县油桃研究所选育的白肉甜油桃品种。果实近圆形，平均单果质量 98 克，最大单果质量 180 克。果皮底色白，80% 着玫瑰红色或全红色。黏核，软溶质。

树势中庸，树姿半开张，极丰产。果实生育期 45～50 天。

(8) 金山早红　江苏省镇江市京口区象山果树研究所育成的黄肉油桃品种。果实近圆形，平均单果质量 174 克，最大单果质量 340 克。果皮底色黄，果面宝石红色。黏核，肉质细脆，半溶质，汁液多，风味浓甜，可溶性固形物含量 12%～13%。

树势强健，树姿半开张，丰产。果实生育期约 55 天。

3. 蟠桃

(1) 袖珍早蟠　北京市农林科学院林业果树研究所选育而成。平均单果质量 42 克，最大单果质量 60 克。果实扁平形，果个均匀；果顶凹入，少部分果实有裂顶现象；缝合线中等深度，梗洼浅；果皮色黄白，易剥离，果面 1/4 着紫红色晕，主要集中在果顶；茸毛中等；果肉黄白色，硬溶质，汁液较多，风味酸甜，可溶性固形物含量 12.8%。果核小，成熟时尚未硬化，扁平形，黏核。

树势中庸，树姿半开张。花芽形成较好，复花芽多，花芽起始节位低，各类果枝均能结果，幼树以长、中果枝结果为主。花为蔷薇形，花粉多；雌蕊明显低于雄蕊。自然坐果率高，早果，丰产性强。在北京地区 3 月下旬萌芽，4 月中旬开花，5 月底果实成熟，比早露蟠桃提早 15～20 天成熟，果实发育期 45 天左右，10 月中下旬落叶。适应性良好，树体和花芽抗寒力均较强，无特殊敏感性逆境伤害和病虫害，为目前世界上果实发育期较短的蟠桃品种。

适合在北京、河北、山东、山西、河南、辽宁、陕西等适宜桃栽培的生态区域发展。

(2) 早露蟠桃　北京市农林科学院林业果树研究所以撒花红蟠

为母本、早香玉为父本杂交选育而成。果实中等大,平均单果质量80克,最大单果质量95克;果形扁平,果顶凹入,缝合线浅;果皮底色乳黄,果面50％覆盖红晕,茸毛中等,皮易剥离;果肉乳白色,近核处微红,软溶质,肉质细,微香,风味甜;核小,黏核;果实可食率高。

树姿开张,树势中庸;各类果枝均能结果;复花芽居多,花芽起始节位低;花粉量多,丰产。在郑州6月上中旬果实成熟,果实生育期60天。需冷量750小时。

(二)早熟品种

1. 普通桃

(1)早红桃　四川农业大学培育。果实圆球形,平均单果质量136.6克,最大单果质量200克;果面有片状红晕,果顶平或微凹,大小面不明显,梗洼广,果面绒毛短;果肉白色,软溶质,纤维少,果汁多,黏核。核小,不裂核,可食率95％以上,品质佳。

树势中庸,树姿半开张。萌芽率高,成枝力较强。花芽起始节位3~4节,复花芽多,花器官发育完全,能自花结实。以中、长果枝结果为主,副梢结实能力强。在四川盆地丘陵区,2月上、中旬开始萌动,3月15~25日盛花,5月下旬至6月上旬果实成熟,果实发育期70天左右,11月下旬开始落叶。需冷量543小时。

(2)安农水蜜　安徽农业大学园艺系在砂子早生中发现的自然株变。果型大,平均单果质量145克,最大单果质量258克;果形椭圆或近圆,顶部圆平或微凹,缝合线浅;果皮底色乳黄,着红晕,外观美,果皮易剥离;果肉硬溶,乳白色,局部微带淡红色,香甜可口,半离核。

树姿较开张,树势强健;以长、中果枝结果为主,易于成花,多复花芽;花为蔷薇型,无花粉。在郑州6月中下旬果实成熟,果实生育期78天。

(3)早久保　别名香山蜜,大久保芽变。果实近圆形,平均单果质量154克;果顶圆,微凹,缝合线浅,两侧较对称,果形整齐;茸毛少,果皮淡绿黄色,阳面有鲜红色条纹及斑点,皮易剥离;果肉乳白色,皮下有红色,近核处红色,肉质柔软,汁液多,风味甜,有香气;离核或半离核。

树势中等，树姿开张；以中、长果枝结果为主，花芽起始节位低，复花芽多；花蔷薇型，花粉多。丰产性良好。在郑州4月初开花，7月上旬果实成熟，果实生育期90天。

（4）仓方早生　日本品种。果实大，平均单果质量127克，最大单果质量206克；果形圆，较对称，果顶圆；果皮乳白色，向阳面着暗红斑点和晕，不易剥离；果肉乳白稍带红色，硬溶质，风味甜，有香气；黏核。

树姿半开张，树势强健；幼树以长果枝结果为主，随着树龄增长，中、短果枝增多；花芽起始节位低；花为蔷薇型，无花粉，需配置授粉树。在郑州4月上旬开花，7月上旬果实成熟，果实生育期88天。需冷量900小时。

（5）春捷　山东农业大学选育。平均单果质量164克，最大单果质量385克。果实底色淡黄，阳面深红色，艳丽美观。果肉黄色，完熟表层果肉红色，肉质细脆，汁多，味清香，甘甜略有微酸，品质中上等。可溶性固形物含量10.4%。黏核，半硬核。室温条件下可贮放15天左右。

自花结实能力强，结果早，丰产。需冷量低，适宜设施栽培。

（6）早醒艳　辽宁农业职业技术学院选育。果实卵圆形，平均单果质量152克，最大单果质量351克。果皮橘黄色，阳面着红色晕。果肉橘黄色，近核处紫红色，硬溶质，汁液多。离核，可溶性固形物含量9%。

树势强健，树姿半开张，复花芽多，丰产。适宜设施栽培。

（7）北农早艳　果实近圆形，平均单果质量134克，最大单果质量250克。果皮底色浅绿，果面70%～80%为鲜红色。半离核，果肉绿白色，肉质致密，成熟后柔软多汁，有香气。可溶性固形物含量11%～14%。

树势强健，树姿半开张，丰产。果实生育期约74天。

（8）百岁红　浓红型品种。果实近圆形，平均单果质量242克，最大单果质量552克。果皮底色黄白，成熟时着色达89%。黏核，果肉红色，硬度大，甜脆可口，可溶性固形物含量14.2%。

树势强健，树姿半开张。复花芽多，各类结果枝均能结果，丰产。花粉败育。果实生育期75～80天。

（9）黄水蜜桃　河南农业大学选育。果实椭圆形，平均单果质量160克，最大单果质量280克，果皮金黄色，阳面鲜红色至紫红色。离核，硬溶质，可溶性固形物含量12.5%。

树势旺盛，树姿开张。复花芽多，以中、长果枝结果为主，丰产。果实生育期约83天。

2. 油桃

（1）紫金红2号　江苏省农业科学院园艺研究所以霞光为母本，早红宝石为父本杂交培育而成。果实圆形，平均单果质量174.2克，最大单果质量243克。果顶圆平，缝合线浅，两半部较对称，梗洼中广。果皮光滑无毛，底色黄色，着色艳丽，近全红；果肉黄色，硬溶质，纤维少，风味甜，有香气，黏核。无裂果现象。

树体健壮，长势中庸。复花芽多，成花率高，自然坐果率36.2%，结果性能良好。种植后第2年即有少量结果，盛果期每667米^{2}产量1867千克左右，早果、丰产。在南京地区，3月上中旬萌芽，3月下旬始花，花期持续5～7天。果实6月下旬成熟，果实生育期95天左右。

（2）中油12号　中国农业科学院郑州果树研究所选育。果实近圆形，果顶圆；缝合线浅而明显，两半部较对称，成熟度一致。平均单果质量103克，最大单果质量大于170克。果皮光滑无毛，底色乳白，80%果面着玫瑰红色，充分成熟时整个果面着玫瑰红色或鲜红色，有光泽，艳丽美观。果皮厚度中等，不能剥离。果肉白色，软溶质，风味浓甜，有香气。黏核。

树势中等偏旺，树姿较直立，枝条萌发力中等，成枝率高。郑州地区，正常年份3月上旬萌动，3月下旬开花，5月25～31日果实成熟，发育期约60天。

（3）龙峰　中油4号的芽变。果实近圆形，果形端正，平均单果质量180.3克，果实大小整齐。果皮鲜红色，着色面积93%以上，色泽艳丽；果顶尖，缝合线浅。果皮厚，半离核。果肉黄色，硬溶质，肉质细、密，有香气，风味甜，品质上等，耐贮运。

树势中庸，树冠紧凑，枝条易下垂。成花容易，以短果枝结果为主。在山东省潍坊市，3月中旬萌芽，4月上旬初花，4月中旬盛花，花期7天左右。果实初采收期6月中下旬，果实发育期70天左右。

（4）中油 4 号　中国农业科学院郑州果树研究所用 25-17×五月火杂交选育而成。果实椭圆形至卵圆形，平均单果质量 148 克。果顶尖圆，缝合线浅。果皮底色黄，全面着鲜红色至紫红色，果皮难剥离。果肉橙黄色，硬溶质，肉质较细，风味甜。黏核。

树势中庸，树姿半开张。发枝力和成枝力中等。以中、短果枝结果为主。花粉多，极丰产。在郑州 4 月初开花，6 月中旬果实成熟，果实生育期 80 天。

（5）中油 5 号　中国农业科学院郑州果树研究所用 25-10×五月火杂交选育而成。果实短椭圆形或近圆形，平均单果质量 166 克。果顶圆，偶有突尖，缝合线浅，两半部稍不对称。果皮底色绿白，大部分着玫瑰红色。果肉白色，硬溶质，果肉致密，风味甜。黏核。有果顶先熟现象。

树势强健，树姿较直立；萌芽力和成枝力强。各类果枝均能结果，但以长、中果枝结果为主。花粉多，丰产。在郑州 4 月初开花，6 月中旬果实成熟，果实生育期 72 天。

（6）中油 14 号　中国农业科学院郑州果树研究所用早熟油桃品系 90-1-25 与半矮生、酸油桃品系 SD9238 杂交选育而成。果实圆形，果顶圆平，微凹。缝合线浅，两半部较对称，成熟度一致。果实大，平均单果质量 125 克，大果可达 228 克。果面光洁无毛，底色浅白，成熟时 90％以上果面着浓红色，外观美。果肉白色，硬溶质，肉质细，汁液中等，风味甜，近核处红色素少。可溶性固形物含量 12.9％。黏核。

植株半矮生，生长势较强，树姿半开张，萌发力中等，成枝率较低。花芽起始节位为 1～3 节，多为 1～2 节；单、复花芽比为 1：3～4，以复花芽为主；花粉多。在郑州地区 3 月初叶芽开始萌动，3 月底到 4 月初始花，果实 6 月上旬成熟，果实生育期约 68 天。

（7）瑞光 5 号　北京林业果树研究所育成的白肉甜油桃品种。果实近圆形，平均单果质量 145 克，最大单果质量 158 克，果皮黄白色。黏核，硬溶质，完熟后多汁，味甜，可溶性固形物含量 7.4％～10.5％。

树势强健，树姿半开张，丰产。果实生育期约 70 天。

（8）双红喜　中国农业科学院郑州果树研究所以瑞光 2 号为母本，以 89-1-4-12（25-17×早红 2 号）为父本杂交选育而成。果实圆形，两半部对称，果顶平，果尖凹入。平均单果质量 170 克，最大单果质量 250 克。果皮光滑无毛，底色乳黄，果面 75%～100%着生鲜红色或紫红色，果皮不易剥离。果肉黄色，红色素少，肉质硬溶，汁液中，纤维少，果实风味浓甜。果核浅棕色，离核或半离核。

树势中庸，树姿较开张；萌芽力和成枝力均较强。复花芽居多，花芽起始节位低。幼树以中、长果枝结果为主，进入盛果期后，各类果枝均能结果。花粉多，自花结实率比曙光高。在郑州 3 月底始花，6 月底至 7 月初果实成熟，果实生育期 80 天左右。需冷量 650 小时。

3. 蟠桃

（1）双红蟠　青岛农业大学选育。果实扁圆，顶部凹，果肉厚，不裂果。果实硬度大，耐贮运。果个大，平均单果质量 130 克以上，最大可达 250 克。果面 80%以上着生粉红至鲜红色，外观美。可溶性固形物含量 14%，风味酸甜可口，品质佳。

树势中庸，树姿较开张。花芽起始节位低，多复花芽。花粉多，自花结实。在山东潍坊，3 月上中旬萌芽，4 月上中旬盛花，6 月中旬开始采收，果实生育期 65 天左右。适应性强，较抗晚霜，在山区和平原地区生长结果良好。

该品种适宜在山东、山西、河南、河北、北京、江苏、上海、辽宁、陕西等省（市）桃树栽培区进行露地和设施栽培。

（2）蟠桃皇后　中国农业科学院郑州果树研究所用早红 2 号×早露蟠桃杂交育成，经胚培养选育而成。果实扁平，果个大，平均单果质量 173 克，最大单果质量 200 克。果面 60%着生玫瑰红晕。果肉白色，硬溶质，风味浓甜，可溶性固形物含量 15%，有香味。黏核。

树势中庸健壮，树姿半开张。各类果枝均能结果。节间短。成花容易，复花芽多，花芽起始节位低。花粉多，能自花结实，丰产性好。在郑州 6 月 13 日左右成熟，果实生育期 70～73 天。

（3）红蜜蟠桃　河北农业大学从早露蟠桃中选育的优良变异品种。果实扁平，大小均匀，平均单果质量 144 克，最大单果质量 198 克。果顶凹入，缝合线较明显，两侧稍不对称，有少量裂顶现象。梗洼浅而广，果实与果柄结合紧密，采摘未见破皮现象。果皮底色黄白，果面 80%以上着玫瑰红色，超过早露蟠桃近 1 倍以上，果皮中厚，茸毛较少，不易剥离。果肉白色，皮下有少量红色素，近核处白色，硬溶质，耐运输，商品货架期较长。汁液多，风味甜，可溶性固形物含量13.2%。果核小，占单果质量的2.5%。黏核。

树势中庸，树姿半开张。易形成花芽，复花芽多，花芽起始节位低。花为蔷薇型，粉红色；花药橙红色，有花粉；萼筒内壁绿黄色，雌蕊与雄蕊等高或略高。在河北省沧州地区3月中旬萌芽，4月中旬盛花，6月底果实成熟，果实生育期70天左右，比早露蟠桃晚5～7天。各类果枝均能结果，以长、中果枝结果为主，自然坐果率高。丰产性强，抗旱、抗寒力较强，耐盐碱，对逆境伤害和病虫害不敏感。

适合在河北、北京、山东、山西、河南、辽宁、陕西等适宜桃栽培的生态区域露地或保护地种植。

（4）早黄蟠桃　中国农业科学院郑州果树研究所用大连8-20与法国蟠桃杂交培育而成的早熟黄肉蟠桃品种。果形扁平，平均单果质量90～100克，最大单果质量120克。果顶凹入，两半部对称，缝合线较深。果皮黄色，果面70%着生玫瑰红晕和细点，果皮可以剥离。果肉橙黄色，软溶质，汁液多，纤维中等。风味甜，香气浓郁，可溶性固形物含量13%～15%。半离核，核小。

树体生长健壮，树姿较直立，各类果枝均能结果。花为蔷薇型，雌蕊比雄蕊低，有花粉，自然坐果率高，丰产性强。在河北省石家庄地区4月上旬盛花，6月下旬果实成熟，果实生育期75～80天。

（5）瑞蟠8号　北京林业果树研究所育成的早熟白肉品种。果实扁圆形，平均单果质量125克，最大单果质量180克。果皮底色黄白，着生玫瑰红色，硬溶质，风味甜，可溶性固形物含量10%～11.5%。黏核。

树势中庸，树姿半开张，丰产。果实生育期72～79天。

（三）中熟品种

1. 普通桃

（1）朝晖　江苏省农业科学院园艺研究所以白花为母本、橘早生为父本杂交选育而成。果实大，平均单果质量155克，最大单果质量375克。果实圆正，顶部圆或微凹。果皮底色乳白，着玫瑰色红晕，皮不易剥离。肉质致密，近核处着玫瑰红色，硬溶质，风味甜，有香气。黏核。

树姿开张，树势中强。以中、短果枝结果为主，复花芽多，无花粉。在郑州 4 月初开花，7 月中旬果实成熟，果实生育期 105 天。需冷量 800～850 小时。

（2）大久保　日本品种。果实大，平均单果质量 205 克。果形圆，对称，果顶圆平，微凹。果皮底色乳白，着红晕，皮易剥离。肉质硬溶，致密，风味甜，略有酸味，有香气。离核。

树冠开张性强，枝条容易下垂，幼树长果枝多。进入结果期早，盛果期后树势易衰弱，以中、短果枝结果为主。复花芽多而饱满，花芽起始节位低。花粉量多，丰产、稳产。在郑州 7 月下旬果实成熟，果实生育期 110 天。需冷量 850～900 小时。

（3）艳保　河北省农林科学院昌黎果树研究所选育。果实近圆形，果顶圆平，缝合线浅，两侧对称，果实各部位成熟度一致，平均单果质量 270 克，最大单果质量 340 克。果实表面茸毛较短，果皮底色黄白，着鲜红色，着色度 90% 以上，外观美。果肉白色，具红色素，硬溶质，汁液中等，风味酸甜适度，可溶性固形物含量 12.5%，离核，无裂果现象。自花结实，丰产。

树势中庸，树姿半开张，以中、长果枝结果为主，花为蔷薇型，花粉多。在河北昌黎地区 4 月上旬萌芽，4 月下旬开花，果实成熟期 7 月下旬，果实生育期 95 天。

适宜河北、北京等"大久保"产区及生态条件类似地区栽培。

（4）双奥红　青岛农业大学选育。果实近圆形，平均单果质量 260 克，最大单果质量 450 克。果实顶部稍尖，缝合线深广，对称性好，梗洼较深，不裂果。果面底色黄白，表色全面粉红至鲜红色，着色均匀，茸毛短而稀少，果面光洁，外观美。果肉多半红色，离核，肉质细脆。果实可溶性固形物含量 14% 以上，脆甜可口，风味浓，品质优。成熟时果实硬度大，采收后常温下货架期可达 10 天以上。

幼树生长健旺，以中、长果枝结果为主。成龄树树势中庸，树姿较紧凑，以中、短果枝结果为主，具有北方品种群的结果特点。自花结实率高，异花授粉可提高产量和质量。早果丰产性强，丰产稳产。花芽起始节位低，成花容易，多复花芽。花瓣粉红色，两性花，花粉多。在山东潍坊，4 月上中旬开花，7 月下旬果实成熟，果实生育期 100 天。适应性强，较抗晚霜，山地、丘陵、平原生长结果良好。

可在山东、山西、河南、河北、北京、江苏、上海、辽宁、陕西等桃树适宜栽培区种植。

(5) 脆保　河北省农林科学院昌黎果树研究所选育而成。果实近圆形，果顶圆平，缝合线较浅，两侧对称，各部位成熟度均匀一致。平均单果质量 268 克，最大单果质量 315 克，大小整齐，成熟一致。果皮茸毛较短，底色黄白，着鲜红色晕，着色度 95% 以上。果肉白色，具红色素，硬溶质，汁液中等，风味酸甜适度，可溶性固形物含量 12.6%。离核，不裂果。耐贮运性强。

树势中庸，树姿半开张。萌芽率高，成枝力强，各种结果枝均可结果。在河北昌黎地区 4 月上旬萌芽，4 月下旬开花，8 月上中旬果实成熟，10 月下旬落叶。果实生育期 105 天。自花结实，丰产性强。无明显特异性病虫害。树体和花芽抗寒性强。

适宜在河北省及其他"大久保"桃产区栽培。

(6) 雨花 2 号　江苏省农业科学院园艺研究所选育。果实圆形，平均单果质量 150 克，最大单果质量 250 克，在江苏无锡地区平均单果质量 210 克，最大单果质量 340 克。果顶圆，缝合线浅，两侧较对称。果皮乳黄色，阳面有玫瑰色晕，茸毛中多。果肉白色，肉厚，质细，纤维少，硬溶质，汁液中等，风味甜浓，有香气，可溶性固形物含量 12%～13.7%。黏核。

树势强健，生长旺盛，树姿较开张。枝条萌发力和成枝力强，长果枝、中果枝、短果枝分别为 35%、18.9%、15.5%，各类果枝均能结果。复花芽多，坐果率为 20.8%，较丰产。花蔷薇型，花瓣粉红色，花冠大，雌雄蕊等高，花粉败育。在南京地区 3 月中下旬叶芽萌动，4 月中下旬新梢生长，4 月初盛花，7 月底果实采收，果实生育期 115 天。

该品种在平原、丘陵地区生长、结果均良好。花粉不稔，栽植时应配置授粉树或进行人工授粉。授粉树种为"雨花 1 号"、"朝霞"等，比例为 3：1。

(7) 日川白凤　全浓红型品种。果实圆形，平均单果质量 245 克，最大单果质量 315 克。黏核，果肉白色，硬溶质，汁液多，可溶性固形物含量 14.6%。

树势中庸，树姿较开张。复花芽多，各类结果枝均能结果，丰产。果实生育期 85～88 天。

2. 油桃

(1) 中油 7 号 中国农业科学院郑州果树研究所育成的全红黄肉油桃品种。果实近圆形,平均单果质量 175 克,最大单果质量 250 克。离核,硬溶质,味浓甜,可溶性固形物含量 15%～17%。

树势强健,树姿开张,丰产。果实生育期约 115 天。

(2) 瑞光美玉 北京市农林科学院林业果树研究所以京玉×瑞光 7 号杂交育成。果实近圆形,平均单果质量 187 克,最大单果质量 253 克。果顶圆或小突尖。缝合线浅,梗洼深度和宽度中等。果皮底色黄白,果面近全面着紫红色晕,不能剥离。果肉白色,皮下有红色素,近核处红色素少。肉质为硬肉,汁液中等,风味甜,可溶性固形物含量 11%。离核。

树势中庸,树姿半开张。花芽形成较好,复花芽多,花芽起始节位低。各类果枝均能结果,幼树以长、中果枝结果为主,丰产性强。一年生枝阳面红褐色,背面绿色。花为蔷薇型,粉色。花粉多。雌蕊与雄蕊等高。抗寒力较强,无特殊敏感性逆境伤害和病虫害。在北京地区 3 月下旬萌芽,4 月中旬开花,7 月下旬果实成熟,比瑞光 7 号晚约 8 天,果实生育期 98 天左右。

适合在北京、河北、山东、河南、辽宁、山西、陕西等适宜桃栽培的生态区域种植。

(3) 早红 2 号 美国品种。果型较大,平均单果质量 117 克,最大单果质量 180～220 克。果实圆形至椭圆形,两半部对称,果顶微凹。果皮底色橙黄,全面着鲜红色,有光泽,皮不易剥离。果肉橙黄色,有少量红色素,肉质硬溶,汁液中等,风味甜酸适中,有芳香。离核。裂果现象极少,耐贮运。

树姿半开张,树势强健。枝条粗壮,各类果枝均能结果。花芽起始节位低,且多为复花芽。花粉多,丰产性能好。在郑州 7 月上旬果实成熟,果实生育期 90～95 天。需冷量 500 小时。

(4) 瑞光 33 号 北京市农林科学院林业果树研究所以"京玉"×"瑞光 3 号"杂交选育而成。果实近圆形,平均单果质量 271 克,最大单果质量 515 克。果顶圆,缝合线浅,梗洼深度和宽度中等。果皮底色为黄白色,果面 3/4 以上着玫瑰红色晕,套袋栽培的果实其果面全红,色泽亮丽。果皮厚度中等,不能剥离。果肉黄白色,皮下红色素多，近核处无红色，硬溶质，汁液多，风味甜。可溶性固形物含量12.8%。黏核。

树势中庸，树姿半开张。花蔷薇型，粉红色。花药黄白色，无花粉。雌蕊高于雄蕊。复花芽多，花芽起始节位低，为1~2节。各类果枝均能结果，丰产。在北京地区3月下旬萌芽，4月中旬盛花，花期7天左右。4月下旬展叶，5月上旬抽梢，7月下旬果实成熟。果实生育期101天左右。树体和花芽抗寒性较强，无特殊敏感性逆境伤害和病虫害。

适合在北京、河北、山东、河南、辽宁南部、山西、陕西、甘肃等适宜桃栽培的生态区域种植。

（5）秦光8号　西北农林科技大学以"秦光2号"为母本，"曙光"为父本杂交选育而成。果实圆形，果顶平齐，缝合线浅，两侧较对称，平均单果质量187.5克，最大单果质量240克。果面着玫瑰色晕，全红，外观鲜美。果肉白色，近核处同色，阳面红色素略深入果肉，纤维中多，果肉较细，硬溶质，汁液中多，风味甜浓，香郁，可溶性固形物含量15.0%，品质优。黏核。

树势强健，树姿半开张。花芽肥大，圆锥形，叶芽瘦小。花蔷薇型，大花型，花蕾红色，花瓣粉红色，雌蕊高于雄蕊。萌芽力和成枝力均强，以长、中果枝结果为主，花芽起始节位低，花芽占总芽数的2/3以上，复花芽多，花粉极少，配置授粉树后坐果率可达48.5%。早果丰产性能好。在陕西关中地区，叶芽3月中旬萌动，3月下旬至4月上旬开花，花期持续6~7天，果实成熟期7月17日，果实生育期105天。

栽培适应性较强，在陕西和北方桃产区地势高燥、土层深厚、土质疏松、水源充足、排水通畅的平原、山地、坡地均可栽培。在地势低洼、土壤黏重、排水不畅的地块，容易裂果，产生果锈。

3. 蟠桃

（1）农神　美国品种。果实中等大，平均单果质量90克，最大单果质量130克。果形扁平，果顶凹入，但比一般品种平。果皮底色乳白，全面着鲜红色至紫红色晕，皮易剥离。果肉乳白色，近核处少有红色，硬溶质，硬熟时脆甜，完熟后柔软多汁，风味浓甜，有香气，可溶性固形物含量10.7%。离核。

树姿半开张，树势中强。各类果枝均能结果。复花芽多，花芽起始节位较低；花粉量大，坐果率很高，丰产。在郑州 4 月上旬开花，7 月中旬果实成熟，果实生育期 100 天。需冷量 750 小时。

（2）瑞潘 4 号 北京市农林科学院林业果树研究所以晚熟大蟠桃为母本、扬州 124 蟠桃为父本杂交育成。果实扁平，平均单果质量 200 克，最大单果质量 350 克。果皮绿白色，果面 50% 以上着紫红色晕。果肉绿白色，硬溶质，味浓甜。黏核。

树势中等，树姿半开张。花蔷薇型，有花粉，坐果率高，丰产性好。在郑州 4 月初开花，8 月下旬果实成熟，果实生育期 135 天。需冷量 700～750 小时。

（3）瑞潘 3 号 北京市农林科学院林业果树研究所以大久保×陈圃蟠桃杂交育成。果形扁平，平均单果质量 201 克，最大单果质量 280 克。果顶凹入，缝合线浅，两半部对称，果面稍有不平。茸毛稀。果皮底色黄白，着色面积 80% 以上。果肉乳白色，近核处无红色。硬溶质，风味甜，汁液中等。可溶性固形物含量 10%～12.2%。较耐贮运。黏核，核小。

树势强健，树姿半开张。花芽形成良好，复花芽多。各类果枝均能结果。花为蔷薇型，雌蕊比雄蕊低。花粉量大，丰产性好。果实生育期 102～107 天。

（4）瑞潘 10 号 北京市农林科学院林业果树研究所从美国品种"幻想"的自然实生后代中筛选而成。果实扁平形，平均单果质量 184 克，最大单果质量 206 克。果形圆整，厚度均匀。果顶凹入，个别裂顶。果皮底色为黄白色，果面 3/4 至全面着红色晕，果实过熟时采收梗洼处易裂皮。果肉黄白色，皮下有少量红色，硬溶质，果汁较多，果肉较硬，风味甜，有淡香气，可溶性固形物含量 10.6%。离核。

树势强健，树姿半开张。花芽形成好，复花芽多，花芽起始节位低，为 1～2 节。各类果枝均能结果，幼树以长、中果枝结果为主，徒长性果枝坐果良好。花为蔷薇型，花粉多，雌蕊低于雄蕊。自然坐果率高，早果，丰产性强。在北京地区 3 月底萌芽，4 月中旬开花，4 月下旬展叶，5 月上旬抽梢，8 月上旬果实成熟，果实生育期 112 天左右。

该品种在北京、河北、山东等桃主产区均可栽培。

（四）晚熟品种

1. 普通桃

（1）秦王　西北农林科技大学选育而成。果实大而整齐，平均单果质量 205 克，最大单果质量 650 克。圆球形，果顶圆，缝合线深，两半部稍不对称。果皮底色白色，阳面呈玫瑰色晕或不明晰条纹。果皮难以剥离，果肉白色，近核处微红，硬溶质，肉质细，纤维少，汁液较少，风味甜酸适中，可溶性固形物含量 12.77%，品质优。黏核，核小（占单果质量的 3.6%）。采后常温下可存放 20～25 天（不软烂、失水少）。

树体生长旺盛，树姿半开张，萌芽力、成枝力均强。各类果枝能结果，长果枝花芽起始节位低。复花芽多。花粉多，雌蕊与雄蕊等高。自花结实力高。抗性、适应性强，早果，丰产性好。在陕西关中地区 3 月中旬叶芽萌动。4 月上旬开花，中旬展叶，下旬抽梢。8 月中旬果实成熟，果实生育期 125～130 天。

（2）甜丰　以"丽格兰特"为母本，"89-3"（河北省农林科学院石家庄果树研究所以"NJN78"×"雨花露"杂交获得）为父本杂交育成。平均单果质量 220 克，最大单果质量 298 克。果实圆形，端正，果顶圆平或凹入，缝合线浅，两半部较对称。果皮底色黄白，果顶、缝合线、向阳面均可着鲜艳红色，着色面积达 60%～70%，外观美丽。果肉黄色，近核处无红色。风味浓甜，有香味。果实为硬溶质，硬度较大，较耐贮运。果肉致密，黏核。果实大小整齐，成熟一致，无采前落果。

树势中庸，生长旺盛，树姿开张。花芽较大，圆锥形。花为铃形，单瓣，雌蕊比雄蕊高，但雌蕊弯曲后与雄蕊靠近，易于授粉。花粉量大。各种结果枝均可结果，花芽起始节位低，花芽形成良好，复花芽多，坐果率高。幼树定植后 2 年结果，4～5 年进入丰产期。4 月 10 日左右开花，果实 7 月底成熟，果实生育期 105～110 天。没有特殊的病虫害。

该品种具有果实大、品质优、较耐贮运及丰产性强等优良特性，适宜在我国桃树适生区栽培。

（3）秋月　上海市农业科学院林木果树研究所选育。平均单果质量 208 克，大果重 275 克。果实近圆形，果顶平凹，果皮底色白色，成熟后着红色。果皮较薄，易剥离。果肉松软，甜味浓，酸味轻，汁液多，风味优良，黏核。

树体生长势较强，萌芽率和成枝力都很高。有花粉，自花结实率较高，不需配置授粉树。在上海地区 3 月初萌芽，3 月下旬初花，3 月下旬至 4 月上旬盛花。

2. 油桃

（1）秦光 2 号　西北农林科技大学以京玉为母本，兴津油桃为父本杂交选育而成。果实大，平均单果质量 196 克，最大单果质量 265 克。圆球形。果顶圆，缝合线中深，两半部基本对称。果面光洁无毛，裂果少，底色浅绿至白色，果顶及阳面有玫瑰色晕和断续条纹，果面 3/4 以上着色。果肉白色，阳面红色素深入果肉，近核处玫瑰色，肉质致密脆硬，纤维较少，风味甜浓，芳香浓郁，可溶性固形物含量 12.3%～14.8%，品质优，黏核，核小。

树势强健，树姿半开张，萌芽力、成枝力均较强。花粉多，雌蕊与雄蕊等高。各类果枝均能结果，能自花结实。抗性及适应性较强，早果性和丰产性好。在陕西关中地区 3 月中旬叶芽萌动，4 月上旬开花，上中旬展叶，中下旬抽枝，8 月上旬果实成熟，果实生育期 110～115 天。

该品种适于地势高燥、土层深厚、土质疏松的土壤。在陕西渭北和秦岭北麓沿山一带半坡地、甘肃天水、山西运城地区能良好生长和结果。

（2）中油 7 号　中国农业科学院郑州果树研究所育成的黄肉油桃品种。果实近圆形，平均单果质量 175 克，最大单果质量 250 克。离核，硬溶质，味浓甜。可溶性固形物含量为 15%～17%。

树势强健，树姿开张，丰产。果实生育期约 115 天。

（3）中油 8 号　中国农业科学院郑州果树研究所选育。果实圆形，果顶圆平，微凹，缝合线浅而明显，两半部较对称，成熟度一致。果实大，平均单果质量 180～200 克，最大单果质量 250 克以上。果面光洁无毛，底色浅黄，成熟时 80% 着浓红色，外观美。果皮厚度中等，不宜剥离。果肉金黄色，硬溶质，肉质细，汁液中等，风味甜香，近核处红色素少，可溶性固形物含量 13%～16%，黏核。未发现裂果现象，栽培适应性强。

生长势中等，树姿较直立，萌发力中等，成枝率中等。花芽起始节位1～3节，多为1～2节。单、复花芽比1∶（3～4），以复花芽为主，单花芽多着生在枝条基部和上部。花为铃型，花粉多。在郑州2月底开始萌芽，3月下旬开花，7月下旬果实开始成熟，8月上旬完全成熟，果实生育期约125天。

适宜华北、西北等桃产区栽培。

（4）瑞光39号　北京市农林科学院林业果树研究所选育。果实近圆形，平均单果质量202克，最大单果质量284克。果顶圆，略带微尖，缝合线浅，梗洼深度和宽度中等。果皮底色为黄白色，果面3/4以上着玫瑰红色或紫红色晕。果皮厚度中等，不易剥离。果肉黄白色，皮下和近核处红色素少，硬溶质，汁液多，风味浓甜，可溶性固形物含量13%。黏核。

树势中庸，树姿半开张。花蔷薇型，粉红色。花药橙红色，有花粉；萼筒内壁绿黄色；雌蕊高于雄蕊。花芽形成较好，复花芽多，花芽起始节位低，为1～2节。各类果枝均能结果，幼树以长、中果枝结果为主。丰产。在北京地区3月下旬萌芽，4月中旬盛花，花期7天左右。4月下旬展叶，5月上旬抽梢，8月下旬果实成熟。果实生育期132天左右。树体和花芽抗寒力较强，无特殊敏感性逆境伤害和病虫害。

适合在北京、河北、山东、河南、辽宁、山西、陕西等适宜桃栽培的生态区域种植。

（5）仲秋红　山东枣庄市果树科学研究所选育。果实圆或长圆形，果个整齐，平均单果质量177～219克，最大单果质量335克，全面着鲜红色，果肉白色，硬溶质，可溶性固形物含量15.3%，风味浓甜，微香，品质极上。黏核。采前不裂果。较耐贮运，常温下货架期7～10天。

树势健壮，萌芽力高，成枝力强，树冠成形快。树体中大，树姿开张，结构紧凑，树形为自然长圆头形，适合密植。花芽起始节位低，复花芽较多。花量大，自花授粉结实率高，丰产，稳产。在山东枣庄3月中旬萌芽，4月上旬开花。果实9月上旬成熟，果实生育期155～161天。

3. 蟠桃

(1) 瑞蟠 4 号　北京市农林科学院林业果树研究所选育。果实呈扁平，平均单果质量 220～350 克，果皮底色黄白或淡绿，果面暗红色晕，果肉浅绿，硬溶质，味甜，可溶性固形物含量 10.0%～15.0%，果味甜，果肉硬溶质。黏核，果实可食率 97%。

树势中庸，树姿半开张，花粉多，果实生育期 134 天，北京地区 8 月底成熟。

(2) 仲秋蟠桃　山东省淄博市林科所选育。果实扁圆形，平均单果质量 137 克，最大单果质量 205 克，属北方品种群。果顶浅凹、平广，梗洼广、中深，肩部平圆缝合线明显。果实底色乳白色，果面呈片状鲜红色，着色面积达 60% 以上。果面洁净，无果锈，美观。果形端正、对称、不裂果，果皮薄，完熟后可剥离。果肉白色、质地细腻，可溶性固形物含量 16.80%。味甜，品质上等，离核。

树势强健，树姿直立。萌芽力、成枝力强。幼树以中、长果枝结果居多，随着树龄增大，逐渐转为以短果枝为主。但长、中、短果枝坐果率均良好，短果枝寿命长，可达 3 年以上。以复花芽居多，主要集中在枝条中部，占 62%。花粉量多，自花结实率较高，生理落果和采前落果均较轻。早实性和丰产性均较强。在山东省淄博山区气候条件下，4 月初萌芽，4 月 9 日初花，4 月 11 日到 4 月 16 日盛花，4 月 17 日到 4 月 23 日末花，10 月上中旬果实成熟，果实生育期 170 天左右，11 月上旬落叶。

(五) 极晚熟品种

1. 普通桃

(1) 冬雪蜜桃　山东省青州市果树站选育。果实圆形，果顶平，果尖小，有的微凹，底色淡绿，阳面暗红色。平均单果质量 110 克，最大单果质量 200 克以上。柄洼深，缝合线浅，明显。果肉乳白色，肉质细密，硬脆甜，纤维少，不溶质。可溶性固形物含量 18%～20%。黏核。果实极耐贮运，在 0℃ 恒温库贮藏至元旦、春节，仍保持色泽鲜艳，果肉脆甜，品质基本不变。气调库贮藏效果更佳。

喜光，耐旱，耐瘠薄，幼树树势健壮，主枝角度小，生长强旺直立，结果后树势转中庸。成花容易，坐果率高。该品种在山东省青州市 3 月下旬萌芽，4 月上旬开花，花期 1 周左右。自谢花至 5 月下旬，果实生长迅速，进入硬核期后生长缓慢，增大甚微。9月上旬进入第2次迅速膨大期，10月份增长最快。采收前几天生长略有减缓。10月中旬果实茸毛减退，开始着色。11月10日前后果实成熟，表现出特有的色泽与品质，果实生育期210天。11月下旬落叶。果实及树体的病虫害相对较轻。

（2）齐鲁巨红　山东农业大学选育。果实近似圆形，平均单果质量375克，最大单果质量550克。果顶圆平，略凹陷或微尖，缝合线较深，对称性好，梗洼较深。果实底色为浅黄色，彩色鲜红色，着色均匀美观。果肉白色，肉质细脆。可溶性固形物含量14.4%，味甜，风味浓，品质优。黏核。

幼树生长健壮，极性较强，以长果枝结果为主，徒长枝亦可结果，但数量较少。成龄树树势中庸，以中、短果枝和花束状果枝结果为主，具有典型北方桃品种群的结果习性，以自花授粉结果为主，异花授粉有利于提高坐果率。早果性及丰产性强。在山东平邑地区4月初开花，10月下旬～11月初果实成熟，果实生育期200天左右。

（3）晚蜜　北京市农林科学院林业果树研究所选育。果实近圆形，平均单果质量230克，最大单果质量350克。果皮底色淡绿色至黄白色，果皮1/2以上着紫红色晕。果肉白色，近核处红色，硬溶质，汁液多，可溶性固形物含量12%～16%。黏核。

树势强健，树姿半开张。复花芽较多，丰产。果实生育期约165天。

（4）秋红晚蜜　唐山职业技术学院选育。果实圆形，平均单果质量280克，最大单果质量498克。果形端正，缝合线深，梗洼深，绒毛多。底色淡黄，果实深红。套袋果底色淡黄，表面粉红，着色面积平均在50%以上。果皮厚度中等，果肉白色，硬溶质，甜，纤维较粗，果汁较多，有香气，风味浓。果实较硬，可溶性固形物含量13.9%。黏核，核周围有红色放射线，核质量7.6克。

树势强，树姿半开张。枝条以单花芽为主。花为蔷薇型，雌蕊比雄蕊略低，自花能育，花粉多。幼树期以长果枝结果为主。容易形成花芽，坐果率高，丰产稳产。5～6年生可达盛果期。适期采收在常温下可存放10～15天，耐贮运。在河北丰润地区盛花期4月20～21日，5月上旬抽梢，成熟期在10月中下旬，果实生育期为180天左右。10月下旬～11月上旬落叶。

适宜在与河北桃产区气候相似的区域栽培。

2. 油桃

（1）澳洲秋红　澳大利亚品种。果实椭圆形，果个较大，平均单果质量 180 克，最大单果质量 350 克，果皮底色为金黄色，果面 60% 以上着鲜红色，色泽艳丽，内膛果和树冠下部果实条红色，无裂果。果肉黄色，近核处红色，汁液多，肉质硬溶，纤维少，甜酸可口，香气浓郁，鲜食综合品质优。可溶性固形物含量 15.8%。黏核，核卵圆形，耐贮运，常温下可贮藏 1 个月。

生长势较强，树姿半开张。萌芽率高，成枝力强。以中、短果枝结果为主，花芽起始节位平均 2.8 节，花芽与叶芽比为 1∶1.8，单花芽与复花芽比为 1∶1.5，自然授粉坐果率 28%，采前落果轻。花为蔷薇型，雌蕊略高于雄蕊，花粉多。结果早，丰产稳产。在河北省邢台县，叶芽萌动期为 3 月 16 日，始花为 3 月 31 日，盛花初期为 4 月 2 日，末花期为 4 月 7 日，果实成熟期为 9 月 15～20 日，果实生育期 166 天，落叶期为 11 月中旬，植株生长期 240 天。

（2）晴朗　美国品种。果面光滑，色泽艳丽，阳面紫红、有条纹。果实特大，圆形，平均单果质量 200 克，最大单果质量 260 克，果肉橙黄色，酸甜爽口。果实硬度大，耐贮，采后自然存放 1 周果实完好。

早果、丰产性好，抗病、抗寒，适应性强。果实不套袋也未发现大量裂果现象。果实 9 月下旬着色，10 月上旬成熟。果实生育期 170 天，

3. 蟠桃

（1）瑞蟠 20 号　北京市农林科学院林业果树研究所选育。果实大，平均单果质量 254.7 克，最大单果质量 350 克。果实扁平，果顶凹入，个别果实果顶有裂缝，缝合线浅，梗洼浅而广。果皮底色为黄白色，果面 1/3 至 1/2 着紫红色晕，茸毛薄。果皮中等厚，不易剥离。果肉黄白色，皮下无红丝，近核处少红，硬溶质，多汁，纤维少，风味甜，可溶性固形物含量 13.1%。果核较小，离核，有个别裂核现象。

树势中庸，树姿半开张。花蔷薇型，粉色。花药橙红色，有花

粉。雌蕊与雄蕊等高或略低。复花芽多，花芽起始节位低，为 1～2 节。各类果枝均能结果，以长、中果枝结果为主。自然坐果率高，丰产性强。在北京地区 3 月下旬萌芽，4 月中旬盛花，花期 1 周左右。4 月下旬展叶，5 月上旬抽梢，9 月中下旬果实成熟。果实生育期 160 天。

适合在北京、河北、山东、河南、辽宁、山西、陕西等适宜桃栽培的生态区域种植。

（2）瑞蟠 21 号　北京市农林科学院林业果树研究所选育。果实扁平形，大小均匀，远离缝合线一端果肉较厚，平均单果质量 236 克，最大单果质量 294 克。果顶凹入，基本不裂。缝合线浅，梗洼浅。果皮底色黄白，果面 1/3～1/2 着紫红色晕，难剥离，茸毛薄。果肉黄白色，皮下无红丝，近核处红色。硬溶质，汁液较多，纤维少，风味甜，较硬，可溶性固形物含量 13.5%。果核较小，黏核。

树势中庸，树姿半开张。花为蔷薇型，粉色。花药橙红色，有花粉。雌蕊与雄蕊等高或略低。复花芽多，花芽起始节位低。各类果枝均能结果，幼树以长、中果枝结果为主，自然坐果率高。丰产性强。在北京地区 3 月下旬萌芽，4 月中旬开花，9 月下旬果实成熟，比"瑞蟠 4 号"晚 30～35 天，果实生育期 166 天左右。抗寒力较强，无特殊敏感性逆境伤害和病虫害。

适合在北京、河北、山东、山西、河南、辽宁、陕西等适宜桃栽培的生态区域种植。

第五章

幼树早结果早丰产配套栽培技术

<<<<

一、采用优良品种

优良品种是桃树优质、高产、高效生产的基础，也直接影响着桃园的经营管理和经济效益，因此，品种的选择至关重要。桃树的品种类型多样，在品种选择上，应依据当地的生态环境条件，选择适宜优良品种，为实现幼树早结果早丰产的目的奠定基础。

（一）优良品种条件

1. 生长健壮

幼树树体生长强健，树冠成形快；进入结果期后，树势中庸，易于栽培管理。

2. 适应性和抗逆性强

抗旱、抗寒、耐涝、耐贫瘠，花芽抗冻能力强，遇雨不裂果，无裂核现象，抗病性强，无明显病虫害。

3. 早果丰产稳产

容易形成花芽，花量大，花粉多，坐果率高，结果枝结果性能良好，具有结果早，产量高，稳产性好等特点。

4. 果形美观，商品性好

果实具有独特的经济性状，如美观的果形，果形整齐，果面红色艳丽诱人，成熟期适当。鲜食品种果实的果肉为溶质或硬溶质，糖酸含量适度，风味浓而芳香，成熟度均匀。罐藏加工品种的果实大小均匀；缝合线两侧对称，果肉厚，黏核，核圆，核小，不裂；果肉不溶质，具芳香，金黄色一致，近核外近皮处均不染红色。果重在 125～200 克之间，含糖量在 8% 以上，含酸量在 0.45% 以上，花青素含量低于 0.5～0.7 毫克/100 克鲜果肉，单宁含量低于 100 毫克/100 克鲜果肉。优质果率在 50% 以上（参照果品分级标准），果实耐贮运，货架期长。

（二）不同区域与品种选择

中国幅员辽阔，各地的自然条件、社会经济条件和生产技术水平差别较大，因地制宜发展桃树生产具有十分重要的现实意义。划分不同的栽培区域是桃树生产的一个重要组成部分，它客观地反映了桃树品种、类群与产地生态环境的关系，明确了不同品种的最适宜栽培区、较适宜栽培区和不适宜栽培区，从而可为桃商品生产基地的建立，以及为引种、育种等工作提供科学依据。

桃树的适宜栽培区要求冬季绝对最低气温不低于 −25℃，休眠期日平均气温小于或等于 7.2℃ 的日数超过 30 天。因此，除东北和西北偏远地区外，我国绝大多数地区均能栽培桃树。适地栽培是桃树生产的基本原则，品种的选择必须考虑当地的水土、气候等自然环境要素，要以桃树的需冷量等生态指标确定品种的适宜栽培区，具有地域特色的传统优良品种和当地选育的优良品种应当成为首选。外来引进的品种包括本省不同气候带、外省或国外的优良品种，引入后需要经过品种适应性试验，确实表现优异的品种才能进行大面积推广栽培。如肥城桃在原产地表现优秀，但在胶东半岛和沿海各地其丰产性和果品质量都有所下降；中华寿桃等晚熟品种在东北有些地区栽培无法完全成熟，在江南地区则结果不理想，产量较低。根据各地的生态条件，桃分布现状及其栽培特点，我国可划分为 5 个桃树适宜栽培区：华北平原栽培区、西北干旱栽培区、长江流域栽培区、云贵高原栽培区、青藏高原栽培区；两个较适宜栽培区：东北高寒栽培区和华南亚热带栽培区。

1. 华北平原栽培区

本区处于淮河、秦岭以北，地域辽阔，包括北京、天津、河北大部、辽宁南部、山东、山西、河南大部、江苏和安徽北部。年平均气温为 10～15℃，夏季温度由东向西逐渐升高，冬季气温自南向北逐渐降低，无霜期约为 200 天左右，年降雨量 700～900 毫米。

　　华北平原是中国北方桃树的主要经济栽培区。该区重视栽培技术，管理较为精细，夏季多次灌溉，土层深厚，排水良好，树冠高大，产量较高，病虫害较少，均不套袋，采用嫁接或种子实生繁育苗木。蜜桃及北方硬肉桃主要分布于本区，著名品种有肥城桃、深州蜜桃、青州蜜桃等。各种类型（普通桃、油桃、蟠桃等）在该区均可正常生长，成熟期从最早到最晚的品种都有，露地栽培鲜果供应期可长达6个多月。此区还是我国最大的桃经济栽培区域之一，可大力发展油桃、普通桃及优质蟠桃，尤其是中、晚熟品种。该区北部是我国桃、油桃保护地栽培的最适宜地区，可大力发展。

2. 西北干旱栽培区

　　本区位于中国西北部，包括新疆、陕西、甘肃、宁夏等地，海拔较高，属于大陆性气候的高原地带，四季分明，气温变化剧烈。降水量稀少（250毫米左右），空气干燥。夏季高温，冬季寒冷，极端低温常在 $-20℃$ 以下。生长季节短，无霜期约为150天左右，晚霜在4月中旬至5月中旬之间，有时正逢花期，易造成霜害。

　　桃树在本地区分布较为广泛，尤以陕西、甘肃最为普遍，各县均有栽培，管理粗放，产量较低。我国著名的黄桃多栽培于此，如"武功黄甘桃"、"酒泉黄甘桃"、"富平黄肉桃"、"下庙黄黏桃"、"灵武黄甘桃"等，白桃有"渭南甜桃"、"富平白沙桃"、"临泽紫桃"、"张掖白桃"、"兰州迟水蜜"等。在商县、扶风等地栽植冬桃，12月份成熟，耐储运。新疆北部气候严寒，桃树须采用匍匐栽培，南疆栽培较多，盛产"李光桃"、"甜仁桃"等。

3. 长江流域栽培区

　　本区位于长江两岸，包括江苏南部、浙江、上海、安徽南部、江西和湖南北部、湖北大部分地区以及成都平原、汉中盆地，处于暖温带与亚热带的过渡地带。雨量充沛，年降水量1000毫米以上，地下水位高。年平均气温 $14\sim15℃$，生长期长，无霜期 $250\sim300$ 天。

　　长江流域是我国南方桃树的主要栽培区，实行集约化栽培、密植栽培、精细栽培。为提高果品质量和预防病虫，普遍采用疏果、套袋等措施，并用毛桃作为砧木进行嫁接栽培。

　　本区夏季湿热，水蜜桃久负盛名，如"奉化玉露"、"白花水蜜"、"上海水蜜"、"白凤"等。上海、江、浙一带的蟠桃更是桃中珍品，素以易溶多汁，香味浓郁著称。硬肉桃栽培较少，零星分布于偏远地区。城市近郊的早熟水蜜桃品种发展较快，黄桃栽植面积较大，已成为食品工业原料的生产基地。

4. 云贵高原栽培区

包括云南、贵州和四川的西南部，纬度低，海拔高，具有立体垂直气候带的特点。夏季冷凉多雨，7月份平均气温在25℃以下，冬季温暖干旱（1℃以上）。年降水量约1000毫米。

云贵高原是我国西南黄桃的主要分布区，桃树多栽培于海拔1500米左右的山坡，以云南分布较多，呈贡、晋宁、曲靖、宜良、宣威、蒙自为集中产区，但多为粮、桃间作，以粮为主，桃树管理粗放，常采用种子实生繁殖，寿命长，产量不高。栽植的黄桃有"呈贡黄离核"、"大金旦"、"黄心桃"、"黄黏核"、"波斯桃"等；白桃有"二早桃"、"早白桃"、"白绵胡"、"泸定香桃"等。

5. 青藏高原栽培区

包括西藏、青海大部、四川西部，为高原地带，平均海拔3000米以上，地势高，气温低，降水量不足，气候干燥。桃树栽植于2600米以下的高原地带，实生繁殖，管理粗放，产量较低，果形偏小，以硬肉桃为主，如"夏至桃"、"六月红"、"早桃"、"青桃"等。

6. 东北高寒栽培区

本区位于北纬41°以北，是我国最北部的桃树栽培区，生长季节短，无霜期125～150天，气温和降水量虽能满足桃树生长及结果的需要，但冬季较长，气候严寒，极端低温常在−30℃以下，伴随干风使桃树易受冻害，影响产量，严重者导致树体受冻死亡。延边的延吉、和龙、珲春一带分布有耐严寒的延边毛桃，无需要覆土防寒也能安全越冬。其中果形大，风味较好的"珲春桃"是抗寒育种的珍贵种质资源。

7. 华南亚热带栽培区

本区位于北纬23°以北，长江流域以南，包括福建、江西、湖南、广东、广西北部和台湾等。该区夏季湿热，冬季温暖，属亚热带气候。年平均气温为17～22℃，1月份平均气温在4℃以上，无霜期长达300天以上。降水量1500～2000毫米。本区桃树栽培较少，适宜栽植需冷量较少的品种。生产上以硬肉桃为主，如"砖冰桃"、"鹰嘴桃"、"南山甜桃"等。10余年来，该区利用高海拔的自然条件，不断引种栽培水蜜桃类新品种。

二、选用优质壮苗

"发展果树，苗木先行"。苗木是发展桃树的物质基础，其品种、数量、质量对栽植成活率、果园整齐度、果品产量和品质、抗逆性、经济寿命和产业效益等都有着重要影响。选择适销对路、适应当地生态条件和产业发展布局与规划的优质苗木是桃树早果、丰产、优质、高效益栽培的先决条件。

目前，生产上常用的苗木是通过嫁接繁殖的果苗。其砧木按繁殖方式可实生砧木和营养系砧木。实生（砧）苗是指由种子繁殖的砧木，包括毛桃、山桃、甘肃桃、新疆桃和光核桃等；营养砧苗是指通过营养繁殖方式获得的砧木。

生产上栽植的果苗，按繁殖的年限可分为芽苗、一年生苗、二年生苗等。芽苗是指当年播种、秋季嫁接但接芽当年不萌发的苗木；一年生苗木指当年播种、嫁接、成苗出圃的苗木；二年生苗木指播种当年嫁接或第二年春天嫁接成活后，生长一年，于秋季落叶后或第三年春天出圃的苗木。生长上要求尽量选用二年生或一年生苗木，一般情况下不用芽苗，但繁育新品种苗木时，芽苗可以弥补苗木的缺乏。

（一）优质壮苗标准

目前，桃树的苗木市场比较混乱，以次充好、以假乱真的现象依然存在，制定和推广优质壮苗标准对于规范桃树苗木市场，以及建设优质桃园都具有重要的现实意义。

中国农业科学院郑州果树研究所等单位制定了桃树苗木质量标准，详见表5-1、表5-2、表5-3和表5-4。

表5-1　桃树苗木质量基本要求

项　目		要　求		
		二年生	一年生	芽苗
品种与砧木		纯度≥95%		
根	侧根数量/条	毛桃、新疆桃	≥4	≥4	≥4
		山桃、甘肃桃	≥3	≥3	≥3

续表

项 目		要 求		
		二年生	一年生	芽苗
根	侧根粗度/厘米		≥0.03	
	侧根长度/厘米		≥15	
	病虫害		无根癌病和根结线虫病	
	苗木高度/厘米	≥80	≥70	—
	苗木粗度/厘米	≥0.8	≥0.5	—
	茎倾斜度/(°)	≤15	—	—
	枝干病虫害		无介壳虫	
	整形带内饱满叶芽数/个	≥6	≥5	接芽饱满,不萌发

表5-2　2年生苗木质量标准

项 目			级 别		
			一级	二级	三级
	品种与砧木			≥95%	
根	侧根数量/条	实生砧	毛桃、新疆桃、光核桃	≥5	≥4	≥4
			山桃、甘肃桃	≥4	≥3	≥3
		营养砧		≥4	≥4	≥4
	侧根粗度/厘米			≥0.5	≥0.4	≥0.3
	侧根长度/厘米			≥20		
	侧根分布			均匀,舒展而不卷曲		
	根部病虫害			无根癌病和根结线虫病		
	砧段长度/厘米			5~10		
	苗木高度/厘米			≥100	≥90	≥80
	苗木粗度/厘米			≥1.5	≥1.0	≥0.8
茎	分枝状况	分枝分布		分枝均匀		
		分枝数		4	3	3
	茎倾斜度/(°)			≤15		
	根皮与茎皮			无干缩皱皮,新、老损伤处总面积≤1.0厘米²		
	枝干病虫害			无介壳虫		
芽	整形带内饱满芽数/个			≥8	≥6	≥6
	接合部愈合程度			愈合良好		
	砧桩处理与愈合程度			砧桩剪处、剪口环状愈合或完全愈合		

表 5-3　1 年生苗木质量标准

<table>
<tr><td colspan="3" rowspan="2">项　目</td><td colspan="3">级　别</td></tr>
<tr><td>一级</td><td>二级</td><td>三级</td></tr>
<tr><td colspan="3">品种与砧木</td><td colspan="3">≥95%</td></tr>
<tr><td rowspan="17">根</td><td rowspan="3">侧根数量
/条</td><td rowspan="2">实生砧</td><td>毛桃、新疆桃、光核桃</td><td>≥5</td><td>≥4</td><td>≥4</td></tr>
<tr><td>山桃、甘肃桃</td><td>≥4</td><td>≥3</td><td>≥3</td></tr>
<tr><td colspan="2">营养砧</td><td>≥4</td><td>≥4</td><td>≥4</td></tr>
<tr><td colspan="2">侧根粗度/厘米</td><td>≥0.5</td><td>≥0.4</td><td>≥0.3</td></tr>
<tr><td colspan="2">侧根长度/厘米</td><td colspan="3">≥15</td></tr>
<tr><td colspan="2">侧根分布</td><td colspan="3">均匀,舒展而不卷曲</td></tr>
<tr><td colspan="2">根部病虫害</td><td colspan="3">无根癌病和根结线虫病</td></tr>
<tr><td colspan="2">砧段长度/厘米</td><td colspan="3">5～10</td></tr>
<tr><td colspan="2">苗木高度/厘米</td><td>≥90</td><td>≥80</td><td>≥70</td></tr>
<tr><td colspan="2">苗木粗度/厘米</td><td>≥0.8</td><td>≥0.6</td><td>≥0.5</td></tr>
<tr><td rowspan="6">茎</td><td rowspan="2">分枝状况</td><td>分枝分布</td><td colspan="3">分枝均匀</td></tr>
<tr><td>分枝数</td><td>≥4</td><td>3</td><td>3</td></tr>
<tr><td colspan="2">茎倾斜度/(°)</td><td colspan="3">≤15</td></tr>
<tr><td colspan="2">根皮与茎皮</td><td colspan="3">无干缩皱皮,新、老损伤处总面积≤1.0厘米²</td></tr>
<tr><td colspan="2">枝干病虫害</td><td colspan="3">无介壳虫</td></tr>
<tr><td colspan="2">整形带内饱满芽数/个</td><td>≥6</td><td>≥5</td><td>≥5</td></tr>
<tr><td rowspan="2">芽</td><td colspan="2">接合部愈合程度</td><td colspan="3">愈合良好</td></tr>
<tr><td colspan="2">砧桩处理与愈合程度</td><td colspan="3">砧桩剪处、剪口环状愈合或完全愈合</td></tr>
</table>

表 5-4　芽苗的质量指标

<table>
<tr><td colspan="3" rowspan="2">项　目</td><td colspan="2">级　别</td></tr>
<tr><td>一级</td><td>二级</td></tr>
<tr><td colspan="3">品种与砧木</td><td colspan="2">≥95%</td></tr>
<tr><td rowspan="3">根</td><td rowspan="2">侧根数量/条</td><td>毛桃</td><td>≥5</td><td>≥4</td></tr>
<tr><td>山桃</td><td>≥4</td><td>≥3</td></tr>
<tr><td colspan="2">侧根粗度/厘米</td><td>≥0.5</td><td>≥0.4</td></tr>
</table>

续表

项 目		级 别	
		一级	二级
根	侧根长度/厘米	≥20	
	内根分布	均匀,舒展而不卷曲	
茎	砧段长度/厘米	5～10	
	根皮与茎皮	无干缩皱皮,新、老损伤处总面积≤1.0厘米²	
芽		饱满,发育良好,接芽四周愈合良好,芽眼露出	

注:砧段粗度指距地面3厘米处的砧段直径;

苗木粗度指嫁接口上5厘米处茎的直径;

苗木高度指从根茎处至苗木顶端的高度;

整形带指二年生苗和当年生苗地上部分30～60厘米之间或定干处以下20厘米的范围;

饱满芽指整形带内生长发育良好的健康叶芽。

(二) 壮苗的选择与把关

苗木质量直接影响着桃树的生长发育、早果丰产性和结果寿命,培育和选择健壮优质苗木是建设优质桃园的首要条件。

壮苗选择需要遵循如下原则:品种纯正,砧木正确;地上部枝条健壮、充实,具有一定的粗度和高度,芽体饱满;根系发达,须根多,断根少;无检疫对象、病毒病和严重的病虫害;无严重的机械损伤;嫁接口愈合良好。

1. 鉴定品种

栽培者在选购桃树种苗时,首先应搞清种苗的接穗来源,母本树的有关情况,或与提供接穗的单位取得联系,获取所用接穗的品种纯度。另一方面,还可将种苗送至有关科研部门由专家鉴定。最后,根据育苗单位提供的情况,结合田间观察、对比、分析,确定种苗纯度和可靠性。最好签订购销合同。

2. 砧木种类的鉴别

大多数桃树种苗采用嫁接繁殖,砧木的应用极为广泛。不同砧木的区域性适应性不同,砧木对接穗的影响也很大。有些育苗者为降低成本,采用栽培桃的种子育苗作为砧木,其抗逆性差,结果晚。这种苗木特点主要表现在根系上,主根粗壮直立,须根少,根系皮色暗褐色。因此，栽培者在选购种苗时必须搞清砧木种类。

3. 观察根系

优质种苗必须具有较多的侧根和须根，侧根分布均匀，根系舒展不弯曲。如桃树的一级芽苗必须保证每株苗侧根数量 4 条以上，长度 20 厘米以上，粗度 0.5 厘米以上；二级芽苗则要求每株苗侧根数量 3 条以上，长度 20 厘米以上，粗度 0.4 厘米以上。

4. 测量高度和粗度

一、二年生苗的高度，一般以 100 厘米左右为最好，最高不宜超过 130 厘米，最低不低于 70 厘米，有秋梢的苗木，应按秋梢以下的高度计算；苗木茎干粗度应达到 0.8～1.0 厘米（接口以上 10 厘米处的直径）。同时，苗木要直立，倾斜度不超过 15°。

5. 检查芽体质量

优质果苗必须在定干部位（距地面 80 厘米左右）以下的整形带（30～40 厘米）内，具有 5 个以上充实的饱满芽。有些育苗单位在培育桃树"三当苗"过程中，为了促进苗木生长，喷施植物生长调节剂，使部分种苗整形带内的芽提早萌发，但由于苗木密度较大，萌发的侧枝生长不良，成为细弱小刺枝，这类种苗定干后发枝少，侧枝生长不良，影响早果丰产。

6. 检查接口高度和愈合情况

嫁接苗的嫁接部位一般距地面 5～8 厘米，但是个别育苗单位为了提高种苗高度，降低劳动强度，嫁接时接口离地面较高，有的甚至超过 30 厘米，这对定植后的生产管理将会造成一定影响。嫁接苗的砧穗结合部应愈合完好，砧木枯桩已经剪除，剪口愈合良好，苗木无机械伤。

7. 检查病虫害

凡发生有根结线虫、流胶病、根头癌肿病等病虫害的苗木，均不能引进。

三、高标准土肥水管理

桃树在生长发育过程中，每年通过其庞大的根系源源不断地从土壤中吸收大量的营养物质和水分用于各器官的生长发育。因此，桃园高标准的土肥水管理，有助于建立良好的生态体系，维持和增强土壤肥力，最大限度地为桃树根系创造一个良好的生长环境，满足根系对营养物质、水分及氧气的需求，从而保障桃树的正常生长发育，增强树体抗性，为实现幼树早结果、早丰产奠定物质基础。

（一）加强土壤管理

桃树对土壤要求不太严格，以排水良好、通透性强的沙质壤土为宜。若沙性过重，土壤有机质缺乏，其保水保肥能力较差，桃树的生长发育不良，虽然易形成花芽，结果早，但产量低下，树体寿命较短。在黏质或肥沃土壤上，桃树生长旺盛，开花结果迟，落花落果严重，影响早期产量，果实较小，风味淡，贮藏性较差。

1. 土壤改良技术

（1）沙质土壤的改良　这类土壤通常采用以土压沙的方法进行改良。该方法一般在冬春进行，压土厚度约为5～10厘米。压土改良不仅可以增厚土层，改善土壤结构，提高保水、保肥能力，还可以防止土壤返碱。沙质土经压土改良后，土壤理化性状得到一定改善，但土壤有机质仍然缺乏，应在果园种植绿肥，或增施有机肥料，加深土壤耕作层，诱使桃树根系向纵深发展，夏季注意树盘覆盖，保持土壤水分。

（2）黏质土壤的改良　这类土壤通常采用掺沙改良法。该方法一般在定植前或幼苗期进行，即早春或秋末在全园压沙10～20厘米，结合深翻，多施有机肥；或结合幼树土壤扩穴深埋30～40厘米的破碎农作物秸秆，增加土壤有机物含量。同时，还可采用深沟高垄栽植，灌水沟、排水沟、施肥沟三沟配套，加强排水。

2. 优质桃园土壤管理措施

桃树根系呼吸作用旺盛，土壤中具有较高的含氧量才可满足桃树根系正常生长。生产中，秋冬季节桃树落叶前后应结合施用有机肥进行土壤深翻，生长期适当进行中耕松土，保持树盘范围内的土壤有良好的通气性。具体措施有以下几种。

（1）清耕法　清耕法是我国北方桃园传统的土壤耕作方法，即通过秋季深耕或春、夏季多次中耕除草来保持桃园地面无杂草、土壤表层疏松的土壤管理方法。清耕法能保持桃园整洁，避免病虫害滋生，但长期清耕会导致土壤有机质含量下降，土壤理化特性变劣，影响桃树的生长发育，因此，生产中应适当把握清耕的时期、次数和深度等。在桃树生长季节，应以中耕松土、除草为主，中耕深度以 5～10 厘米为宜；秋耕通常在落叶前进行，宜以深耕翻土为主，其深度一般约为 20 厘米，秋耕时间不宜过晚，且注意少伤根。

（2）生草栽培法　即桃园不耕翻，除树盘外，全园种草或行间带状种草，如禾本科或豆科作物，作物长至一定高度后刈割覆盖于行间。生草栽培法是一种先进的土壤管理制度，可有效地提高土壤有机质含量，改善土壤结构，防止水土流失。水源不足时，生草易与桃树争夺水肥，因此，干旱且无灌溉条件的桃园不宜采用该法。人工生草，选择草种的原则是：植株低矮，生物量较大，覆盖率高；根系以须根为主，无粗大的主根，或主根在土壤分布较浅；与桃树无共同的病虫害，地面覆盖时间长，旺盛生长时间短；耐荫耐践踏，繁殖简单，便于机械作业。常用的生草草种有白三叶、豌豆、草地早熟禾、匍匐剪股颖、紫花苜蓿、黑麦草等。

（3）覆盖法　即通过在树冠下一定范围内覆盖杂草、稻草、麦秸及薄膜等材料，抑制桃园杂草生长，减少水分蒸发，提高土壤湿度，增加土壤有机质含量，改善土壤团粒结构的措施。稻草、杂草等秸秆覆盖通常在树冠下铺放 10～20 厘米，不翻耕，1～2 年添盖新秸秆，以保持覆盖效果，秋季结合施基肥一并将腐烂分解的秸秆施入。秸秆覆盖易使桃树根系上浮于表土层中，削弱植株的抗旱和抗寒能力，因此，应有计划地进行深施肥，诱使根系向下生长。薄膜覆盖适用于早春的树盘覆盖，可有效提高水分利用率和地温，控制杂草和病虫害，有利于实现早果丰产优质。

（二）合理施肥

桃树根系浅，结果早，衰弱快，如果在栽培和管理过程中不按桃树的需肥要求进行施肥，会导致其产量和果实品质下降，甚至导致树体生长不良，树势早衰。合理施肥对改善桃园土壤结构，提高土壤肥力，增强树势，促进花芽分化，减少落花、落果，提高产量和品质，延长桃树结果寿命等都具有重要作用。合理施肥要求正确掌握施肥时期、施用肥料种类、施肥量和施用方法等。

1. 幼龄桃树的需肥特点

幼龄桃树营养生长旺盛，根系对营养物质的吸收能力较强，此阶段植株对氮素较为敏感，施用氮肥过多，易引起营养生长过旺而造成幼树徒长，花芽分化困难，幼树进入结果期晚和生理落果等现象。因此，应适当控制氮肥施入量，施足优质有机肥和复合肥。进入结果期后，根系对营养物质的吸收能力有所下降，但树体对营养物质的需求逐渐增多，此时氮肥供应不足易导致树势衰弱，抗性下降，产量降低，结果寿命缩短。因此，此阶段的幼树应以磷肥为主，配合适量的氮肥和钾肥。幼龄桃树施肥需掌握"勤施少施，量少次多"的原则，即施肥的次数要多，每次施肥量要少；树龄小时少施，随着树龄的增大而逐渐增多。

2. 肥力种类

（1）有机肥　又称农家肥，是指含有较多有机质的肥料，主要包括粪尿肥、土杂肥、堆沤肥、饼肥、厩肥、绿肥等，这类肥料可在果园及其附近就地种植、就地取材、就地堆制、就地施用。其主要有四个特点：①营养成分全面，不仅含有树体生长发育所需的大量和微量元素，而且还含有丰富的有机质；②肥效缓慢、持久，有机肥料中的营养元素必须经过微生物的分解才能被植株吸收、利用，其肥效一般可达 3 年，是一种持效性肥料；③养分含量较低，施用量较大，施用不方便，需要较多劳力和运输力；④有机质和腐殖质含量高，能活化土壤养分，改善土壤理化性质，促进土壤微生物活动。

（2）化学肥料　又称无机肥料，常包括氮肥、磷肥、钾肥、复合肥料、微量元素肥料等。化学肥料具有营养成分含量高、肥效快、易被植株根系吸收等优点，但又具有易流失、淋洗及污染环境等缺点。因此，适宜做土施追肥或叶面喷肥，肥效显著。生产上化学肥料常与有机肥料、微生物肥料配合施用，可作基肥和追肥，有机氮与无机氮的比例以 1 : 1 为宜。现在，化学肥料逐步向高效化、复合化和长效化方向发展，高效复合肥料是未来化学肥料的发展方向。

（3）微生物肥　又称菌肥，即由一种或多种有益微生物、培养基质和添加剂配制而成的微生物菌剂，具有加速有机肥堆腐速度、除臭等功能，包括固氮菌类、钾细菌、磷细菌、抗生菌类等。微生物肥料属于间接性肥料，以功能微生物为主体，优质有机肥为基质，辅以少量化肥制成，它集合了各类肥料的优点，不仅具有肥效高、持久性好等优点，还能有效分解土壤废弃物，改善桃园土壤理化特性，提高土壤肥料的利用率。微生物肥料是活体肥料，主要通过大量有益微生物的生命活动发挥功效。当有益微生物处于旺盛的繁殖和新陈代谢时，物质转化和有益代谢产物会不断地形成。因此，微生物肥料的施用效果与环境条件密切相关，如温度、水分、酸碱度、营养条件及土壤中其他土著微生物等。

3. 施肥量

（1）影响施肥量的因素　桃树的施肥量因品种、树龄、树势、结果量、各个生长发育阶段、土壤质地以及肥料种类不同而存在较大差异。

①品种　开张性品种的生长势较弱，结果早，应多施肥，直立性品种生长旺盛，可适量少施肥，坐果率高、丰产性强的品种应多施肥，反之则少施肥。

②树龄、树势和产量　幼龄桃树长势旺盛，产量低，可适当少施氮肥，多施磷、钾肥，成年树树势减弱，产量增加，应增加施肥量。一般幼龄桃树施肥量为成年树的20%～30%。

③土壤质地　贫瘠的沙土地、山坡地，有机质含量低，土壤供肥能力差，应适当增加施肥量；肥沃的壤土，有机质含量高，土壤供肥能力强，可适当减少施肥量。

④肥料性质　不同类型的肥料，缓释性、利用率、持效期不同。如单质氮肥，速效性强，肥效短，利用率低，施用过量易引起肥害，宜少量多次施用，全年施用量相应增加。

（2）施肥量的确定　影响桃树施肥量的因素较为复杂，生产中确定施肥量的方法主要有以下几方面。

①形态诊断　即主要依据叶片大小、厚度、颜色，新梢长度、粗度及节间长度，芽体饱满程度、花芽和叶芽数量及比例，结果量、稳产性，果实品质等外观形态指标判断树体营养状况。

②施肥经验　通过对桃园施肥种类、数量的广泛调查，分析不同树龄、树势、产量和品质等综合因素，总结最佳的施肥效果，确定适宜的施肥量，并结合树体生长和结果的反应，适时调整施肥量。

③田间试验　通过不同肥料配比的田间试验，筛选、优化最佳的施肥方案和施肥量，进而应用于生产。

④营养诊断　利用仪器设备对桃树叶片中营养成分进行科学分析，并与标准叶片营养成分的含量进行对比，确定叶片中营养成分的

盈亏，从而有针对性的调整施肥量。

4. 施肥技术

（1）施足基肥　基肥是指较长时期供给桃树多种营养物质的基础性肥料，按施用季节分为春施和秋施。桃树通常采用秋施基肥，以9～10月中旬为宜。9月份地上部制造的光合产物大量下运，根系于生长高峰期，施用基肥造成的根系伤口愈合快，并能萌发出大量的新根。同时，秋季较高的土壤温度和湿度，有利于土壤微生物的活动，从而加速基肥的腐熟分解，便于桃树根系快速吸收、利用，提高树体入冬前营养物质的贮藏水平，为来年的生长发育奠定物质基础。秋季未及时施入基肥时，翌年应在解冻后及时施入，施入过晚，施肥造成的伤根会对开花、结果及春梢的生长产生不利影响，并引起夏季枝条的徒长。基肥除施用有机肥外，宜配合施用复合肥，用量约占全年施肥量的50%～60%。施肥方法可采用放射沟施或环状沟施，深度约为30～40厘米，以达到主要根系分布层为宜。

（2）合理追肥　追肥是指在生长季节桃树需要补充营养物质的关键时期进行的施肥。追肥一般使用速效性肥料，不同的追肥时期、施用的肥料种类和施肥量会对桃树生长、产量及品质产生重要影响。桃树的追肥主要在萌芽前、花后、果实硬核期和果实膨大期四个时期进行。

① 萌芽前追肥　土壤角冻后尽早施入，多结合开春后的灌水同时进行，肥料以氮肥为主，约占全年施肥量的10%左右。若施用基肥时加入有氮肥或基肥施用量大，萌芽前可不追肥。

② 花后追肥　多在开花之后至果实核硬化前施用，此期施肥过量易造成果实早落，因此，应适当控制施肥量，施肥量约占年施肥量的5%～10%。

③ 硬核期追肥　即果实硬核始期施入追肥，此期正值花芽分化前期，需要大量营养，是全年最关键的一次追肥，肥料以钾肥为主，配合施入适量的氮肥和磷肥，施肥量约占全年施用量的10%左右。

④ 膨大期追肥　即在果实再次进入快速生长期时施用追肥，肥料以磷、钾肥为主，施肥量约占全年施用量的20%～30%。

追肥是基肥的有效补充，但并非所有桃园都采用四次追肥，追肥的时期、次数、施用量因品种及土壤肥力状况不同而异。土壤肥沃基肥充足时，可减少追肥次数和施肥量；反之，应增加追肥次数和施肥量。

（三）灌水和排水

水分是桃树健壮生长、早结果和早丰产的重要影响因素。桃园的灌水与排水管理不仅影响桃树当年的生长结果状况，而且还对翌年树体的生长发育产生重要影响，因此，幼龄桃树必须适时、适量进行灌水和排水。

1. 桃树的需水特点

桃树对水分较为敏感，表现为耐旱怕涝。但充足的水分供应是桃对萌芽开花至果实成熟阶段的重要影响因子，适宜的土壤水分含量有利于枝叶生长、花芽分化、开花、坐果、果实生长和品质的形成。一年中不同时期桃树对水分的需求不同，萌芽期、新梢和幼果迅速生长期和果实膨大期需水多。萌芽期土壤水分不足易导致萌芽率低、萌芽不整齐；新梢和幼果迅速生长期水分不足，则会影响新梢的生长和幼果的发育；果实膨大期缺水会影响果实细胞体积的增大，造成果实瘦小。因此，在上述几个时期应尽量满足桃树对水分的需求。花期土壤水分不宜过多，否则会造成大量的落花；果实生长后期土壤水分过多则会造成果实着色差、含糖量低、风味淡等。在桃树的整个生长期，土壤水分不宜过多，否则会导致土壤含氧量下降，根系呼吸受阻而生长发育不良，甚至出现烂根现象的发生，严重时导致树体死亡。因此，生长中应根据不同品种、树龄、土壤质地以及栽培地气候特点等确定桃园灌溉和排水的时期和用量。

2. 灌水时期

桃园灌水主要依据桃树不同物候期的需水规律确定灌水时间，灌水量一般以达到土壤田间最大持水量的 $60\% \sim 80\%$ 为宜。一年中桃对通常有重点 4 个灌水时期，在这些时期如果土壤干旱又无降水应及时灌水。

（1）萌芽期　桃树的萌芽期是需水的关键时期之一，此期灌水有利于桃树萌芽、开花、展叶和早春新梢生长，扩大叶面积，提高坐果率。由于此期土壤温度正在逐渐上升，为避免多次灌水带来的地温的多次降低，影响根系的正常生长发育，灌水时应一次灌透，即每次的灌水量应充足，次数应少。

（2）新梢和幼果迅速生长期 桃树落花后幼果迅速膨大，枝叶旺盛生长，需水量较大，此期灌水有利于减少生理落果，促进果实增大和枝叶生长。但灌水量不宜过多，否则会引起新梢生长过旺，与幼果争夺养分导致落果，因此，应适当控制灌水量。

（3）果实膨大后期 采收前 20～30 天，果实细胞开始膨大，果实体积进行第二次迅速增长期，此期的水分供应与桃树的产量关系密切。此期灌水应结合当地降雨情况适时实施，灌水量也要适量，水分亏缺导致果实不能正常膨大，影响果实产量和品质；灌水过量则会引起裂果、裂核。

（4）落叶前后 我国北方秋、冬季节干旱，入冬前充分灌水能有效提高幼龄桃树的抗寒性，减轻冻害的发生，使幼龄桃树顺利越冬。灌水时间应控制在地表结冰之前为宜。

桃树其它生长发育时期可根据土壤含水量和当地天气情况适时适量灌水。

3. 灌水方法

（1）沟灌 在树冠外缘向外 0.5 米左右处挖宽 0.3 米、深 0.25 米的环状沟，或在桃树行间挖井字沟，将水引入环状沟或井字沟内，以沟内水满为止，水下渗后，用土埋沟保蓄水分。沟灌通过渗透湿润根际土壤，对土壤结构破坏较小，且方法简单，成本低，灌溉用水较少。

（2）穴灌 是指在树冠外缘的不同方向挖直径约 0.3 米、深 0.4～0.6 米的穴，其数量视树冠大小而定，通常为 4～12 个。挖穴时以不伤根为宜。在穴内填入玉米秸，与地面保持 5 厘米的距离，灌满水后覆盖塑料布，使其中间低，四周高，中心留一小孔，接纳自然降水，为避免水分蒸发，平时用小石块、小瓦片或小砖块压盖，塑料布四周用湿土压严。该方法是一种较为省水的灌水方式，而且水分渗透直径可达 1 米，湿润根系范围宽而均匀，不易造成土壤板结。该方法主要用于干旱缺水的桃园，与软管输水相结合使用时，更能显示该方法的优势。

（3）树盘灌水 是指在树冠外缘作环状土埂，埂宽 0.2～0.3 米、埂高 0.15～0.2 米，通过窄沟将水引入树盘，待水与埂高相近时封闭土埂停止灌水，水下渗完全后，及时中耕松土。此法较为省水，但容易造成土壤板结。

(4) 喷灌 该系统由水源、进水管、水泵站、输水管道(干管和支管)、竖管、喷头等组成。喷头将水喷射成细小水滴,以降雨的形式均匀地洒布在果园的地面。喷灌系统可分为固定式、半固定式和移动式 3 类;喷头可分为旋转式、固定式和孔管式 3 种;按其工作压力和射程大小可分为低压喷头、中压喷头和高压喷头 3 种。该方法省水,喷水均匀,土壤不易板结,而且能有效地减轻土壤流失,保土、保肥效果良好。此外,喷灌还具有改善果园小气候,避免低温、干热对桃树的伤害等优点。但投资较大,在有大风时灌溉不均匀,在潮湿地区,有可能加重病害的发生,采用时应注意。

(5) 滴灌 灌溉用水通过低压管系统送达滴头,由滴头形成水滴后,滴入桃树根部土壤进行灌溉。滴灌系统由水泵、过滤器、压力调节阀、流量调节器、输水管道和滴头等部分组成。滴灌次数和灌水量视土壤水分和桃树需水状况而定。一般情况下,每小时每个滴头可滴水 2 千克。该方法用水量少,且能保持桃树根部的水分状况稳定,既减少了灌溉过程中的水分损失,又避免了灌水后的土壤板结,具有增加产量和防止土壤次盐渍化等优点。

4. 排水

桃树不耐涝,其根系活动与土壤中的含氧量密切相关。桃园土壤积水时间较长时,土壤中的氧气含量过低,桃树根系的正常生理活动受阻,呼吸作用紊乱,有害物质积累,甚至造成树体死亡,因此,桃园应有良好的排水系统,可以采用明沟排水、暗管排水和井排等。重点排水时期是降水较为集中的雨季,在降水较多时应及时做好排水工作,以免发生涝害。

四、科学安排间作物

桃树从定植到进入结果期需要 2～3 年的时间,在此期内,尤其是定植后的 1～2 年植株体积小,行间空间大,而且只有投入而无收入,为了充分利用桃树株、行间的土地,提高光能利用率,合理增加桃园收入,改良桃树行间土壤,增加土壤养分含量,为桃树根系生长创造良好条件,可在幼龄桃园的行间适当间作一些作物,弥补幼树阶段投入的不足,达到以短养长,长短结合的目的。

间作是充分利用果树行间的土地空间进行其他作物生产的一种方式。桃园间作的基本原则是以桃树管理为主，在不影响桃幼树的生长，保证提高桃园肥力，减少杂草的前提下，在桃树行间种植一些作物如蔬菜、草莓或药材等，增加桃园的经济效益。间种作物的品种、数量和时间视桃树生长状况及时更换调整，间作方式应根据劳力和技术条件要求适当选择。

（一）间作物应具备的条件

间作物的选择应根据桃园的土壤、地势、树种等情况因地制宜。桃园的间作物应具备以下条件。

1. 生育期较短

选择生育期短的作物，如间作大蒜、甜菜等作物，既不影响桃园的施肥及间作管理，又能有效减少杂草滋生，还可增加桃园的经济效益。尤其是具有固氮作用的豆科植物，如花生以及绿肥等还可以固定空气中的氮素，改善土壤理化性状，提高土壤肥力。

2. 株型较小，群体通透性好

桃树是喜光植物，要求有充足的光照，间作物不能影响桃树的光照。玉米、高粱、甘蔗等作物植株高大，苦瓜、丝瓜等作物需要支撑搭架，遮挡桃园的阳光，阻碍桃园空气流通，影响桃树正常生长发育，因此均不适宜作为桃树的间作物；花生、草莓等作物植株低矮，基本不影响桃园的通风透光，因此适宜与桃树间作。

3. 根系小，不影响桃树根系生长发育

间作物根系发达，吸肥能力强，会发生与幼龄桃树争肥争水现象；种植根系分布较浅、主根不发达的作物，如花生、大豆、中药材等，既可保持地力，又能有效防止杂草丛生。

4. 与桃树无共同的病虫害或转主寄主

桃树行间或桃园附近，不宜间作十字花科蔬菜以及烟草、茄子等桃树病虫害的转主寄主作物，以减轻病虫害的发生，减少用药次数和用药量。如白菜、萝卜等作物是桃蚜、大青叶蝉等害虫的夏季转主寄主。在生产上还应结合中耕锄草，清除草类寄主，以减少、消灭病虫源。

5. 成熟收获期相异

间作与桃树成熟收获期相异的作物，能有效缓解收获季节劳力紧张的矛盾。

（二）适宜间作物的种类

1. 大豆、花生和旱稻

花生、大豆均具有固氮作用，其所固定的氮素除自身生长所需外，还能供果树根系吸收利用。而且大豆、花生和陆稻根系较短，不会对桃树产生直接影响。大豆、花生和陆稻忍受缺氧能力较强，尤其陆稻根系具有分泌氧气的功能，适合间作于易发生水涝的桃园。

2. 短期蔬菜

桃园间作蔬菜不仅可以肥地改土，抑制杂草生长，防止水土流失，还能增加果园的经济效益。黄基蓉等进行了水蜜桃与蔬菜间作的试验，取得了桃树丰产、蔬菜生产两不误的效果，获得了较高的经济效益。其茬口安排为：在 2 年生幼树的空隙地，4 月上中旬栽植辣椒、茄子、芹菜等蔬菜，秋冬季种植花菜、白菜、甘蓝等；在 3 年生投产桃园，为了增加桃树下部果的着色，提高果品质量，春季不进行间作，去除果袋后，在树冠下及时铺设反光薄膜；秋季种植豌豆，保持土壤水分，开春后，翻入地内作绿肥，提高土壤肥力。间作蔬菜的定植、田间管理与平常种植蔬菜技术相同。桃园栽植的蔬菜均采用黑色地膜栽培，升温快、散热慢，还能避免膜下杂草生长。在间作蔬菜定植成活后及时提苗、追肥，保持田间湿润，注意及时排水，防止涝害；注意防止病虫害的发生。

3. 桃树平菇间作

二年生桃树基本成形后，即可在行间间作平菇。北方地区，通常在 2 月底至 3 月初进行。在树冠的正下方，距离树干基部 0.5 米处向外开一个长 2 米、宽 1 米、深 0.25 米的畦床，畦床底部呈龟背形，中间略凸。一般以发酵的棉籽皮、麦秸、玉米秸、玉米芯等为培养料。首先将畦床灌一次透水，渗水后在畦床上撒少许菌种，约占用种量的四分之一。取发酵好的培养料在畦床上平铺厚约 15 厘米，踩实料床。取三分之一菌种撒播在培养料表面，在培养料的四周适当多撒播些。再铺二层培养料，厚约 10 厘米，踩实后将剩余菌种全部均匀撒播其上，用木板压一下，使菌种与培养料充分接触。再用 3 厘米粗的木棒间隔 20 厘米打孔，深至距培养料底部 2 厘米。最后用塑料膜盖严，四周用土压好。膜上盖上玉米秸等物遮阴，便于菌丝生长。培养料温度控制在 4～36℃ 之间。温度高时，可适当揭开覆盖物放风。30～45 天后菌丝布满培养料，即可出菇。

4. 间作韭菜

在我国北方，韭菜是幼龄桃园较为理想的间作物，以高产、优质、抗病品种为宜。一般在 4 月上旬育苗，7 月上旬定植于桃树行间。定植前，整平土地，施足底肥；定植时，以 3.5 厘米为行距开沟，一棵紧挨一棵定植，定植后使之成为一条一条的平行线。韭菜有跳根习性，早春结合浅耕提温，每亩施农家肥 4000 千克；4 月上旬，及时浇灌返青水，随水施入腐熟的人粪尿，随后中耕松土。4 月下旬即可收获头茬韭菜，收获后，及时中耕培土、除草，浇 2 次水，随水每亩施尿素 10 千克，鸡粪 500 千克。进入 6 月中旬收获第二茬韭菜。9 月上旬，收获韭花。

5. 胜红蓟

胜红蓟为一年生菊科植物，其具有很强的化感作用。林忠宁研究表明，间作并覆盖胜红蓟能有效提高桃园土壤的基本肥力，有机质和全氮含量分别增加 19.6% 和 14.4%；能明显地促进桃树的生长发育，提高桃果产量和品质，平均株产、平均单果重和可溶性固形物含量分别增加了 25.1%、15.8% 和 20.0%，可滴定酸含量降低了 26.5%；而且还可以明显地抑制桃园中的杂草，且间种和覆盖胜红蓟对杂草的抑制效应有明显的差异，对种子繁殖的杂草抑制效应明显强于宿根或块茎繁殖的杂草。

6. 绿肥

间作绿肥不仅可以提高土壤氮素和有机质含量，改良土壤结构，防止土壤板结，还可以提高地面覆盖率，防止水土流失，能较好的改善果树生存的生态环境条件。尤其是在山地、滩地的果园，土壤条件差，有机质含量少，间作绿肥是养地、提高土壤肥力的重要措施。

（1）澳洲一年生苜蓿　属豆科苜蓿属，根系小，根系与根瘤菌共生，有固氮作用。其可在年降水量 350～500 毫米，中性至碱性的土壤中种植，果园套种时的播种量一般为每亩 0.2～0.3 千克。

澳洲一年生苜蓿可通过根瘤菌固氮，增加土壤氮素含量。在夏和秋季，可将一年生苜蓿直接翻入土壤作绿肥，以提高土壤肥力和有机质含量，为了保证能够生产一定数量的种子，对于在桃树行间间作的苜蓿，可一半通过翻压用作绿肥，一半保留结籽，再将种子播种在已作为绿肥的翻压处，下年将另一半再翻作绿肥，这样可减少种植环节，实现来年苜蓿自生自繁。

（2）金牧5号鸭茅　又称果园草，是一种开花早、适口性好、耐寒性强的优质牧草。由于其耐阴性强，与桃树间作套种可充分利用光照增加单位面积的生物量。在桃树的行间间作金牧5号鸭茅可有效改善土壤结构，提高土壤肥力，防止杂草滋生，降低桃树病虫害的发生，在我国桃树产区有很大的发展前景。

春、秋两季均可播种，每亩播种量以1.2～1.5千克为宜。也可与其他豆科类牧草（如红三叶、白三叶）、多年生黑麦草等混种。条播行距为15～30厘米，播种深度为1～2厘米，且稍加覆盖。

（3）蕾香蓟　菊科植物。蕾香蓟具有较强的地面覆盖能力，能对桃园起到保土、保肥、保湿、保温的作用；其植株生长较快，能够为桃园提供大量的绿肥，尤其是山地桃园，间作蕾香蓟是解决桃园有机肥料的较好方法；桃园间作藿香蓟，可利于螳螂、草蜻蛉等害虫天敌的生存，控制害虫的发生，既可降低农药使用成本，也可避免对环境的污染。

（4）毛叶苕子　又称野豌豆、兰花草、肥田草等，一年生或多年生豆科草本植物，常用作果园绿肥。其适宜播种期为春、秋两季，以牧草为目的播量为每2.5～3千克/667米^2，肥力很低的清薄地，可增加到4～5千克。桃园间作时常采取条播，行距30～35厘米即可。一般采用压青作肥，即在毛叶苕子开花初期至盛期，人工割草，集中埋于树盘下作为绿肥，树盘覆草厚度不应少于20厘米。

五、合理整形修剪

合理整形修剪时桃树生产中的一项重要管理技术，不仅影响桃树的生长发育和开花结果，而且对果实品质和桃树结果寿命等产生重要影响。整形修剪的基本原则是"因树修剪，随枝作形，有形不死，无形不乱"；同时还应做到长远规划，统筹安排，均衡树势，主从分明；既要重视树形骨架结构，又要根据不同的地区、品种、树龄、时期及枝条类型等因素采用不同的修剪方法，建立与栽植方式、产地环境、自然条件相适应的树形结构，从而改善桃树树冠内的光照条件，提高光能利用率，调节营养物质分配，协调生长和结果的关系，以达到幼树早结果、早丰产的栽培目的。

（一）适宜树形

生产中，根据桃园的管理水平、栽植品种、栽植密度等条件选择适宜的树形结构。桃树的树体结构简单，整形较为容易。目前，常用的丰产树形有三主枝自然开心形、两主枝开心形等，为适应密植栽植，有主干的纺锤形也开始大量应用于生产。

1. 三主枝自然开心形

该树形吸取了丛状形和杯状形的优点，克服了主枝易劈裂、结果平面化的缺点，三主枝错落着生，主枝间有一定间距，交错排列，主从分明，主枝直线延伸，成形快，枝、侧枝角度好，树势容易控制，基部光秃带少；结果枝均匀分布，负载量大；树冠大而不挤，内膛光照充足，光能利用率高，结果面积大，结果枝组寿命长，产量高，易丰产稳产，是目前桃树生产上最广泛应用的树形之一。

（1）**树体结构** 该树形由主干、主枝、侧枝、辅养枝、结果枝组等组成（图5-1）。通常主干高0.3～0.4米，三主枝在树干上错落着生，间距20厘米左右，基角50°～70°，第一主枝向北，第二主枝向西南，第三主枝向东南，切忌把第一主枝留在南面，以免严重影响整个树体的光照。每个主枝上培养2～3个侧枝，侧枝角度60°～80°，第一侧枝距主干50厘米左右，第二侧枝距第一侧枝40～50厘米，第三侧枝距第二侧50厘米左右。在主侧枝上均匀着生中、小型结果枝组。

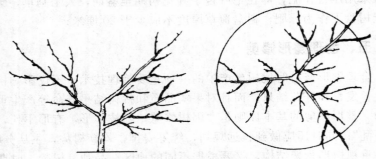

图5-1 三主枝自然开心形

（2）**整形方法** 萌芽前，对于定植的桃树，在距地面50～60厘米处剪截定干，剪口下 30 厘米是整形带，应选留方位较好的饱满芽培养为 3 个主枝。萌芽后抹除整形带以下的主干上的萌芽。整形带内的新梢长到 30 厘米左右时选三个长势相似、方向适宜的壮枝作主枝培养。第一主枝为 60°～70°，第二主枝为 55°～60°，第三主枝为 50°～55°，主枝角度小的进行拉枝开角。冬季在饱满芽处短截，剪口芽留背后芽。

按照树形要求，在各主枝的侧生部位于 1～3 年选留侧枝。同一级次的侧枝在不同的主枝上呈推磨式排列，即在各主枝距主干 50 厘米左右处的同一侧选留水平斜生的枝作为第一侧枝进行培养，次年在距第一侧枝对面距第一侧枝 40～50 厘米处选留第二侧枝，第 3 年在第二侧枝对面距第二侧枝 50 厘米左右处选留第三侧枝，侧枝开张角度约 60°～80°。冬季侧枝的剪留长度为主枝剪留长度的 2/3～3/4，剪口芽留背后芽。

对于主干上的其它枝一律作为辅养枝进行处理，可采用轻剪长放、拉枝、扭梢、撑枝等方法，缓和长势，增加结果部位，提早结果。

结果枝组的配备原则是结果枝组在骨干枝上的分布为两头稀中间密；前部以中小型结果枝组为主，中、后部以大、中型结果枝组为主；背上以小型结果枝组为主，背后和两侧以大、中型结果枝组为主，小型结果枝组插空安排，使枝组呈波浪式排列。此外，小型结果枝组之间应保持 20～30 厘米的间距，中型结果枝组之间应保持 30～40 厘米的间距，大型结果枝组之间保持 50～60 厘米的间距，以保证树冠有良好的通风透光条件。

2. 两主开心枝形

该树形树体结构简单，骨干枝少，整形容易，成形快，占用空间范围小，树冠开张，受光面积大，适于株间密、行间稀的宽行密植栽培模式，便于机械化操作，因其二主枝开心，故又称之为 Y 字形。此树形着生结果枝和结果枝组多，生长势均衡，树冠通风透光好，适宜山地、密植园及保护地栽培，是早果丰产的首选树形之一。

（1）树体结构　干高 20～30cm，主干上着生两个主枝，伸向行间，基角 50°～60°。每一主枝上着生两个侧枝或大型结果枝组。是着生侧枝或是大型结果枝组，应根据株距而定，株间距小时，主枝上不留侧枝，直接着生大型结果枝组。如着生侧枝，第一侧枝距主干 50 厘米左右，第二侧枝距第一侧枝 40～60 厘米，侧枝开张角度 60°～80°（图 5-2）。

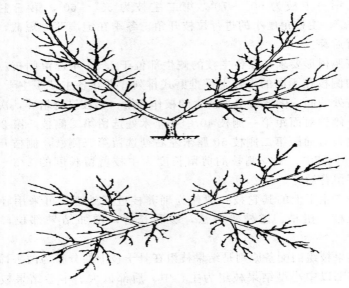

图 5-2 两主枝开心形

（2）整形方法

① 定干后培养主枝 在距地面 40～60 厘米处选留饱满芽定干，将剪口下 20 厘米左右的范围作为整形带。萌芽后选取左右错落、角度好的壮枝作为主枝进行培养，主枝长至 60 厘米时留背后芽摘心，促使抽生一次副梢，一次副梢长至 50～60 厘米时再次留背后芽摘心，促使抽生二次副梢以快速扩大树冠。冬季修剪时，对主枝延长枝选留背后饱满芽短截。根据树形要求，在主枝左右两侧分别选取方位、角度适宜的壮枝作为第一侧枝（或大型结果枝组）和第二侧枝（或大型结果枝组）进行培养。对选留的侧枝（或大型结果枝组）的延长枝，于冬季选留背后饱满芽短截。

② 利用副梢培养主枝 苗木定植后，在距地面 30 厘米处将苗木向行间拉弯呈 45°，并将其拉弯处的上部作为第一主枝进行培养。生长季，在弯处部位选择长势好的壮枝作为第二主枝进行培养，待其长

至80厘米时，将其拉向第一主枝的对面。两主枝选定后，及时调整主枝的生长量和开张角度，以均衡其生长势，然后培养侧枝。在主枝距地面0.8～1.0米的侧生部位选取壮枝培养为第一侧枝，在第一侧枝以上0.4～0.6米处选取壮枝培养为第二侧枝，不同主枝上的同级侧枝位于主枝的同一方向，同一主枝的不同侧枝应位于侧枝的左右，侧枝与主枝的夹角约为60°。

③ 芽苗摘心培养主枝　芽苗定植后，于萌芽前在接芽上方1厘米处略向接芽对面倾斜剪截，待接芽长至80厘米时，在距地面60厘米处摘心定干，促其萌发一次副梢，距离地面40～60厘米处选取左右错落着生、伸向行间的健壮副梢作主枝培养。

3. 主干形

主干形（图5-3）改变了传统的栽培模式和整形模式，具有成形快、结果早、产量高、品质好、修剪量小、管理方便、适于密植等优点，在桃树露地和设施栽培中广泛采用。主干形整形技术相对简单，整个植株只有一个中心枝为骨干枝，在中心干上直接着生中、小型结果枝组和结果枝。定植后2～3年即可达到定形高度。

（1）主干形的优点

① 成形快，结果早　在水肥条件好的地方，主干形桃树在栽植的当年即可达到预定的高度，形成足够的果枝，第2年开始结果，第3年达到丰产。

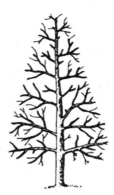

图 5-3　主干形

② 营养消耗少　传统树形有主干、主枝、侧枝甚至副侧枝等，这些枝干只起支撑作用，并不结果，且年年消耗营养，无效消耗大；主干形桃树只有主干，利用中、长果枝结果，树势生长健壮，减少了树体养分的消耗，从而更多的供应给花芽和果实。另外，树体受光充足，养分积累多，单位面积的产量较传统的开心形高。

③ 树形易控制　传统的树形骨干枝多，方位、长势不同，处理不当时易引起徒长，内膛光秃，结果部位不断外移，果实产量难以维持；主干形桃树体结构简单，在中心干上直接着生新梢和结果枝，结果后回缩，第2年再生新枝，连年如此，避免了结果枝外移，延长了

桃树的丰产年限。

④ 果实品质好 主干形桃树横向枝展小，树冠体积小，通风透光条件好，光能利用率高，树体的营养物质积累多，果实较传统树形大 10%～30%，产量增加 30% 左右。

⑤ 抗性强，病害少 主干形桃树的枝条人为更新快，与传统的开心形相比，枝条健壮，抗性强，病害少，病株率低。

(2) 树体结构 桃树主干形的树体结构相对简单，树冠小，骨干枝少、结果枝多。整个树体由主干、中心干、结果枝和更新枝组成。

① 主干 主干形桃树一般高度为 2.3～2.5 米，冠径 1.0～1.5 米。其主干是指从地面到着生第一个结果枝的部位，高度以 50～70 厘米之间为宜，主干过低影响下部通风透光，过高结果部位减少，不利于丰产。

② 中心干 指在树冠中主干的垂直向上的延伸部分。处于第一结果枝到顶端结果枝之间的部位，通常高度为 1.7 米左右，过高不利于操作管理，过低结果部位少，影响产量。

③ 结果枝组 是指骨干枝上分生出的由若干个结果枝组成的结果单位，起着制造营养和开花结果的重要作用。因此，合理培养、配置和更新复壮枝组是防止发生大小年和出现光秃现象、保证高产稳产优质的重要措施。根据枝量的多少、枝组占据空间的大小，通常将其分为小型枝组、中型枝组和大型枝组三种类型。小型枝组是指分枝数量在 2～5 个之间，直径在 30 厘米以内的枝组；中型枝组是指分枝数量在 6～15 个之间，直径在 30～60 厘米之间的枝组；大型枝组是指分枝数量在 16 个及其以上，直径在 60 厘米以上的枝组。

④ 结果枝 指在中心干上和结果枝组中着生的结果枝条，这些枝条应有自的生长空间，互不重叠，互不交叉，分枝角度以 80°～90° 之间为宜。

⑤ 更新枝 为了防止结果部位外移，避免出现光秃现象，保证连年高产稳产优质，对结果枝起到更新作用的枝条，在双枝更新中，通常将其剪留 2～3 个叶芽。为使其起到更新作用，更新枝的选留原则是"留后不留前、留里不留外，留壮不留弱"，并应将其生长势控制在中庸状态。

(3) 整形方法

① 第一年　主干形桃树定植后第一年的主要栽培任务是促进接芽萌发和中心干生长。栽培管理原则是供应充足的肥水，尽量促进中心干的延伸生长，对中心干延长枝不修剪，同时，促进副梢的发生，及时对副梢进行摘心。

副梢的区分与管理　地上部 40～50 厘米范围的副梢易于变弱，位置低，结实后易垂地而导致烂果的发生，因此，定植后即可疏除这些副梢；距地面 50 厘米以上的副梢，是未来果实产量的基础和保证，应做到勤摘心，及时形成结果枝。副梢摘心主要有三个作用：一是避免副梢生长过旺，影响上部副梢的发生和主干的延长；二是控制侧梢大小，促进副梢近中心干分枝；三是促进花芽形成，使第二年形成足够的产量。摘心应依据副梢的着生部位和长势区别对待。6 月份桃树生长旺盛，必须及时进行摘心，下部副梢一般要摘心 2～3 次，可形成 3～5 个一、二次副梢，个别会形成花芽，成为次年的结果枝。上部副梢抽生较晚，摘心次数应适当减少，副梢太弱或抽生太晚时可不摘心。摘心时副梢的长度与一次副梢的发生数量密切相关，实践表明，副梢长至 30 厘米时进行摘心，一次副梢的发生率最高，次年结果枝的数量最多。

摘心位置　应以副梢短截至基本 2 片叶处为宜，既保证了生长点（叶芽）离中心干近，又可形成紧凑、光照条件良好的树形。桃树一般不能从隐芽中长出新梢，生长结果位置应尽可能靠近中心干，侧枝过长时，需要回缩处理。5～6 片叶处芽较 2 片叶处充实，2 片叶处摘心可最大限度减少摘心次数。

摘心时期　应控制在 7 月份之前。7 月份以前摘心的副梢长出的副梢能正常形成花芽，7 月份以后摘心长出的副梢顶芽为叶芽，叶腋间多数没有叶芽和花芽。

② 第二年　经过一年的生长发育，虽然树高一般可达到 2 米左右，但仍未达到计划高度，因此，对于二年生桃树的管理重点仍然是培养树形，同时要适度结果，以抑制树势过旺生长，扰乱树形。但结果量过大会影响中心干的延伸和上部副梢（侧枝）的发生，故应控制结果量。树高达到 2 米以上时，标准结果量是 30 个/株左右；树势弱时结 20 个/株或不挂果，以培养树体。二年生桃树中心干上部尽量不留果，应全部疏蕾，对下部的侧枝也应适当疏蕾疏果。但不可过量疏

果，否则会加剧裂核现象的发生，引起后期落果。二年生时的桃树树形尚未完成培养，需保证足够叶片，疏果时的叶果比应控制在（60～70）∶1（采果时的叶果比要达到 120∶1），从而有利于树体的生长和果实的发育。同时，疏果的位置极为重要。应疏除中、长结果枝后部的花蕾或幼果，让前部结果，从而使果枝下垂，抑制其前部的生长，控制侧枝的长势，且促使中、长果枝从弯曲处抽生一个中果枝（其上形成的花芽下年结果），后部会长出几个短果枝。冬剪时从弯曲处短截，保证结果部位不远离中心干，次年再让这个中果枝结实。后部的短果枝疏蕾后又可抽出中、长枝，便于下年更新回缩，这样可保证近中心干结果，防止结果部位的外移。

二年生桃树应促进中心干的笔直延伸生长，其长度应超过计划高度 50 厘米左右。之后通过结果缓和树势，并采取逐渐落头的方式降低树高。如果直接将桃树控制在计划高度，主干顶部结果后，树高会有所降低，导致树体达不到足够的生长量。

二年生桃树随着中心干的延长生长，叶腋间会不断萌发新梢。对生长势强的新梢应采用摘心培养；生长势弱新梢可不摘心。为保证二次枝条的成花质量，摘心措施应在 7 月以前进行。只要夏季摘心彻底，就会减轻冬季的修剪量。但结果后的果枝应从后部弯曲处长出的中、长果枝的分权处剪截回缩，以避免侧枝枝龄过大，并保持近中心干结果。

三年生的主干形桃树开始大量结果形成一定的经济产量。定植第二年 10 月上旬应配合施用基肥施入一定的化肥，施肥标准是每千克果实施纯氮 5 克、五氧化二磷 2 克、氧化钾 87 克。为了避免一次性施肥量过大，也可分次施入，施用基肥时施入 1/2，萌芽期追施 1/4，果实膨大期追施 1/4。补充的追肥主要在树势弱时施用。

（二）合理修剪

合理修剪是桃树生产中的一项重要管理技术，也是防治病虫害的有力措施。幼龄期的桃树生长旺盛，发枝力强，新梢易徒长，副梢抽生次数多，花芽数量较少，花芽着生节位高，坐果率低。如不利用恰当的修剪控制旺枝生长、改善光照条件，就会出现上强下弱、外密内空、副梢着生部位高，导致结果少甚至不结果的现象，不能形成立体结果的丰产树形。修剪的任务是促进各级骨干枝的正常生长，迅速成形，并可平衡树势，调节营养生长和生殖生长的矛盾，保证树体通风透光，减少树体营养消耗，促使枝条组织充实，促进花芽形成和提高花芽质量，达到早结果、早丰产的栽培目的。修剪的方式、次数以及修剪量应根据树龄、品种、树势、季节等条件的不同进行适当调整。

修剪对幼龄桃树的生长、结果及果实品质起着非常重要的作用。根据桃树年生长发育期不同，桃树修剪主要在休眠期和生长季节进行。

1. 休眠期修剪

一般在秋季落叶后至春季萌芽前进行休眠期修剪。幼龄桃树的休眠期修剪以整形为主，根据树形的要求结合品种特性进行。幼龄桃树可适当迟剪，但尽量在春季前完成，适时修剪有利于桃树的生长，避免浪费树体的养分，从而保证桃树后期生长发育和结果量。对于幼龄桃树而言，休眠期修剪时应注意以下几个问题。

（1）修剪量宜小　幼龄桃树修剪应以适度轻剪长放为原则，主枝剪截长度随枝条生长势强弱而定。定植后，桃树的树势逐渐旺盛，短截用于扩大树冠的延长枝，适当疏除扰乱树形的直立旺枝，对其余枝条进行缓放以缓和长势。一般要求枝头的剪口直径在 1 厘米左右，若在枝头直径 2.5 厘米处剪截则会发生旺枝，主枝延伸过快，角度开张过小，营养分配不均，造成主枝下部严重秃裸。

（2）主枝的选留与修剪　主枝修剪应控制好选留量、角度、长度和留芽方向等。主枝选留过多，树冠内枝条密集，下部光照差，还会使树体上部生长点过多，形成顶端优势，造成下部枝组枯死而出现秃裸，因此，主枝选留不宜过多，留量多少应根据树形而定。主枝角度直立，极性强，下部枝易早衰光秃，因此，修剪时应利用背后芽、枝或副梢开张主枝角度，主枝开张角度一般以 60°～70°较为适宜。主枝剪留长度应根据其长势、延长枝的粗度和长度、品种特性和栽培管理条件等而确定，一般以粗长比（延长枝基部 15 厘米处的直径与剪留长度之比）为 1∶（20～30）较为适宜。

（3）侧枝修剪　侧枝修剪应考虑其位置、角度和方向，原则是侧枝应与主枝保持主从关系，以维持树势平衡。侧枝的剪留长度应短于主枝，一般为主枝长度的 2/3 左右。侧枝强弱不同，以及着生在主枝的位置不同，修剪的方法也不一样。侧枝与主枝竞争时，通常通过疏剪或重短截侧枝以保持主枝的优势。

（4）合理控制花量　疏除过密枝，枝条的适宜密度是同向枝条的枝距为 20 厘米左右。对留下的枝条，第一年修剪的原则是"有花缓、无花短"，即对有花芽的枝条缓放，对无花芽的枝条留 20～25 厘米短截。第二年以后，枝条基本都能形成花芽，修剪量应相对加大。长果枝一般剪留 2/3～1/2、中果枝留 2/3 短截，短果枝缓放。

（5）更新修剪　桃树的结果枝结果后容易衰弱，结果部位容易外移，需进行人为的及时更新修剪。目前，采用最多的更新方法有单枝更新（图 5-4）和双枝更新（图 5-5）。

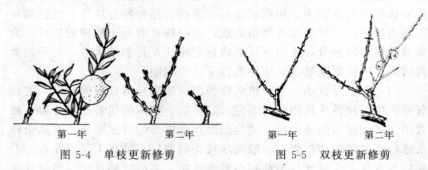

第一年　　　　第二年　　　　　　第一年　　　　第二年

图 5-4　单枝更新修剪　　　　　图 5-5　双枝更新修剪

① 对健壮的结果枝按照负载量的要求留一定长度短截，使其在结果的同时抽生新枝作为预备枝，冬季修剪时，选留靠近母枝基部发育充实的枝条作为结果枝，对其余枝条连同母枝部分一并剪除，对选留的结果枝仍按上述方法短截。这种更新方法适合于壮旺树。

② 双枝更新　其方法是对一个中、长结果枝按结果枝的剪留长度修剪，让其结果，对其相邻的下部的另一个枝条留 2～3 节叶芽短截，作为更新枝，使其在第二年抽生新枝，下一年冬季疏除结过果的枝，对更新枝抽生的新枝仍按双枝更新的方法修剪。单枝更新的中、长果枝，具有结果和更新双重功能，冬剪宜剪留 3～5 节。留花过多，枝条基部抽不出新枝，结果部位容易外移，造成秃裸。但在树体或枝条长势过旺时，果枝可适当长留，甚至缓放，以缓和树势。

（6）徒长枝修剪　幼龄桃树的徒长枝较多，生长旺盛且直立，其上抽生的副梢多，影响通风透光，扰乱树形。树冠内无空间生长的徒长枝应及早从基部剪除，以减少养分消耗；有空间的徒长枝，可改造培养成结果枝组。冬季修剪时留 15～20 厘米重短截，剪口处留 1～2 个饱满芽，次年对抽生的徒长枝摘心。角度、方位较好的徒长枝也可培养为主枝或侧枝，但应注意拉枝开角，缓和长势。

（7）灵活掌握修剪模式　密植园可少留主枝，不留侧枝，促使主枝上着生结果枝组，这样可以防止郁闭早衰。修剪时应掌握弱树早剪、强树晚剪的原则，确保树壮而不旺，健而不衰。

2. 生长期修剪

生长期修剪是指从春季开始萌芽至秋季开始落叶一段时间的修剪。生长期修剪能确保选留的主、侧枝正常生长，平衡树势，加速完成树形，并能及时控制直立枝和竞争枝的旺长，改善树体的通风透光条件，合理调配营养的供给，促使枝芽充实，提高花芽分化质量和树体的越冬能力，因此，生长期修剪是幼龄桃树管理中的极为重要的一项技术。正确的生长期修剪是对冬季修剪的重要补充，是幼龄桃树实现早成形、早结果、早丰产的关键措施。根据修剪时的季节不同和桃树物候期不同，可将生长期修剪分为春季修剪、夏季修剪和秋季修剪。通常包括春季除萌、抹芽和补剪，夏季拉枝、拿枝和扭梢，以及秋季疏枝等。

（1）春季修剪　是指萌芽后至花期前后的修剪。根据树形的不同，选留适当的新梢调整骨干的角度和延伸方向。萌芽后及时抹除主干上萌生的无用芽、延长枝剪口处的竞争芽、枝条上的背上芽、疏枝口处萌发的隐芽以及伤口处的丛生芽。对于复叶芽，抹芽的原则是双芽者抹弱留强，3 芽者抹两边留中间。抹芽应选择适宜的时间，过早，分辨不出新梢的优劣；过迟，新梢已木质化，抹芽后伤口易大量流胶。通过抹芽可以减少无用的新梢，改善树冠的光照条件，使留下的枝条发育充实，大大减少其它季节的修剪工作量和因剪枝造成的伤口。对于冬剪轻而留枝多的植株，春季开花后及时补剪，疏除过多的花果和过密枝，还可有效改善光照，减少养分消耗，提高坐果率。

（2）夏季修剪　是指谢花后至新梢停止生长时一段时间的修剪，主要任务是开张角度，调整生长与结果的关系，控制新梢过旺生长，改善树冠内的通风透光条件，提高果实品质。常用的方法有摘心、剪梢、拉枝、拿枝、拧梢等。

①拉枝　拉枝是缓和树势、提早结果的关键措施。5 月下旬～6

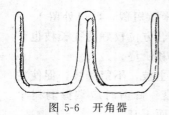

图 5-6　开角器

月下旬对树性直立、主枝角度小、树形混乱的树，用拉、吊等方法开张角度。幼龄桃树的枝条类型不同，要求开张的角度也不一样，通常骨干枝的角度依据树形结构要求而定，桃树三主枝开心形的主枝以 $60°\sim70°$ 为宜，侧枝以 $60°\sim80°$ 为宜，以促使骨干枝开张，平衡主、侧枝前后和各部位的长势。为防拉绳陷入皮层，应先在枝上垫上一层自行车旧轮胎皮或纸板，并且拉绳绑扎时应留有空隙。枝条定形后应及时解除绳子。为了减少拉枝的工作量，有些枝可用开角器开张角度（图 5-6）。

② 疏梢和摘心　及时疏除影响骨干枝生长及光照的过密梢、徒长梢、各级延长枝的竞争梢，防止树冠郁闭。对于有空间的徒长枝，可在其长至 15～20 厘米时留 5～6 节摘心，促发二次枝，或徒长枝发生副梢时，在其下部留 1～2 个副梢剪梢，使其形成良好的结果枝组。对角度小的延长梢，在长到 50 厘米时留背后芽或副梢摘心，以开张枝梢的角度。7 月份对未停长的新梢进行摘心，以充实枝芽，提高其越冬能力。对过旺的主枝延长梢，可通过摘心促使各主枝间的平衡。夏季疏枝不可过量，否则会刺激营养生长，难以成花。

③ 拧梢　对于有生长空间的旺长直立新梢，在其长至 30 厘米左右（半木质化）时，用手捏住新梢基部，拧动后推向斜生，以控制其生长势，增加养分积累和促进花芽形成。延长枝上的竞争枝、骨干枝上的背上枝、伤口处的旺长枝等均可采用拧梢处理。据河南科技学院园艺园林学院在京红、燕红等桃树上应用结果表明，拧梢可有效控制直立新梢的旺长，明显改善树体的通风透光条件，有利于花芽分化，花芽分化节位低、数量多、质量高。

④ 利用副梢整形　在骨干枝角度较小的情况下，可利用已抽生的背后副梢或逼使抽生的背后调节骨干枝角度。其方法是选用方向和角度适宜的副梢作为骨干枝的延长枝，剪除副梢的主梢头。对于副梢下部的竞争副梢，可通过拧梢控制长势或进行摘心培养成结果枝组，保证代替原头副梢的长势。

（3）秋季修剪　是指从新梢停止生长至落叶前一段时间的修剪。此时，大部分长果枝及副梢已停止生长，对尚未停止生长的主梢和副梢进行摘心，疏除徒长枝、背上枝、密集枝等无利用价值的枝梢，以节约养分，改善通风透光条件，增加树体营养积累，充实枝芽，促进树冠内形成优质花芽，提高枝梢的越冬能力，减轻冬季修剪的工作量。

六、适期控长，促进生殖生长

桃树是喜光速生树种，生命周期短，尤其是经济结果年限较短，密植可提高单产，矮化又是密植的前提，但对桃树来说，由于种种原因尚无良好的矮化砧在生产上推广应用，并且桃树易流胶，不宜采用环剥、环割来控制其生长。此外，桃树当年旺梢的侧生叶芽具有早熟性，随着主梢的快速生长，侧生叶芽随之萌发为二次梢，并且依次形成三次梢、四次梢等。新梢生长的动态及其生长期长短与其生长势密切相关，生长势强的新梢生长期长、生长量大，一个生长季节出现2～4次生长高峰，新梢长度可达1米以上。二次梢、三次梢修剪不当造成树冠早期郁闭，花芽形成少，影响早期产量。夏季修剪工作量大，仅靠人工整形修剪，不仅劳动强度大，而且大量疏除枝条，易造成树体营养失衡，削弱树势。利用植物生长调节剂可有效控制桃树的生长势，达到矮化密植栽培的要求，实现桃幼树早果、优质、丰产的栽培目标，并可节省大量的人力、物力和财力。

多效唑等植物生长延缓剂，在桃树枝梢管理中使用具有明显的控长促花作用。多效唑可有效地抑制植物内源赤霉素的生物合成，显著降低植物体内的生长素含量，从而对桃树的营养生长产生显著的抑制作用。使用多效唑后，植株表现为新梢的生长和副梢的形成明显受到抑制；叶片变小、变厚，叶片总面积、干鲜重减少，叶片的单位面积重量增加、光合效能明显提高，营养物质积累多；花芽形成数量多、质量高，幼树进入结果期早；抑制果柄伸长、增加果柄粗度，降低果形指数。李忠明等在黄桃上的研究结果表明，施用多效唑对抑制枝梢旺长、平抑梢果矛盾、增加叶片光合功能、促进花芽分化、增加单果重、增加果实可溶性固形物含量、促进成熟等方面具有增进作用。

（一）适宜时期

营养生长与生殖生长之间的矛盾贯穿于桃树生长发育的全过程。生命周期中，营养生长是基础，生殖生长是目的，幼树良好的营养生长是开花结果的基础，但旺盛的营养生长可抑制幼树的生殖生长，因此，协调营养生长与生殖生长之间的矛盾是幼龄桃树早结果丰产的重要技术措施。当营养生长达到一定程度时应及时促进植株由营养生长向生殖生长的转化，以保证桃树尽早形成产量，达到早结果、早丰产的栽培目的。生产中增强生长势的因素均可促进新梢生长，延长其生长期，加大生长量，反之则降低新梢生长量，促进生殖生长。

桃树的花芽分化可分为四个阶段，即生理分化期、形态分化期、休眠期和性细胞成熟期。其中生理分化期是指从新梢停止生长到花芽开始形成的整个过程。在此过程中，此时的芽原基处于可塑状态，根据条件变化可以转化为花芽，也可转化为叶芽。随着节位的不断增长，芽原基开启生理转化的进程。此过程中合理使用生长调节剂，可使枝条停止生长，增加营养积累，促进花芽分化。

（二）方法

1. 多效唑处理

喷施多效唑是桃树早期丰产栽培的有效技术措施，喷施时期、次数及施用方法不同，对桃树枝条的抑制作用也明显不同。生产中，多效唑常用于桃树控冠，只适用于旺长的幼树和适龄不结果树，初定植树、盛果期壮树、弱树及衰老期树不宜使用。直立旺长的低产品种或树冠大小基本达到要求的早熟品种等，施用多效唑的效果较好；丰产、角度开张的中晚熟品种以不施为宜。龙桂友等研究认为，幼龄桃树土施多效唑后"呆滞期"（从施药至新梢生长受到抑制所需时间）因施药时期不同而有变化，5月10日施用较4月18日施用缩短了2~5天。边卫东等研究结果表明，叶面喷施多效唑的药剂吸收利用率低，"呆滞期"短（约15天），抑制新梢生长的持效期也短（1~2个月）；土施多效唑则表现药剂吸收利用率高，"呆滞期"长（25~30天），抑制新梢生长的持效期长达一年。因此，选择适宜的时期和适当的施用方法，对多效唑在幼龄桃树上有效发挥其生理生化作用至关重要。多效唑的施用方法主要包括土壤施入、叶面喷施和树干涂环法等。

（1）土施法　生产中，通常在春季、秋季、谢花后进行土壤施用多效唑。春季施用宜在新梢萌发时进行，或在新梢长至30~50厘米时，即5月末至6月初进行，对控制新梢生长及促进当年花芽分化质量等具有明显作用。6月末以后和秋季施用主要对次年的新梢生长起抑制作用。适宜的施用剂量为15%多效唑粉剂1～1.5克/米² 树冠正投影，施用方法是将多效唑与适量的清水相混合配制成溶液，在树冠投影外缘挖宽、深各20～30厘米的环状沟（以见到吸收根为度），将药液均匀洒入沟内封土，施用越早作用效果越强。土施法吸收利用率高，抑制效应的持效期长，一般可维持2～3年的药效，但以施后的第二年抑制作用最大。若第二年秋季再次施用，其用量应为上一年用量的一半。

（2）叶面喷施法　叶面喷施多效唑多选择在桃树生长季节进行。将15%的多效唑粉剂与清水相混合配制成溶液，用喷雾器喷布到叶片上。对北方品种群和黄肉桃品种施用浓度为150～200倍液，南方品种群的施用浓度为200～300倍液，一般一年需喷施2～3次，间隔时间为1个月。要求对叶面均匀喷布，以喷至叶片上形成药液滴但又不掉下为好。叶面喷施表现持效期短，吸收利用率低，但吸收利用快，药效发挥作用也快，一般喷施5～10天后即可表现出效果。如果喷施一次后不再施用多效唑，植株往往现象"补偿生长"的现象，即多效唑抑制生长的效应结束后，植株生长速度快于未施用多效唑的植株。

（3）树干涂环法　按多效唑∶平平加∶水为1∶1∶10的比例配制制药液，在树干光滑部位或将树干上的老皮刮除10～15厘米宽后，用毛刷将药液环状涂在树干上，涂后用宽胶带或塑料膜将药环处包扎（平平加在植物上多作为渗透剂）。此法的药效可维持1年左右。

多效唑是一种激素类植物生长调节剂，使用时应严格按照说明书的要求配制溶液。栽植密度不同，确定施用的树龄时期也不同，生产中常在树体已成形、株间枝条将要交接时开始施用，使用过早会使幼龄树体生长量减小，不能及早成形，树冠体积小，从而降低单位面积产量。品种不同、立地条件不同、植株的生长势不同，多效唑的使用浓度也不可相同，树势强、发枝量大和立地条件好的使用浓度应高，反之就应低。如果浓度过高，树势极度衰弱，容易形成小老树，缩短树体寿命。此外，多效唑虽能抑制枝梢生长、促进花芽分化，但毕竟只是一种调控手段，要获得丰产优质，必须前期做好土、肥、水管理及病虫害防治工作。桃树施用多效唑后，花量增多，冬季修剪时应适当重短截，疏除过密、过弱的果枝，并于翌年花期至幼果期作好疏花疏果工作，以免结果过多而影响品质。

2. PBO 促控剂处理

PBO 含有细胞分裂素 BA、生长素衍生物 ORE、增糖着色剂、早熟剂、延缓剂及多种微量元素等成分，能有效增加桃树成花量，提高坐果率，防止裂果，提高果实品质。桃树使用 PBO 应在树势较强壮和土壤条件较好、肥水充足的情况下，才能充分发挥其较高的效能。桃树每年喷施 PBO 100 倍液，15 天后再喷施 1 次，控梢保花效果明显。黎洪涛等通过在一年生甜油桃上喷施两次 PBO 促控剂 $100\sim150$ 倍液，发现其控长促花效果极显著。汪景彦等通过 5 年的实验结果表明，PBO 处理明显提高了结果枝与发育枝的比例，致使新梢短粗，节间变短，控梢效果显著，成花量增多。

生产实践表明，PBO 与化肥及其他营养肥料混合使用效果更好，使用 PBO 后坐果率提高，必须疏果控制产量，保持一定的叶果比，以满足果实发育所需的营养供应。土施 PBO 的残效期约一年，一般第一年土施后，第二年要改用喷施。广大栽培者在使用 PBO 时，应根据气候、品种、树势不同因地制宜，合理使用。

3. 矮壮素

生产实践表明，7 月份前，使用 69.3％的矮壮素 $2000\sim3000$ 倍液或 $200\sim350$ 毫克/升水溶液喷布新梢 $1\sim3$ 次，能有效抑制桃树新梢伸长，促进叶片成熟及花芽分化。

七、严防病虫为害

及时、合理进行桃树病虫害防治，是确保桃幼树早结果早丰产的重要环节和保障。在桃树病虫害的防治中，采用一种方法难以达到经济、安全、有效的综合防治效果。防治工作应从桃园的整个生态系统出发，遵循"预防为主，综合防治"的指导思想和方针，了解和掌握病、虫的发生规律，加强病、虫的预测和预报，综合运用各种防治措施，以农业防治为基础，选用抗性较强的优良品种，改善果园生态环境，加强栽培管理，保护和利用病、虫害的天敌，优先选用农业、物理防治措施和生态调控措施，同时结合适当的化学防治手段控制桃园的病虫害，从而保证桃园农业生态系统的平衡和生物多样化，达到无公害、绿色果品的标准，实现鲜桃产业的可持续发展。

（一）病害防治

桃树的主要病害有桃缩叶病、细菌性穿孔病、桃褐腐病、桃根癌病、桃炭疽病、桃疣皮病等侵染性病害，以及缺钾症、缺铁症、缺锌症和果实缺钙症等非侵染性的生理病害。

1. 桃缩叶病

（1）发病特点 桃缩叶病是一种世界性病害，在我国南、北方桃产区均有发生，尤其以湖南、湖北、江苏和浙江等南方省份发生严重，内陆干旱地区发生较轻。该病害流行年份引起春梢叶片大量早落，削弱树势，不仅影响当年产量，还会对第二年的产量造成不良影响，严重时甚至导致植株过早衰亡。

（2）病症 该病主要危害叶片，发病严重时也可危害花、幼果和嫩梢等器官。春季嫩叶刚抽出时即表现为卷曲状，颜色发红；展叶后皱缩程度加重，叶面凹凸不平，受侵染部位的叶肉增厚变脆，呈红褐色。春末夏初时，感病部位表面长出一层银灰色粉末状物，即病原菌的子囊层。最后病叶变褐，枯焦脱落。新梢受害时呈灰绿色，节间缩短，略肿，叶片丛生，严重时导致新梢枯死。花瓣受害后肥大变长。果实受害后畸形发育，果面龟裂，易早落。

（3）病原菌 其病原菌为畸形外囊菌 [*Taphrina deformans* (Berk.) Tul]，属子囊菌亚门。

（4）发病规律 桃缩叶病菌以子囊孢子或芽孢子在桃芽鳞片上或潜入鳞片缝内越冬。次年春季桃树萌芽时，越冬孢子也萌发长出芽管侵染嫩芽幼叶引起发病。初侵染发病后产生新的子囊孢子和芽孢子，通过风雨传播到桃芽鳞片上并潜伏在内进行越冬，当年一般不发生再侵染。桃缩叶病的发生与春季桃树萌芽展叶期的天气有密切关系，低温、多雨潮湿的天气延续时间长，不但有利于越冬孢子的萌发，而且还延长了桃树萌芽展叶的时间，即延长了侵染时期，因而发病就重；若早春温暖干旱，发病就轻。一般早熟品种较中、晚熟和极晚熟品种发病重。

（5）防治措施

① 农业措施防治 当初见病叶而尚未出现银灰色粉状物前摘除烧毁，可减少来年的越冬菌量。对发病树应加强管理，追施肥料，使

树势得到恢复，增强抗性。

② 药剂防治　桃树缩叶病通常只在早春季节侵染一次，因此，在关键时机喷药一次便可收到很好的防治效果。喷药时间应掌握在桃树花芽露红而未展开前喷 1 次 1～1.5 波美度的石硫合剂或 1% 的波尔多液，就能控制初侵染的发生。

2. 桃疮痂病

（1）发病特点　桃疮痂病又名黑星病，主要为害果实，也能为害叶片和枝梢。该病流行年份严重影响桃的品质和产量，甚至导致桃树营养生长衰弱，树势下降。

（2）病症　果实发病多在果实肩部，早期出现暗褐色圆形小点，后期呈现黑色痣状斑点，直径约 2～3 毫米，发病严重时病斑相连成片，随着果实的发育，病斑龟裂，呈疮痂状。果梗受害后导致果实脱落。新梢受害后，病斑为褐色，稍隆起，病部有小黑点。叶片发病部位主要为叶片背面，病斑近圆形，初为暗绿色，发生严重时，病斑干枯脱落而形成穿孔，甚至引起落叶。

（3）病原菌　其病原菌为嗜果枝孢菌 ［*Fusicladium carpophilum*］，属半知菌亚门，枝孢属真菌。

（4）发病规律　病菌以菌丝体在发病的枝梢表皮中越冬，成为次年的初侵染源。多雨或潮湿的环境有利于分生孢子的传播，地势低洼和枝条郁闭的桃园发病率较高。该病原菌在果实中的潜育期（病菌侵入后至表现出病害症状的时期）为 30～60 天，在新梢及叶片上的潜育期为 30～40 天。在果实上产生的分生孢子具有再侵染能力，造成晚熟品种的再侵染。一般 6 月份出现危害症状，7～8 月份为发病盛期。早熟品种一般不发病或发病较轻，中晚熟品种发病较重。

（5）防治措施　桃疮痂病有初侵染早、潜育期长、发病晚的特点，生产中应采取预防为主的综合防治措施。

① 农业防治　雨后及时排水；合理修剪，防止枝叶过密，做到通风透光。冬季修剪结束后，彻底清扫果园内的病枝、残枝、落叶、僵果和地面落果，集中烧毁或深埋，以减少初侵染源。

② 药剂防治　在桃树冬季修剪结束后，全园喷一次 45% 晶体石硫合剂 40～50 倍液。春季在孢子传播侵染高峰到来之前两天内喷药，可以收到较好的防治效果；落花后半个月至 6 月间进行喷药，一般间

隔 10～15 天喷一次药。生产上可使用 45％的晶体石硫合剂、75％的百菌清、3％的克菌康可湿性粉剂 600 倍液、70％甲基托布津可湿性粉剂 800 倍液和 70％代森锰锌进行防治。

③ 果实套袋 在疏果、定果后，采用果实套袋。在 6 月上旬前成熟的品种可不套袋，6 月中旬及以后成熟的品种需进行套袋。套袋前 2～3 天全园喷杀菌杀虫剂，药剂可用 10％世高水分散颗粒剂 2000～2500 倍液＋10％吡虫啉可湿性粉剂 3000～4000 倍液＋9.5％螨即死乳油 2000～3000 倍液。

3. 桃细菌性穿孔病

（1）发病特点 桃细菌性穿孔病是桃树上常见的叶部病害，常造成桃叶穿孔早落，危害严重时造成果实龟裂，对桃树的高产优质影响很大。

（2）病症 该病主要侵染叶片，也可为害新梢和果实。叶片发病初期出现水渍状小斑点，扩大后为近圆形褐色病斑，边缘有黄绿色晕环，病斑逐渐干枯、脱落，形成穿孔，严重时造成落叶。新梢受害后，初为水渍状暗褐色小点，后扩大至 1～10 厘米，表面有黄色黏性物溢出，后发展成暗色凹陷病斑，逐渐龟裂，严重时造成新梢枯死。果实受害后，呈现暗褐色病斑，稍凹陷，天气潮湿时，病斑出现黄色黏性物；干燥时病斑及其周围常发生小裂纹，严重时发生不规则大裂纹，裂纹处容易被其他病菌侵染，造成果实腐烂。

（3）病原菌 该病原菌为黄单孢杆菌 [*Xanthomomas campestris pv. pruni*]，属甘蓝黑腐黄单孢菌桃穿孔致病型细菌。

（4）发病规律 该病原细菌在病枝等组织内越冬，翌春随气温上升，潜伏的细菌开始活动，借风雨、露滴及昆虫传播，从叶片的气孔、枝条和果实的皮孔侵入。该病通常在 5 月间出现。温度适宜，露水多，有利于病菌的繁殖与侵染。一般年份在春、秋雨季病情发展较快，夏季干旱月份发展缓慢。树势衰弱，果园通风及排水不良以及偏施氮肥等发病均较重。早熟品种发病轻，晚熟品种发病重。

（5）防治措施

① 农业防治 选用优良抗病品种，加强桃园综合管理，增施有机肥料，增强树势，提高其抗病能力。果园宜建在地势高或地下水位低的区域，土壤黏重和雨水较多时，注意果园排水。合理整形修剪，

改善果园通风透光条件；结合冬季修剪，及时剪除病、死枝，清扫枯枝落叶，集中烧毁或深埋，消灭越冬菌源。避免与核果类果树混栽，杏、李等核果类果树对细菌性穿孔病的感病性很强，往往成为果园内的发病中心，而传染给桃树。因此，桃园的附近应避免栽植杏、李等果树。

② 药剂防治　展叶后至发病前喷施 65％的代森锌可湿性粉剂 500 倍液 1～2 次，或 20％的噻枯唑可湿性粉剂 800 倍液。发病期间喷施 10％农用链霉素可湿性粉剂 500～1000 倍液，连续喷药 2～3 次，相邻两次的间隔期为 10～15 天。

4. 桃根头癌肿病

（1）发病特点　该病病瘤发生于桃树的根、根颈和树干等部位，嫁接处较为常见，其中以从根颈长出的大根最为典型，有时也发生于整个根系，受害处产生大小不等、形状不同的肿瘤。

（2）病症　初生病瘤为灰色或略带肉色，质软、光滑，之后逐渐变硬呈木质化，表面不规则，粗糙，后期呈现龟裂。病瘤的内部组织紊乱，初为白色，质地坚硬，但有时后期呈瘤朽状。根癌病主要造成桃树树势削弱，产量减少，早衰，严重时引起整株死亡。

（3）病原菌　该病原菌为 [*Agrobacterium tumefaciens*（Smith et Towns）Conn]，为根癌农杆菌属细菌。

（4）发病规律　该病原细菌主要在根瘤组织的皮层内越冬或癌瘤破裂脱皮时进入土壤中越冬，在土壤中可存活数月至 1 年多。该病菌可侵染未受损伤的根系，通常在根皮孔处形成小瘤，但肉眼难以观察到，因此，带病苗木是最主要的长距离传播方式。短距离传播则通过雨水、灌水、移土等途径传播，同时，地下害虫如蛴螬、蝼蛄、线虫等也有一定的传播作用。该病原菌遇到根系的伤口，如虫伤、机械损伤、嫁接口等，侵入皮层组织，开始繁殖，并刺激伤口附近细胞分裂，形成癌瘤。碱性土壤有利于发病；土壤黏重、排水不良的果园发病较多；枝接苗木的发病率较高，芽接苗木的发病率较低；嫁接口在土面以下有利于发病，在土面以上发病较轻。

（5）防治措施

① 农业防治　避免重茬，不使用老桃园、老苗圃以及有根瘤发生的土壤育苗；加强检疫工作，苗木定植前应对根部进行仔细检查，

及时发现、销毁病苗；改良土壤，适当施用酸性肥料或增施有机肥和绿肥等，改变土壤理化性质，使其不利于发病；采用芽接的嫁接方法，避免伤口接触土壤，减少传染机会。

② 药剂防治 栽植前，每平方米施用硫磺粉 50～100 克或漂白粉 100～150 克，或喷布 5% 的福尔马林 60 克。及时防治地下害虫，以降低发病率；5% 次氯酸钠浸泡桃的实生砧木种子 5 分钟，然后用新沙子进行层积处理后再播种育苗。栽植前用 0.3%～0.4% 硫酸铜水溶液浸泡苗木根系 1 小时，或用 1% 水溶液硫酸铜浸根 5 分钟，然后用清水冲洗干净，或用 3～5 波美度的石硫合剂进行全株喷药消毒，或用抗癌菌剂 K84 的 5 倍混合液浸根，防治效果可达 90% 以上。

③ 综合防治 发现定植后的苗木上有根瘤时，应用快刀彻底切除或刮除病瘤，再用 100 倍的硫酸铜水溶液涂抹消毒，消毒后用 1：2：100 倍波尔多液保护或用抗癌菌剂 K84 的 5 倍混合液涂抹，然后再用 100 倍硫酸铜溶液浇灌土壤。

5. 桃白粉病

（1）发病特点 桃树白粉病是最耐干旱的真菌病害，是桃树主要病害之一，桃树白粉病一般发生在高温和干旱的地区，主要为害桃树的叶片。

（2）病症 该病主要为害桃树的叶片、新梢和果实。叶片感病时出现白色粉斑，甚至整个叶片覆盖一层白色粉末，叶面和叶背皆有发生，严重时叶背白色病斑扩大，相互连合，直至叶片背面覆满白粉层，叶面出现褐色枯斑并开始脱落。果实以幼果较易感病，圆形病斑，被覆密集白粉状物，果形不正，常呈歪斜状。

（3）病原菌 该病原菌为病原菌为三指叉丝单囊壳菌（Podosphaera tridactyta）和桃单壳丝菌（Sphaerotheca pannosa）。

（4）发病规律 该病原菌以寄生状态潜伏于寄主组织或芽内越冬，子囊壳或菌丝是白粉病越冬的重要形态，第二年早春季节寄主发芽至展叶期，以分生孢子和子囊孢子随风传播形成初侵染，且分生孢子能依靠寄主不断自我繁殖，形成重复侵染。桃白粉病前期为粉状物，后期为小黑粒（闭囊壳）。该病害在一般年份以幼苗发病较多、为害较重，大树发病较少、为害较轻；桃树在温暖、潮湿、偏施氮肥、修剪不当的情况下更易发生白粉病。

(5) 防治措施

① 农业防治　加强田间管理：合理密植，控制浇水，疏除过密枝及病枝，避免偏施氮肥，使树冠通风透光；落叶后，结合冬季修剪彻底清除果园内的落叶，集中烧毁或深埋，发病初期及时摘除病果、病叶，深埋处理。

② 药剂防治　在苗圃内，当实生苗长至 4 片真叶时开始喷施石硫合剂，每 15～20 天一次能起到较好的防治效果。芽膨大前期喷施石硫合剂，消灭越冬病源；展叶后，发病初期及时喷施 50% 的三唑酮硫悬浮剂 1000～1500 倍液，或 70% 的托布津可湿粉剂 800 倍液，或 45% 的晶体石硫合剂 300 倍液，或 40% 的多硫悬浮剂 600 倍液，或 40% 的三唑酮多菌灵可湿粉剂 800～1000 倍液，连喷 2～3 次，相邻两次的间隔期为 10～15 天。

6. 桃流胶病

(1) 发病特点　桃流胶病是一种主要危害枝干的病害，该病在各桃产区均有发生，一般在南方高温多湿的地区发生较为普遍，北方桃产区发生较轻。该病的发生可导致桃树的树势衰弱，果实产量和品质下降，严重时枝干枯死，甚至整株死亡。

(2) 病症　桃流胶病包括非侵染性流胶病和侵染性流胶病。

① 非侵染性流胶病　主要发生于主干和大枝，严重时小枝也可发病。发病初期病部稍肿胀，后期分泌半透明的树胶，与空气接触后逐渐变为褐色，干燥后为红褐色至茶褐色的硬质胶块。随着流胶量的增加，发病部位的皮层及木质部逐渐变褐、腐朽。发病后期树势衰弱，枝条干枯甚至整株死亡。

② 侵染性流胶病　幼龄桃树流胶常见于主干，而成年桃树主干、主枝及侧枝均可发生，严重时果实表面和果核也有流胶发生。新梢感病后常出现以皮孔为中心的瘤状突起，其上散生针尖大小黑色粒点，即为分生孢子器。翌年 5 月瘤状突起开裂，流出褐色透明胶质，逐渐堆积后形成茶褐色硬质胶块。多年生枝干受害后，产生水泡状隆起，病部可渗出褐色胶液，严重者病部反复流胶，导致枝干形成溃疡，甚至枯死。

(3) 病原菌　桃流胶病的发病原因有两种：一种是非侵染性的病原，如机械损伤、病虫害伤、霜害、冻害等伤口引起的流胶或管理粗放、修剪过重、结果过多、施肥不当、土壤黏重等引起的树体生理失调发生的流胶。另一种是侵染性的病原，由葡萄座腔菌［*Botryosphaeria dothidea*］引起。

（4）发病规律　诱发此病的因素比较复杂，病虫侵害，霜、冰雹害，水分过多或不足，施肥不当，修剪过度，栽植过深，土壤黏重板结，土壤酸性太重等，都能引起桃树流胶病的发生。通常在 4～10 月间发病，气温 15℃以上开始发生，25℃左右的中温雨后湿度大时有可能暴发，气温 15℃以下的冬季干燥时期，病害很少发生。流胶的病理过程主要发生在幼嫩的木质部分。

（5）防治措施

① 农业防治　加强栽培管理，多施有机肥，适量增施磷、钾肥，中后期控制氮肥；合理修剪，合理负载，协调生长与结果的矛盾，保持稳定的树势；雨季做好排水，降低桃园湿度。适时夏剪，改善透风透光条件，提高桃树的抗病能力；及早防治桃树上的介壳虫、蚜虫、天牛等害虫，减少病虫伤口和机械伤口。

② 药剂防治　3 月下旬至 4 月中旬是侵染性流胶病弹出分生孢子的时期，可结合防治其他病害，喷布 1500 倍液的甲基托布津或 1000 倍液的多效灵等进行预防。5 月上旬至 6 月上旬、8 月上旬至 9 月上旬为侵染性流胶病的两个发病高峰期，在每次高峰期前夕，每隔 7～10 天喷 1 次 50％的多菌灵可湿性粉剂 800 倍液或 50％的异菌脲可湿性粉剂 1500 倍液或 50％的腐霉利可湿性粉剂 2000 倍液等，交替连喷 2～3 次，将病害消灭在萌芽状态，根据病情尽量减少喷药次数。

③ 综合防治　结合冬季修剪，对果园进行清理消毒，刮除流胶硬块及其下部的腐烂皮层及木质，集中起来烧毁，然后喷 5 波美度的石硫合剂消毒，再进行树干、大枝涂白，消灭越冬菌源、虫卵。

7. 桃炭疽菌

（1）发病特点　桃炭疽病近几年来严重危害桃树，发病后引起大量的落叶、落花、落果，严重时全株死亡，直接影响产量和果实品质。

（2）病症　炭疽病主要危害果实，也能侵害叶片和新梢。受害初期幼果果面呈淡褐色水渍状斑，以后随果实膨大病斑也扩大，呈圆形或椭圆形，红褐色。气候潮湿时在病斑上长出橘红色小粒点（病原分生孢子盘）。被害果实除少数干缩残于留枝梢外，绝大多数引起脱落。新梢被害后，出现长椭圆形的暗褐色病斑，稍凹陷，表面也可长出粉红色小粒点。病斑绕枝一周后，枝条枯死。叶片以嫩叶发病较多，常以主脉为轴心向正面卷成管状，萎蔫下垂。

（3）病原菌　该病原菌为半知菌亚门真菌〔*Gloeosporium laeticolor* Berk.〕。

（4）发病规律　病菌主要以菌丝体在病梢组织内越冬，也可以在树上的僵果中越冬。第二年早春气温回升，湿度适宜，即形成分生孢子，借风雨或昆虫传播，侵害幼果及新梢，引起初次侵染。以后于新生的病斑上产生孢子，引起再次侵染。雨水是该病原菌传播的主要媒介，昆虫对其传播也起重要作用。因此，幼果发育阶段，遇高温雷雨天气时，往往1～2天后即可暴发，出现一批炭疽病果，严重时可导致70%以上的幼果受害。果实成熟期间，露水大、温湿度高、通风透气不良，或树势弱、栽植密度高的桃园，桃炭疽病发生较为严重。

（5）防治措施

① 农业防治　选用抗病品种，发病严重的区域可选用天津水蜜桃、脆蜜桃、新中川岛等抗病较强的品种栽培。冬季或早春做好果园清理工作，剪除病死枝梢和残留在枝条上的僵果；并清除地面落果。花期前后，注意及时剪除陆续枯死的枝条，集中烧毁或深埋，这对防止炭疽病的蔓延有重要意义。加强栽培管理，搞好开沟排水工作，防止雨后积水，疏除过密枝梢，改善果园通风透光条件，降低园内湿度；并适当增施磷、钾肥，促使桃树生长健壮，提高抗病力；并注意防治害虫，避免昆虫传病。

② 药剂防治　芽萌动前喷洒1∶1∶100的波尔多液或3～4波美度石硫合剂；花前喷布70%的甲基托布津可湿性粉剂800～1000倍液，或50%的多菌灵可湿性粉剂600～800倍液，或50%的克菌丹可湿性粉剂400～500倍液，每隔10～15天喷洒1次，连喷3次。药剂最好交替使用。

③果实套袋　套袋时间以在5月上旬之前结束为宜。套袋前应先摘除病果，喷一次杀菌剂，然后进行套袋。

8. 冻害

桃树在休眠期或生长期，如遭遇0℃以下的低温即可导致细胞组织受到伤害。桃树的冻害属于生理病害。近年来，由于气候异常，极端天气频发，在一些地区桃树冻害经常发生，给部分果农造成很大的经济损失。

（1）发生的原因

① 秋冬季降温过早过快　秋冬季节的低温锻炼可以逐渐增强树体的抗寒性，从而保证桃树安全越冬。降温过早会影响桃树的正常低温锻炼，降低树体的抗寒性，往往会造成严重的枝干冻伤，甚至造成整株死亡。植株受冻后，全株从上到下依次加重，受冻组织的主要特征表现为形成层和韧皮部变黑。

② 冬季绝对温度过低、持续时间过长　冬季绝对低温会使细胞间隙的水结冰，压迫细胞壁，使细胞损坏而引起冻害发生；低温持续时间过长时，日温差较大，冻融交替严重，树体背阴面、主枝和枝条上出现"冰挂"，容易致使部分树体遭受冻害。此期冻害的主要特征是树干冻裂，以及新梢抽条，冻害使枝条髓部和木质部先变黑。

③ 冬季气温的剧变　如果冬季遭遇寒流，气温变化剧烈，温差大，往往会导致组织原生质遭受冰晶体机械损伤，可致使植株死亡。树体受冻的特征是干基受冻、干裂、花芽受冻，此期枝条遭受冻害，髓部和木质部首先受冻，韧皮部和形成层之后受冻。

④ 春季倒春寒和干旱　春季气温逐步回升，桃树的组织器官解除休眠开始新一年的生长发育，倒春寒引起骤然降温，导致桃树花芽、枝条遭受冻害，造成花瓣早落，幼果发育不良而脱落；同时，大风和气候干旱易造成枝条失水，引起桃树抽条，此时气温较低，根系不能及时补充枝条所失水分，导致枝条干死。

（2）补救和防止的主要措施

① 选择适宜的园地，选用抗寒品种　平地果园应避开风口。山区和丘陵区建园，应选背风向阳、冷空气能顺利排出的山坡地较为适宜，避免在地形低凹或阴坡建园；同时，选择适合当地气候条件的抗寒优良品种，抗寒性差的品种只能进行小面积试栽或利用抗寒性强的品种做中间砧进行高接。选好园址后，建立防护林，可有效预防或减轻冻害。

② 加强土肥水管理　增加营养物质积累，提高树体营养水平可有效地提高桃树的抗寒性。冬季，树盘铺草可提高土壤温度，减小桃

园土壤冻层厚度，从而有效的防治根系冻害和抽条现象。在施肥方面应多施有机肥，少施氮肥，氮、磷、钾肥料比例要适当。土壤结冻前灌一次封冻水，可增加土壤中的水分含量，提高植株的抗寒能力。

③ 合理修剪，增强树势　注意夏秋修剪，如疏除过密枝，通过捋枝、拉枝等开张枝条角度，对旺长新梢摘心等，可有效地控制生长势，促使枝条及时停止生长，有利于枝条的充实，提高抗寒能力。冬剪回缩、疏除大枝时，可在剪锯口涂抹凡士林等保护剂，以防剪口因气温过低而受冻。调整好生长与结果的关系，防止大小年发生，保证树体健壮。合理修剪，均衡树势，均衡施肥，适时浇水，防治病虫害，提高树体抗冻能力。

④ 根部培土，树干涂白　浇灌封冻水后，以树干为中心进行培土，幼树一般培土高度为40厘米，培土后踏实，可有效地减轻树颈部位冻害的发生。秋季对桃树枝干和主枝均匀涂白，可缩小枝干的昼夜温差变幅，降低树体受冻机率。涂白剂的配制（以重量计）：生石灰100份、硫黄粉10份、植物油1份、食盐10份、清水200份，混合均匀即可。

⑤ 补救措施　桃树受冻后生长势弱，大量花芽冻死，几乎绝产或大减产。冻害程度不同，补救方式也不同。果树冻害较重时，原则上进行重剪，剪口涂白乳胶保护，控制水分蒸发，利于伤口愈合。重剪后植株长出大量徒长枝，留取适宜的枝条，其余抹除；局部主枝冻死的植株应及时选用方位和角度适宜的徒长枝，将其培养为新的主枝；主干或主枝局部枝条已被冻死或冻伤时，可在春季利用健壮的一年生枝进行桥接；对冻后生长较弱的枝和枝组应及时剪除冻死枝，并进行回缩，以增强树势。对遭受冻害较轻的植株，为保证一定的产量，应多留花芽。对受冻的植株应加强肥水管理，生长季节应保证肥水的充足供应，多喷叶面肥，以利于树体恢复生长。

9. 缺素症

桃树栽植后2～3年即开始开花、结果，土壤中的多种矿质营养元素是幼龄桃树早结果、早丰产的前提和保证。其中桃树对氮、磷、钾元素的需求量较大，钙、铁、锌和硼等微量元素对桃树正常生长和开花结果有着不可替代的作用。随着桃树树龄的增加，产量逐年提高，如施肥管理不当，土壤中的各种元素会出现不同程度的缺乏，当某种元素的缺乏达到一定程度后，桃树的植株则表现该种元素的缺素症，严重时影响植株的生长、产量和果实品质。栽培者应当学会辨别不同元素的缺素症状，结合生化检测手段进行确诊，同时，应根据桃树对各种元素的吸收、转移、积累和利用规律，进行有针对性的科学补充，才能有效防治缺素症，为争取丰产、优质奠定营养基础。

（1）缺钾症

① 症状　一般砂质土、钙质土、酸性土和有机质少的土壤上生长的桃树易发生缺钾症。缺钾时，叶片边缘出现不规则的变褐焦枯，俗称"烧边"，新梢中部叶片变皱、卷曲，叶背面呈紫红色或淡红色。果实变小，生长不良，易裂果。

② 防治方法　多施有机肥，改良土壤，适当增施钾肥，如叶面喷施 0.2% 速效钾（磷酸二氢钾、硫酸钾等）；或在果实膨大及花芽分化期，沟施草木灰、硫酸钾等肥料。

（2）缺氮症

① 症状　氮素缺乏会抑制桃树的光合作用，显著降低产量。其表现为叶片黄化、枝叶量减少，下部老叶枯萎，早期脱落，光合能力降低；叶柄与枝间夹角小，新梢细弱，落花落果严重。

② 防治方法　结合有机肥增施氮肥，或浇水时追施速效氮肥。氮肥的追施量应根据桃树不同发育时期的需求量适当控制，尤其是幼龄桃树，氮肥偏多易引起徒长和延迟结果。

（3）缺磷症

① 症状　磷素缺乏时，树体分枝少、叶小，整个叶片呈红褐色或红紫色，花芽分化不良，果色灰暗，肉质松软，味酸，品质差，不耐贮。

② 防治方法　在幼果期至果实采收前一个月，将过磷酸钙与有机肥混合后施入土壤；生长期可叶面喷施 0.2%～0.3% 的磷酸二氢钾水溶液、1%～3% 的过磷酸钙水溶澄清液或 0.6%～1% 磷酸铵水溶液。

（4）缺钙症

① 症状　钙素缺乏会影响桃树体内氮素的代谢和营养物质的运输，造成生理失衡；根系受害严重，新根短粗、弯曲，尖端褐变枯死；叶片较小，呈暗紫色，叶片卷曲，严重时枝条枯死，花朵萎缩，

裂果。

② 防治方法　在酸度较高的土壤中施入适当的石灰，中和土壤的酸，结合施肥施入石膏、硝酸钙或氧化钙等，叶面喷施 0.5％的氯化钙 4～5 次。钙元素过多的土壤会偏碱性，引起土壤发生板结，使铁、锰、锌、硼等元素呈现不溶性，造成桃树其他缺素症的发生，因此，要合理控制土壤的含钙量。

（5）缺铁症

① 症状　在盐碱土或钙质土上生长的桃树易发生缺铁症。缺铁后，桃树新梢幼叶的叶肉发黄，叶脉及两侧组织仍保持绿色，叶面呈绿色网纹状，随着病情加重，叶脉逐渐失绿，整个叶片变为白色，严重时出现棕褐色枯斑或枯边，直至新梢顶端枯死。

② 防治方法　改良土壤，行间种植绿肥，增施有机肥等措施能有效防治桃树缺铁症。也可在发芽前喷施 0.5％的硫酸亚铁水溶液，或在生长期喷施 0.3％的硫酸亚铁溶液，连喷 2～3 次，相邻两次的间隔期为 15 天左右。配制硫酸亚铁水溶液时，所用水的 pH 值应在 6～7 之间（可用普通 pH 试纸测试），如果所用水的 pH 值在 7 以上，可用食用醋进行调节，否则加入硫酸亚铁后，溶液易出现铁锈色絮状物，喷施后易产生药害。

（6）缺锌症

① 症状　一般砂质土、盐碱地以及贫瘠的山地桃园易发生缺锌症。锌元素缺乏导致桃树枝叶变小，密生呈莲座状，叶柄变短，叶片逐步失绿，呈现黄化斑块，老叶易早脱落；新梢先端纤细，枝条节间短；花芽形成少，果实小，畸形，品质较差。

② 防治方法　改良土壤，增施有机肥，结合秋季施基肥，每棵成龄树加施 0.3～0.5 千克的硫酸锌，连续施用 3～5 年可有效防治缺锌症；也可在发芽前喷施 1％的硫酸锌水溶液，或发芽初期喷施 0.1％的硫酸锌水溶液。

（7）缺硼症

① 症状　土壤瘠薄、干燥或偏碱以及土壤中含钙、钾、氮多时容易发生缺硼症。发病后，其特征是幼叶发病，老叶不表现病症。幼叶黄绿，叶片丛生，叶缘或叶基出现焦枯；新梢先端枯萎，枯枝，并从枯死部位下方长出许多侧枝，呈丛枝状；花粉少，授粉受精不良。

大量落花落果，果实变小，皱缩或变形。

② 防治方法　多施有机肥，结合秋季施基肥每株加施 150～200g 硼砂，但不可施入过多，施入后应及时浇水，以防产生药害；也可在萌芽前喷施 0.3％～0.5％的硼砂水溶液，或花后喷施 0.2％～0.3％的硼砂水溶液。

（二）虫害防治

1. 叶部害虫防治技术

（1）蚜虫

① 形态特征　桃蚜属半翅目蚜科。为害桃树的蚜虫主要有无翅孤雌蚜、有翅孤雌蚜和有翅雄蚜 3 种。无翅孤雌蚜体色为黄绿色、洋红色，腹管长筒形，尾片黑褐色，尾片两侧各有 3 根长毛。有翅孤雌蚜腹部有黑褐色斑纹，翅无色透明，翅痣灰黄或青黄色。有翅雄蚜体色深绿、灰黄、暗红或红褐，头胸部黑色。卵椭圆形，初为橙黄色，后变成漆黑色而有光泽。

② 为害症状　桃蚜主要以若虫群居在芽、叶、嫩梢上刺吸汁液，使叶向背面不规则的卷曲皱缩，导致叶片营养恶化，叶绿素消失，甚至干枯脱落，削弱树势，影响桃树花芽及产量形成；桃蚜排泄的蜜露容易诱致煤污病的发生，也可传播病毒病。

③ 发生规律　桃蚜在北方一年可发生 10～20 代，南方 20～30 代，生活营转主寄生生活周期。冬季主要寄生在桃、梨、李和樱桃等蔷薇科植物，有时飞回温室内的植物上越冬，夏季主要寄生在白菜、甘蓝、辣椒等蔬菜作物。桃树萌芽时，桃蚜开始孤雌胎生繁殖，群集于芽体上为害；展叶后迁移到叶背和嫩梢上为害、繁殖。5 月上旬繁殖最快，为害最盛，并产生有翅蚜迁飞至夏寄主为害繁殖；10 月产生有翅蚜飞回桃树为害繁殖，并产生有性蚜，交配后产卵越冬。

蚜虫的发生与气温关系密切。早春随着气温增高而加速繁殖；夏季高温季节，降雨增多，虫口降低，至 9 月份再次回升。在 24℃时，发育最快，高于 28℃时对其发育不利。

④ 防治措施

a. 农业措施：结合冬季修剪，彻底清除桃园内的受害枝、枯枝、残枝、落叶和杂草等，集中焚烧或深埋处理；在桃树行间或桃园附近，不宜种植烟草、白菜、萝卜等作物，以减少蚜虫的夏季繁殖场所。

b. 生物防治：蚜虫的天敌主要有瓢虫、草蛉、食蚜蝇、蚜茧蜂等，可以引种、繁殖或释放。在天敌大量繁殖的季节尽量减少用药次数或选用低毒农药。麦田收割后期，大量的瓢虫转移到果树上，此期可不用药，利用天敌消灭蚜虫。

c. 物理防治：利用蚜虫对黄色的趋向性，在桃园设置黄色器皿或挂黄色塑料布，涂上黏胶或黄油等进行诱杀，也可作为预测依据；蚜虫对银灰色有较强的趋避性，可在桃园内挂银灰色塑料条或铺设银灰色地膜驱避蚜虫，此法对蚜虫迁飞传染病毒有较好的效果；利用蚜虫信息素进行诱杀也可有效防治桃蚜。

d. 植物浸提液防治：植物浸提液属生物源类杀虫剂，其对环境的危害较小，且不易残留，是现代农药发展的一个方向。在蚜虫发生期可采用以下植物浸提液进行防治。1千克鲜蓖麻叶加水2千克，浸泡1天后煮沸10分钟，取其滤液再加2倍水喷雾，连喷2～3次。将1千克干橘子皮与0.5千克干辣椒混合捣碎后加10千克水煮沸，泡2天后，取其滤液喷施。

e. 化学防治：化学防治主要用于控制4～6月高峰期的桃蚜。在生产上应尽量选用高效、低毒、低残留的药剂，并采用多种农药轮换交替的方式，以避免或延缓蚜虫抗药性的产生。可选药剂有：0.3%的印楝素乳油1200倍液、10%的吡虫啉可湿性粉剂2000倍液、1.8%的阿维菌素3000倍液、0.3%的复方苦参碱水剂1500倍液、2.5%的功夫乳油1000～1500倍液等。

(2) 红蜘蛛

① 形态特征　红蜘蛛种类较多，危害桃树的红蜘蛛主要是山楂红蜘蛛。其雌虫体型椭圆形，体背隆起，有皱纹，夏季虫体大，初为红色，后变暗红色，越冬虫体较小，朱红色。雄虫略呈枣核形，体背微隆，有明显浅沟，尾部尖而突出，色淡黄或浅绿，背两侧有黑绿色斑纹。卵，球形、光滑、有光泽、橙红色或黄白色。幼虫，初孵为乳白色、圆形，取食后呈卵圆形，体两侧出现暗绿色长形斑。若虫，近圆球形，能吐丝，前期为淡绿色，稍后变为翠绿色。

② 为害症状　山楂红蜘蛛常群集于桃树叶背为害，雌虫还会吐丝拉网。嫩芽受害后，轻则生长缓慢，花小而瘦弱，重则发黄焦枯。

不能展叶和开花；叶片受害部位呈灰黄斑点或黄白斑点，随虫口的增多而扩大成片，严重时导致叶片焦枯、质变厚，提前脱落，严重影响果树的正常生长发育，甚至造成植株死亡。

③ 发生规律　山楂红蜘蛛一年可繁殖多代，以受精雌成虫在桃树枝干粗皮裂缝内越冬，在大发生年份，还可在落叶下、杂草根际、土石缝隙中越冬。早春出蛰后，雌虫集中在内膛为害，吸食叶片汁液。7～8月份为繁殖高峰期，繁殖迅速，世代重叠，卵多产于叶背主脉两侧，少数产于叶面，春季卵期约10天，夏季约为5天，在正常气温和营养条件下，9月份出现越冬虫，11月下旬全部越冬。

④ 防治措施

a. 农业措施：秋季落叶后进行彻底清园，将枯枝、落叶及杂草集中烧毁，刮除老粗皮，翻耕树盘，消灭越冬雌虫，减少虫口基数；用生石灰、食盐、动物油和石硫合剂等配制的涂白剂涂抹树干，也能有效预防红蜘蛛的发生。

b. 物理防治：秋季，在雌成虫开始下树越冬前，在树干40～50厘米处的主侧枝基部捆绑草把，诱集越冬雌虫，出蛰前将草把解下焚烧。

c. 化学防治：桃树发芽前，枝干喷洒3～5波美度石硫合剂消灭越冬成虫。整个生长季节根据为害情况选择药剂及时防治，可选用的杀螨剂有：73％的克满特3000倍液、1.8％的阿维菌素乳油1500～2000倍液、25％的爱卡士乳油1000～1500倍液、50％的丁醚脲悬浮剂2000～3000倍液、240克/升的螺螨酯悬浮剂5000～6000倍液、99％的矿物油乳油4400～13200毫克/千克、20％的丁硫克百威乳油120～200毫克/千克。对于上述药剂应交替轮换使用，一种药剂一年尽量只用一次，以减缓红蜘蛛的抗药性。

（3）桃潜叶蛾

① 形态特征　桃潜叶蛾属鳞翅目，潜叶蛾科。成虫体及前翅银白色。前翅狭长，先端尖，翅先端有黑色斑纹；卵扁椭圆形，无色透明，卵壳极薄而软；幼虫体稍扁，胸淡绿色；茧扁枣核形，白色，茧两侧有放射状长丝粘于叶上，不易脱落，老熟幼虫在茧内化蛹。

② 为害症状　桃潜叶蛾主要以幼虫潜食为害桃树叶片。幼虫潜入叶肉为害，致使叶片呈弯曲线形状虫斑或潜道，严重发生时，叶片

破碎、黄化，叶功能丧失，提早脱落，影响当年果实生长和次年花芽分化，导致桃产量下降、品质劣变，造成巨大的经济损失。

③ 发生规律　桃潜叶蛾一年可发生 4～7 代。主要以蛹结茧在桃园杂草内、落叶中越冬，少数在桃树树干老翘皮缝隙中越冬。次年 4 月中下旬羽化，展叶前后产卵于叶背面，幼虫孵化后即潜入叶肉为害。9 月份即开始化蛹越冬。

④ 防治措施

a. 农业措施：冬季彻底清除桃园内落叶、杂草，集中烧毁，消灭越冬蛹，刮除老翘皮并进行涂白，降低次年的虫口基数；禁止在桃园内堆放麦秸垛、草堆等，以减少其越冬场所。4 月下旬至 5 月上旬在桃园地面上覆盖地膜，隔绝其化蛹场所。

b. 物理防治：每年 4 月上旬起在田间设置桃潜叶蛾性诱剂，诱杀成虫。有条件的地方可在桃园安装频振式杀虫灯诱杀桃潜叶蛾。同时也可以此监测桃潜蛾成虫的发生动态，进行预测预报，当成虫发生达到高峰时即可组织开展喷药防治。

c. 化学防治：桃萌芽期喷施 1 次 5 波美度石硫合剂。桃潜叶蛾成虫具有迁飞性，药剂防治要做到大面积联防，重点防治 1～2 代害虫，卵孵化初期喷施 1.8% 的阿维菌素 3000 倍液，或 20% 的杀铃脲 1000 倍液等杀死幼虫或卵块，幼虫发生期喷施 20% 的氰戊菊酯 1500 倍液＋5.7% 的甲维盐 2000 倍混合液。在成虫大量发生前喷施 40% 的果隆悬浮剂 12000～15000 倍＋柔水通 4000 倍的混合液，成虫盛发期喷施 25% 的灭幼脲 3 号悬浮剂 2000 倍液或 2.5% 溴氰菊酯或功夫乳油 3000 倍液。喷药时要注意使树体的上下、里外，叶片的正面、背面均匀着药，以达到有效的防治效果。

（4）桃小绿叶蝉

① 形态特征　桃小绿叶蝉属同翅目，叶蝉科。成虫全体淡绿色，前翅半透明，略呈革质，后翅为透明膜质，后足跳跃式，初羽化时略有光泽，后体外覆一层白色蜡质；若虫体呈黄绿色，形状与成虫相似，无翅，5 龄。

② 为害症状　桃小绿叶蝉主要以若虫和成虫在桃树叶片上吸食汁液为害，被害叶片呈失绿白斑，暴发时整树叶片变为苍白色，引起早期落叶，造成树势衰弱，同时影响来年花芽分化和树体生长，受害

桃果膨大受阻，形成小果、僵果，木栓化程度严重，品质劣化。

③ 发生规律　该虫一年发生 4～7 代，主要以成虫在落叶、树皮缝、桃园附近的常绿叶丛及杂草中越冬。翌年 3～4 月间，桃树萌芽后，从越冬场所迁飞至桃树嫩叶上刺吸为害，成虫产卵于叶背主脉内，近基部处较多，少数在叶柄内；在桃树的整个生长期，以 6 月下旬至 9 月虫体较多，为害较重。秋凉后，成虫潜伏越冬。

④ 防治措施

a. 农业措施：加强果园管理，增强树势；冬季，彻底清除枯枝、落叶，铲除杂草，集中焚烧；消灭越冬成虫；成虫出蛰前及时刮除翘皮，减少虫源。

b. 物理防治：利用成虫的趋光性和趋黄性，安装频振式杀虫灯诱杀成虫，或悬挂黄板，涂上机油，粘杀成虫。

c. 化学防治：在各代若虫的孵化盛期适期喷药是防治的关键，尤其是第 1 代发生时间相对整齐，防治相对容易，且降低虫口密度后，能有效减轻后几代的发生数量。常用药剂有 50％的抗蚜威超微可湿性粉 3000 至 4000 倍液，或 10％的吡虫啉可湿性粉剂 2500 倍液，或 20％的扑虱灵乳油 1000 倍液，或 48％的乐斯本 2500 倍液防治。6 月下旬害虫大量发生时，喷施 20％速灭杀丁乳油 2000 倍液，10％吡虫啉可湿性粉剂 3000 倍液，或 30％赛虫净 1500～2000 倍液，效果均佳。

2. 花、果实害虫防治技术

(1) 桃小食心虫

① 形态特征　桃小食心虫属鳞翅目，蛀果蛾科。成虫全体白灰至灰褐色，复眼红褐色。前翅中部近前缘处有近似三角形的蓝黑色大斑；幼虫全体桃红色，腹部色淡，头黄褐色；蛹初为黄白色，越冬茧扁圆形，茧丝紧密，夏茧纺锤形，茧丝松散。卵圆形或桶形，淡红色，卵壳表面具有不规则多角形网状刻纹。

② 为害症状　桃小食心虫以幼虫蛀食果实为害。幼虫孵化后蛀入果实，在果面上形成针状大小的蛀果孔，外溢出泪珠状汁液，干涸呈白色蜡质膜。随着果实发育，蛀孔慢慢愈合为针头大小的黑点，四周稍凹陷。幼虫蛀入果实内后，在果皮下纵横蛀食果肉，而后向果心蛀食，前期蛀果的幼虫在皮下潜食果肉，使果面凹陷不平，形成畸形

果。幼虫发育后期，食量增大，在果肉纵横潜食，并排粪于孔洞，严重影响果实的品质和商品性。

③ 发生规律　桃小食心虫在长江中下游每年发生 3～4 代，华北及黄河流域每年发生 2～3 代，东北地区 1 年发生 1 代。以老熟幼虫在树冠下或果场周围土中做茧越冬。翌年 4～5 月幼虫出土，在阴暗、背阳、靠近树干的土块下或树干缝中化蛹，一般 10 天后开始羽化，成虫白天静伏于树干及叶片处，夜晚活动交尾，卵产在叶背面的基部，少数在果实梗径处，卵期 7d 左右，第 1 代在 5～6 月，幼虫蛀果盛期在 6 月初至 7 月中旬；第 2 代 6～7 月，幼虫蛀果盛期在 8 月初。桃小食心虫的发生危害与环境条件有密切关系，特别是降雨情况，一般降雨早，温度在 21～27℃，相对湿度在 75% 以上，对成虫的繁殖有利，次数多，幼虫出土早，出土率也高，反之，出土晚，延续时间长，出土率也低。

④ 防治措施

a. 农业措施：及时摘除虫果，清除园内落果，减少桃小食心虫的繁殖场所；冬季深翻土，冻死部分越冬幼虫；秋季进行树干绑草，诱集越冬幼虫；早春出蛰前，刮除老树皮集中烧掉，减少虫源。入春后在地面上覆盖地膜或在树下培土，防止其出土。

b. 生物防治：桃小食心虫的寄生蜂有多种，其中桃小甲腹茧蜂和中国齿腿姬蜂的寄生率较高。桃小甲腹茧蜂产卵于桃小食心虫卵内，以幼虫寄生在桃小食心虫幼虫体内，当桃小食心虫越冬幼虫出土作茧后被食尽。因此，可在越代成虫发生盛期，释放桃小食心虫寄生蜂。

c. 物理防治：桃小食心虫的雄性成虫对人工合成的桃小性信息素有较强的趋向性，可在果园设置桃小性信息素诱捕器诱杀，每 667 米² 放置 3～5 个，也可按每 3 公顷果园设置 1 台频振式杀虫灯诱杀桃小食心虫成虫，而且依据诱蛾数量可以掌握桃小食心虫的发生动态。这种方法在预测预报的同时诱杀了大量雄蛾，严重干扰了雌蛾的交尾和产卵活动，可明显降低田间虫蛾量和虫果率。

d. 喷药防治：在桃小严重发生区，从 4 月 25 日开始，树下设置若干瓦片，使瓦片凹面向下，每天检查瓦片凹面有无夏茧。当连续 3 天发现瓦片上有长圆茧时，可进行地面喷药，将越冬幼虫毒杀于出土过程中。常用药剂有 50％的辛硫磷乳油 300 倍液，在树冠下距树干 1 米范围内的地面喷雾，每株用药液 10 升左右。也可将 3％辛硫磷颗粒剂按 667 平方米地面施用 7 千克的标准均匀撒于树盘周围。还可按 2 千克/667 米^2 的用量将白僵菌粉稀释为 100 倍液喷洒于地面。施药后应浅锄或盖土，以延长药剂残效期，提高杀虫效果。在幼虫初孵期，喷施细菌性农药 BT 乳剂，使桃小蛀病死亡。在成虫羽化产卵和幼虫孵化期及时喷施农药，常用农药有 48％的乐斯本 1500 倍液，20％的灭扫利乳油 3000 倍液，或除虫菊酯类农药 3000 倍液等。喷药部位主要是桃果实，每代喷 2 次，间隔 10～15 天。

（2）桃蛀螟

① 形态特征　桃蛀螟俗称蛀心虫，属鳞翅目，螟蛾科。成虫全体橙黄色，虫体瘦弱，触角丝状，胸部背面、翅面、腹部背面都具有黑色斑点；卵椭圆形，初产时乳白色，孵化前为红褐色；幼虫头部暗褐色，臀部暗红色，行动活泼，食量大；蛹长椭圆形，褐色，末端有刺数根，外被灰白色茧。

② 为害症状　桃蛀螟是一种杂食性害虫，主要以幼虫蛀食果实。一个果实可蛀入多条幼虫，且幼虫有转果蛀食的习性。果实受害后从蛀孔分泌黄褐色透明胶汁，并排泄粪便在蛀孔周围，果实变色脱落，不能食用。发生严重时造成"十果九蛀"，从而大量减产。

③ 发生规律　桃蛀螟世代重叠明显。在我国南方一年可发生 4～5 代，北方发生 2～3 代。主要以老熟幼虫在树皮缝、树洞、向日葵花盘和玉米秸秆内越冬。次年 4 月份化蛹，5 月份羽化为成虫，6 月上旬为盛发期。成虫主要产卵于果叶连接处或两果之间，孵化后即从果肩或两果连接处蛀入果实。

④ 防治措施

a. 农业措施：在桃园周围不种植玉米、高粱、向日葵等寄主作物，因这些作物是桃蛀螟二、三代幼虫的寄主，种植这些作物会加重桃蛀螟的发生；对于种植这些作物的地方，冬前应在其脱粒后，及时将其残株和园内枯叶、杂草集中烧掉或堆腐发酵。及时摘除虫果，检拾落果，集中沤肥或深埋，可减少害虫基数，防止幼虫转果蛀食；秋季，在树干上刮皮捆缚草把，诱其幼虫入内越冬，然后取出烧掉。冬季，深翻土壤，彻底清理桃园的枯枝、烂叶及杂草等，能有效地杀伤在土壤内越冬的幼虫；早春或冬季刮除老翘皮，集中烧掉，可消灭越冬虫体。

b. 生物防治：小茧蜂、赤眼蜂，保护种植区内的腿小蜂、黄眶离缘姬蜂等寄生蜂，可防治钻入茎秆内的幼虫和蛹；在越冬幼虫出土前施入病原线虫，也可大量减少出土幼虫数量。

c. 物理防治：利用成虫的趋光性或趋化性诱杀成虫，有条件的桃园可设置杀虫灯，以诱杀成虫。配制糖醋液（水：红糖：醋：敌百虫，比例为 10∶6∶3∶0.1），拌成母液用广口瓶每亩 5 瓶悬于桃树下部，诱杀未产卵的成虫；在越冬幼虫羽化前对果实套袋，套袋前喷施农药一次，可有效预防幼虫蛀果。

d. 化学防治：根据病虫测报部门提供的第一、二代成虫产卵高峰期和卵孵化盛期，及时进行药剂防治，选用农药为，50％的杀螟松乳剂 1000 倍液，20％的甲氰菊酯乳油 2500 倍液，或 2.5％的溴氰菊酯乳油 2500 倍液，间隔 7 天喷药一次，连喷 2 次，喷药要细致均匀，重点喷施果与叶、果与枝、果与果紧靠处。

（3）梨小食心虫

① 形态特征　梨小食心虫成虫全身灰褐色，前翅深灰褐色，前缘色深，具 10 组白色短斜纹；幼虫头部黄褐色，体背面粉红色，前胸背板不明显；卵呈扁椭圆形，初为乳白色半透明，后为淡黄白色；蛹黄褐色，茧白色纺锤形。

② 为害症状　梨小食心虫是桃园的主要害虫，为害桃树的细嫩新梢。其幼虫从新梢未木质化的顶部蛀入，向下部蛀食，枝梢外部有胶汁和粪便排出，嫩梢顶部枯萎下垂，当蛀食至新梢木质部时，即从新梢转移至另一嫩梢为害，严重时导致大量新梢折心，萌生二次枝，严重影响桃树的生长、果实产量和品质，已成为桃树高产、优质和高效的主要制约因子。

③ 发生规律　梨小食心虫在华北地区每年发生 3～4 代，华南地区可发生 6～7 代，各代发生时期不整，各代发生期较长，世代重叠明显。该虫以老熟幼虫在树皮缝、土缝内结茧越冬，越冬幼虫 4 月中旬化蛹，羽化后在桃叶上产卵，第 1 代、第 2 代幼虫主要为害桃梢，第 3 代为害果实。北方地区 9 月份开始越冬，南方地区 11 月上中旬陆续越冬。

④ 防治措施

a. 农业措施：建园时，尽量避免桃、梨混栽，以防止梨小食心虫在寄主间相互转移；第 1 代和第 2 代幼虫发生期，人工摘除被害虫果，剪除被害嫩梢，焚烧或集中深埋处理；秋季将草把捆绑于树干、大枝等处，以诱越冬幼虫潜伏，明年初春将草把聚集一起，彻底焚毁；早春刮老树皮，刮除皮下的越冬幼虫，消灭潜藏的越冬茧。

b. 生物防治：保护利用天敌。在虫情的预测、预报的基础上，适时释放松毛虫赤眼蜂防治，间隔 5 天释放 1 次，连续释放 4～6 次，可有效控制梨小食心虫为害。

c. 物理防治：利用成虫的趋化性，在桃园用糖醋液（红糖：醋：白酒：水＝1：4：1：16）或悬挂频振式杀虫灯诱杀成虫。

d. 化学防治：掌握田间第二、三代成虫羽化和产卵盛期，及时喷施高效、低毒、低残留的农药，如 3% 的甲维盐，20% 的杀灭菊酯乳液 3000 倍液，或 50% 的杀螟松乳剂 1000 倍液，或 2.5% 的高效氯氟氰菊酯乳油 4000 倍液、4.5% 的高效氯氰菊酯微乳剂 1500 倍液、2.5% 的溴氰菊酯乳油 2500 倍液等，如虫害严重，可间隔 10～15 天，连续喷施 4～5 次，但要注意与其他类型的药剂交替使用，以防产生抗药性。48% 的毒死蜱乳油 1000 倍液和 40% 的辛硫磷乳油 1000 倍液也有较好的防效，而且对蜻象、叶螨等有一定的兼治作用，可在桃园多种害虫、害螨混发时选用。上述药剂对果园天敌均有一定的杀伤作用，使用时应尽量避开天敌发生高峰期。

3. 枝干害虫防治技术

（1）桑白蚧

① 形态特征　桑白蚧属同翅目，盾蚧科。雌成虫体呈倒梨形，前端阔圆，腹部分节明显，橙黄色或橘红色，介壳圆形或椭圆形，灰白色，常留在寄主植物上；雄虫瘦长，纺锤形，介壳白色，长扁筒形；卵椭圆形，橙黄色；蛹为裸蛹，橙黄色。

② 为害症状　桑白蚧主要以若虫群集固定为害桃树 2～3 年生枝条。若虫孵化后，以针状口器插入 2～5 年生枝条的皮内吸食汁液，并以背阴面和分叉处较多，为害严重时，导致皮层被吸食干缩，树体生长发育所需养分输送途径被切断，树体发育不良，代谢受阻，枝梢萎蔫，叶片轻薄，甚至整株枯死。

③ 发生规律 桑白蚧发生的代数随地理位置和气候条件不同而变化，我国北方发生 2 代，南方发生 4～5 代。以受精的雌虫在 2 年生以上的树干上群集越冬。早春桃树萌芽期开始吸食为害，虫体迅速膨大，5 月产卵，雌虫产卵后干缩死亡。若虫孵化后，开始为害枝干，并分泌毛蜡。若虫羽化后交尾，雄虫死亡。第 1 代受精的雌虫于 7 月下旬至 8 月上旬产卵，8 月下旬至 9 月上旬羽化。交尾后第 2 代受精雌虫继续为害至秋末越冬。

④ 防治措施

a. 农业措施：执行严格的检疫制度，不从有桑白蚧发生的地区调运桃苗。如从该区调运苗木时应首先进行苗木熏蒸，杜绝虫源传入。在发生桑白蚧的植株下部的地面上铺设塑料布，用硬毛刷或细钢丝轻轻刷掉枝干上的介壳虫体于塑料布上或剪除病虫枝，集中焚烧或深埋。

b. 生物防治：在 5～6 月份天敌的盛发期，保护红点唇瓢虫、日本方头甲和蚜小蜂等桑白蚧的天敌。喷药时尽量使用选择性强的杀虫剂，避免使用有机磷等高毒农药，充分发挥天敌的自然控制作用。

c. 化学防治：必须严格掌握在幼虫出壳、尚未分泌毛蜡的一周内喷施药剂，一旦幼虫分泌毛蜡后就难以防治。而且若虫孵化盛期，初孵化的若虫扩散慢，较为集中，分泌的蜡质少，若虫体壁较嫩，是药剂防治的最佳时期。常用的药剂有喷撒 48% 的乐斯本乳油 1000～2500 倍液、240 克/升的螺虫乙酯悬浮剂 1000 倍液、10% 的氯氰菊酯乳油 2000 倍液、2.5% 的联苯菊酯乳油 1000 倍液、40% 的毒死蜱乳油 1500 倍液。

（2）红颈天牛

① 形态特征 桃红颈天牛属鞘翅目天牛科。成虫体亮黑色，前胸背面棕红色或全黑色，有光泽，背面有 4 个瘤突。身体两侧各具 1 个分泌腺，受惊或被捕时射出恶臭味的白色液体；幼虫体前半部各节呈扁长方形，后半部呈圆筒形，体两肋密生黄棕色细毛；卵长椭圆形，乳白色，光滑略有光泽；蛹初为乳白色，渐变为黄褐色，前胸两侧各有 1 刺突。

② 为害症状 桃红颈天牛主要以幼虫蛀食枝干为害，喜在韧皮部与木质部间蛀食，并形成不规则隧道，深达树干中心，并排出大量

红褐色虫粪于虫道外，堆积在干周。造成树干中空，皮层脱离，树势衰弱，常引起断折和整株死亡。

③ 发生规律　该虫 2～3 年发生 1 代，以幼虫在蛀道内越冬。成虫阶段主要在树上活动，其余各虫态均在树干内活动。7 月中下旬成虫交尾产卵，卵产于主干基部的裂缝、翘皮和机械损伤部位，少数产于枝条分叉处，甚至主干基部土中。幼虫孵化后仅在树皮下活动，食粗皮下的腐烂组织，逐渐蛀食至韧皮部，秋末在被害皮层下越冬，次年春季幼虫活动，继续向下蛀食至木质部，形成短浅的不规则隧道，为害至秋末，并在此隧道越冬。第三年继续向木质部深处蛀食，幼虫老熟后在蛀道内化蛹。

④ 防治措施

a. 农业措施：及时砍伐受害严重的植株，连根挖掉后焚烧，以减少虫源。成虫盛发期，在凌晨或者大雨过后太阳出来时，利用其成虫假死性人工振树捕杀；发现产卵痕迹时，用刀挖出虫卵或小幼虫，也可用铁丝钩出幼虫；在成虫产卵前期和采果后对树干各涂白 1 次，涂白剂配方为硫磺 1 份、石灰 10 份、水 10 份，或在树干上绑扎塑料薄膜，阻止成虫产卵。

b. 生物防治：春季，桃红颈天牛开始排粪时，于洞口内施入浓度 2.5 万条/毫升的昆虫病原线虫，防治效果可达 95% 以上。在成虫羽化前 1～2 个月释放花绒寄甲成虫，效果比较好，即南方在 3 月中下旬至 4 月上中旬释放，北方在 4 月中下旬至 5 月上中旬释放；如果释放花绒寄甲卵卡，南方宜在 4 月下旬至 5 月上中旬释放，北方宜在 5 月中下旬释放。在桃红颈天牛成虫产卵当年的 8～9 月份释放管氏肿腿蜂也有一定的防治效果。

c. 物理防治：在成虫发生高峰期，将配制好的糖醋液（糖：酒：醋＝2：1：3）悬挂于树干，离地面 1 米左右，或安装频振式杀虫灯诱杀成虫。

d. 化学防治：桃红颈天牛成虫发生盛期，可用 52.25% 的农地乐乳油 1200～1500 倍喷雾防治。

<<<<<

第六章

成龄园优质高效配套栽培技术

　　桃树到成龄期后，主枝逐渐开张，生长势缓和，各类结果枝组配备齐全，树体骨架已经建成，整形工作已经完成，树冠达到最大限度，无向外扩展任务。徒长枝和副梢明显减少，结果枝大量增加，短果枝和叶丛枝比例增多，产量逐渐增加，果实品质逐渐提高，到盛期产量和果实品质达到最高水平，维持一定时期以后，产量和果实品质逐年下降。在此期内，枝条数量和结果量多，总体生长量大，需要的营养水平高，生长与结果之间的矛盾突出。如若管理不善或技术应用不到位，会导致树冠光照不良，内膛小枝和骨干枝中、后部的结果枝组衰老死亡，树势早衰，结果部位外移，产量和果实品质严重下降。

　　对于成龄期桃树的主要管理任务是：采取相应的技术措施，加强土肥水管理，保证叶片完整，提高根、叶功能，增加树体贮藏营养水平；调节各主枝之间的生长势均衡，保持良好的从属关系，调整枝梢密度，尤其是外围枝梢数量，控制好树体大小，维持良好的个体结构和群体结构，改善通风透光条件；注重结果枝组的更新与培养，调节生长与结果之间的矛盾，防止树体早衰和内膛光秃，稳定中庸健壮的树势，控制结果部位外移，发挥树体的生产潜能，维持较强的结果能力，在一定产量的基础上努力提高果实品质，尽量延长盛果期年限，达到较长时期的丰产优质。

一、加强土、肥、水管理

　　加强土壤管理，合理施肥灌水，增加和保持土壤有机质含量，提高土壤肥力，改善土壤结构，创造良好的根际环境，保证营养充足供应，是成龄期桃树丰产优质的基础。

（一）加强土壤管理，形成优质土壤

1. 优质果园的土壤性状

土壤管理的目的就是使果园的土壤成为能够满足桃树生长发育需要的优质土壤。优质桃园土壤具有以下 6 个方面的性状。

（1）土层深厚　土层的厚度至少应有 1 米。土层深厚有利于根系生长，根系分布的深、广，能从深层土壤中吸收水分和养分，植株的抗旱性强；施肥后，随水渗入到深层中的养分，也能被吸收上来，因此，可以减少肥料的损失。深层土壤受气温影响小，温度比较稳定，根系的生长机能强，发育的好。

（2）三项组成合理　福田行雄和大森正在大量调查后指出，优质高产果园三项组成的容重百分比为：固相 $40\%\sim57\%$，液相 $20\%\sim40\%$，气相 $15\%\sim37\%$。

（3）土质疏松，通气性好　土质疏松，通气性好，有利于土壤与大气进行气体交换，排出过多的二氧化碳和乙烯，进入新鲜空气，不断地调节土壤中的气体成分。相对于其他果树而言，桃树的根系呼吸强度大，耗氧量多，而且对土壤中的氧气含量比较敏感。当氧气含量低于 10% 时桃根生长不良；低于 5% 根系生长明显受抑制，新根发生量很少；低于 2% 时根系生长微弱，甚至死亡。优质桃园土壤的含氧气量应在 15% 以上。对土壤进行深翻和耕作，主要目的就是改善土壤的通气性，满足桃树生长发育对氧气的需要。

（4）温度适宜　土壤温度与根系生长有密切关系。温度低，根系的机能弱；温度过高，根系的生长发育会受到抑制。桃树要求的适宜土壤温度是 $20\sim22℃$，超过 $30℃$ 根系停止生长。

（5）酸碱适中，含盐量低　桃树喜微酸性至中性土壤，适宜的 pH 值范围为 $5.6\sim6.8$ 之间。pH 值在 4.5 以下生长不良，pH 值在 $7.5\sim8$ 时易发生缺铁性黄叶病。桃树的耐盐力也很弱，土壤含盐量超过 0.2%，就会发生盐害。

（6）土壤肥力高　土壤中腐殖质含量的多少是衡量肥力高低的重要指标。土壤有机质含量在 1% 以上，果树才能获得高产和好的果实品质。国外很多优质丰产桃园，土壤有机质含量在 3% 以上。但是我国多数桃园的土壤有机质含量较低，因此，增施有机肥，提高土壤肥力是我国桃园土壤管理的主要内容之一。

2. 土壤管理与改良措施

（1）土壤管理方法　桃园的土壤管理可采用清耕法、生草法、覆盖法和免耕法。不同的管理方法对土壤结构和土壤肥力等土壤性状的影响有很大差异。

① 清耕法　在桃园内不种植任何间作物，经常进行中耕除草，使土壤保持疏松和无杂草状态。这是我国桃园多采用的一种土壤管理方法。中耕除草可以使土壤保持良好的通气状况，减少杂草生长对土壤养分和水分的竞争，避免病虫孳生。

耕作多在雨后和灌水后进行。但不同季节耕作的深度不同，春季萌芽前一般要求5～10厘米，有利于增温保墒。新梢迅速生长期至果实膨大期是桃树需要养分最多的时期，应尽量不伤根，以免影响营养供应，耕作的深度不宜超过5厘米。7～8月份的雨季，只需除草，不耕作，这样有利于雨后水分的径流和土壤水分的蒸发。晚秋，在部分品种的果实已经采收，新梢已经停长，有机营养大量下运，处于新根大量产生和根系生长高峰期，适当深耕，伤及一部分小根，对根系可以起到更新作用，有利于新根的大量产生。在耕作时，靠近树干处的深度一般为10厘米左右，然后由里向外逐渐加深，至树冠外围可深至20厘米。入冬前翻刨树盘，冬前翻刨树盘不仅具有熟化土壤、蓄水保墒的作用，还可以利用冬季的低温杀灭在土壤中越冬的病虫体，降低翌年病虫的发生基数。

除草是果园中的一项经常性工作。人工除草后可将除下的草集中覆盖在树盘上，厚度为15～20厘米，这样做具有很多好处，具体将在树盘覆草中加以阐述。杨宝藏报道，在冀中南地区，从4月中旬到9月上旬，一般的果园均需中耕除草6～8次，除草用工占全年管理用工的60%左右，用工量很大。对于面积大的果园，为减少除草用工，可利用小型果园旋耕除草机除草。目前，我国生产的各种小型果园旋耕除草机应用范围较大，可在平地、丘陵、山区果园应用，不受地块大小，地势高低的影响。

但长期采用清耕法，土壤有机质分解速度快从而降低土壤有机质含量，破坏土壤结构，地表温度变化较大，盐碱地返盐返碱现象和丘陵山区水土流失现象严重。

② 生草法　这种方法是在桃园的树盘外的行间种植禾本科或豆科的草类，待种植的草类生长到一定时期后进行刈割，刈割的适宜时期是初花期至盛花期，此期鲜草产量高、幼嫩、易腐烂分解。刈割的草可覆盖于树盘或进行堆腐后作为有机肥施入土壤，也可以先作为家畜饲料再转化为有机肥施入土壤。适于桃园种植禾本科或豆科的草类有黑麦草、三叶草、紫云英、苜蓿、田菁、柽麻、苕子等。生草法可以明显地增加桃园土壤有机质含量，培肥地力，改善土壤结构，缩小土壤温度变化幅度，提高桃产量和果实品质，减少行间除草用工，节省肥料投资，降低生产成本。同时，在山区和丘陵区还可起到防止水土流失、在沙区起到防风固沙的作用。

③ 覆盖法　对于草源充足的果园，实施树盘覆草，具有不生杂草，减少除草用工，降低生产成本，保水防旱，冬季增温，夏季降温，改善土壤结构，增加土壤有机质和有效养分含量，提高土壤肥力等作用。覆草应在疏松土壤后进行，覆草厚度一般为 15～20 厘米。为防风刮，可在草上梅花形压土。覆草的种类有稻草、麦秸、刈割的行间种植的草类、破碎的玉米秸等。待草腐烂分解后，于秋季结合施基肥施入施肥沟内。

在有田鼠为害的地区，覆草应距树干 30 厘米以上，以免田鼠啃食树干。由于桃的根系具有趋肥性，长期覆草表层土壤肥沃，易造成根系上浮，降低抗旱性和抗寒性，因此，覆草 2～3 年后应对树盘采取清耕，即在生长季节经常对树盘进行中耕，使土壤保持疏松无杂草状态。

④ 免耕法　在过去，主要是利用除草剂进行除草，对土壤不进行耕作。这种方法虽然具有保持土壤自然结构，除草快，降低劳动强度和生产成本等优点，但除草剂如若使用不当会致使桃树落叶、落花、落果，对产量造成较大影响甚至导致死树现象的发生，也会对人畜安全造成不良影响。此外，从保护生态环境，实施有机、绿色、无公害果品生产，保证果品食用质量安全，提高人类生活和生存质量的角度出发，在果园中应尽量少用或不用除草剂，改用养鸭、养鹅进行除草。

在果园内养鸭养鹅，可以实现种养结合，使果树与鸭、鹅互利共生，降低种养成本，提高种养两业的综合经济效益。一是鸭、鹅食草种类多、食草量大，按 20～30 只鸭/667 米^2 或 20 只鹅/667 米^2 可以使杂草得到基本控制；二是鸭鹅在果园内自由活动过程中，寻食害虫，可啄食各种虫卵、幼虫、蛹及成虫，可有效地降低果园害虫密度；三是通过鸭、鹅除草和灭虫，可以减少防治害虫和人工除草所需的用药用工费用，降低生产成本；四是可以提高土壤肥力，减少肥料投入，如果按每 667 米^2 桃园养 20 只鹅计算，相当于施入氮肥 20 千克、磷肥 18 千克、钾肥 10 千克。每只鸭年排鸭粪 75 千克，每 667 米^2 放养 20 只鸭，按 667 米^2 产果 1500 千克计算，可保证每千克优质果品使用 1 千克优质有机肥的施肥标准。五是果园养鸭养鹅，可以减少除草、灭虫、施肥所需的农药、化肥用量，明显减少了果品受到的污染，为生产绿色食品创造了条件。不仅如此，鸭粪和鹅粪中含磷量较高，有提高果实甜度、增加果品着色的作用，可以提高果品质量。据李文岐报道，放养鸭的果园比一般果园每千克果品可增收 0.2 元，按 667 米^2 产果 1500 千克计算，每 667 米^2 可增收 300 元；六是可以减少养鸭养鹅食料，降低饲养成本，增强鸭鹅体质，提高鸭蛋和鹅蛋品质。在桃园内养鸭养鹅，可为鸭鹅提供宽阔的运动场地，而且空气清爽、湿润阴凉，自然环境好，鸭鹅体质健壮，得病少，生长快，产蛋多；鸭、鹅在果园内啄食大量害虫、杂草可以基本满足对蛋白质和维生素的需要，降低饲料成本；由于鸭、鹅啄食害虫、杂草等天然食料，提高了鸭蛋和鹅蛋品质，增加市场竞争力。经测定，蛋黄颜色比圈养鸭增加了两个比色度。七是鸭蛋和鹅蛋以及放养的鸭、鹅出售后可以增加果园的经济收入。

为保证放养的鸭、鹅有足够的草料可食，面积较小的桃园可按 20～30 只鸭/667 米^2 或 20 只鹅/667 米^2 放养；面积大的桃园，为便于管理，可用高 5 米高的尼龙网围成放养区，按 300～400 只鸭或鹅/3000 米^2 分轮流放养。

（2）深翻熟化，改善土壤结构　丰产优质桃园，在进入盛果期之前应进行全园深翻，未深翻的应及早进行。进入盛果期后，一般要求 2～3 年翻 1 次。对土壤深翻可以促使土壤熟化，加厚活土层，增强土壤的通透性能，有利于更新根系，促发新根，增加根系数量和密度，提高根系吸收能力和叶片的光合能力，增加树体营养积累，提高产量和果实品质。

深翻在一年四季均可进行，但以采果后的秋季结合施基肥进行最好。多年来的实践证明，秋季雨水多，墒情好，土温较高，地上部的营养也开始向根系回流，深翻后，断根的伤口容易愈合并能发出较多吸收能力强的新根，施入的肥料分解也快，对养分的吸收、积累极为有利。深翻的适宜时期是 9 月中旬至 10 月上旬，最迟不宜超过 10 月底。

在当前密植栽培的情况下，深翻的深度以 40～60 厘米为宜，深翻的部位是行间。深翻时，可适当切断一部分直径在 0.5 厘米以下的较细根，以起到更新根系，促发新根的作用，但不能伤及直径 1 厘米及其以上的粗根。

土壤紧实、黏重或土层较薄且有石砾的果园可深些；土层深厚，疏松的果园可浅些。对于在 1 米以内的土层中，有黏土层或白干土层的果园，深翻的深度以打破黏土层和白干土层为准。对于有石砾的土壤，深翻时还应拾出石头。对于黏土地和沙土地，可结合深翻实施沙掺黏、黏掺沙改良土壤；对于酸性土壤可施入一定数量的石灰粉进行改良。深翻的表土与底土应分别放置，回填时，将表土与有机肥混合后填入底部、底土与有机肥混合后填在上部。回填后及时灌水，促使土壤沉实。

（二）科学施肥

1. 桃树的需肥特点

（1）对氮肥敏感　盛果期需氮肥多，氮素不足，易引起树势早衰。但果实生长后期如施氮肥过多，果实风味淡。在衰老期，氮素充足可促进新梢的发生，推迟衰老进程；而此期氮肥不足会加快植株的衰老。

（2）需钾量多　在氮、磷、钾三种元素中，桃树对氮的需求量较少，对磷的需求量最少，对钾的需求量最多，尤其是果实发育期，钾对增大果实和提高品质有显著作用。如钾素含量不足，叶片小，叶色淡，叶缘枯焦，早落，而且落果严重，在果未成熟时果顶先烂。因此，在果实发育期喷施磷酸二氢钾或硫酸钾等钾肥，对提高产量和果实品质具有重要作用。

（3）新梢生长与果实发育争夺养分的矛盾突出　桃树的新梢迅速

生长期与果实的快速发育期在同一时期进行，梢果争夺养分的矛盾突出。供肥不足，桃树的枝梢短细、叶黄、果个小，产量和品质下降；但施用氮肥过多，枝梢旺长，这会增强枝梢生长对养分的竞争能力，使果实发育对营养的竞争处于劣势，造成落花落果严重。因此，施肥时应根据树势、树龄和时期来施确定用元素种类和施肥量。

2. 对肥料种类的要求

对于无公害桃生产，我国规定了允许使用、限制使用和禁止使用的肥料种类。

① 允许使用的肥料种类　经高温发酵并达到无公害质量标准的堆肥、沤肥、厩肥、沼气肥、作物秸秆肥、绿肥、饼肥、人畜粪尿等农家肥料和草木灰；按国家法规规定，受国家肥料部门管理，以商品形式出售的商品有机肥、腐殖酸类肥、微生物肥、有机复合肥、无机（矿质）肥和叶面肥等；经农业部门等允许使用的不含有毒物质的食品、纺织工业的有机副产品，以及骨粉、骨胶废渣、氨基酸残渣、家禽家畜加工废料、糖厂废料等有机物制成的肥料。

② 限制使用的肥料种类　可有限度的使用经国家有关部门登记认证及生产许可的化肥；化肥必须与有机肥配合使用，有机氮与无机氮之比以 1∶1 为宜，大约厩肥 1000 千克加尿素 20 千克；也可与有机肥、微生物肥配合使用，厩肥 1000 千克，加尿素 10 千克、磷酸二铵 20 千克、微生物肥料 60 千克。最后一次追肥必须在采果前 30 天进行。经无害化处理，质量达到国家规定标准的城市生活垃圾。在秸秆还田时，允许使用少量氮素肥料调节碳氮比。秸秆烧灰还田法，只有在病虫害严重的地块采用较为适宜。外来农家肥料应确认符合要求后才能使用。

③ 禁止使用的肥料种类　主要有未经无害化处理的城市垃圾或含有金属、橡胶和有害物质的垃圾；硝态氮肥和未腐熟的人畜粪尿；未获准登记的肥料产品。

3. 施肥量

成龄期桃树，枝叶生长量大，产量高，果实品质好，每年均会消耗大量的营养物质，必须通过施肥给予及时、足量的补充，才能保证健壮的树体和连年的丰产、稳产、优质。有机肥肥效长且含有丰富的有机质和腐殖质，以及桃树生长发育所需要的多种营养元素，对提高桃果实品质具有重要作用。化学肥料又称为无机肥，主要是人工合成的肥料，具有养分含量高、肥效快，施用方便等优点，但其不含有机质，养分单纯，肥效短，长期施用果实风味淡，有些化肥如若长期单独使用，还会破坏土壤结构。因此，在桃树生产上，应以有机肥为主，化肥为辅。

(1) 有机肥施用量　桃树生产先进国生产优质桃果的根本经验是提高土壤中有机质含量，其土壤有机质含量一般在3%以上，而我国桃园土壤有机质含量超过1%的很少。在有机质含量高的桃园，植株的叶片厚、浓绿，果个大，产量高且稳，果实着色好，含糖量高，硬度大，风味浓。

张良英等对艳丰一号桃于秋季每株施入50千克鸡粪和20千克草炭，能显著改善20～40厘米土层的土壤物理性质，使土壤和桃树叶片中的各种养分含量得到了明显增加，尤其是叶片中全钾含量增加显著，有效缓解了植株缺钾问题。并且增加了单果重和果实中可溶性固形物含量，降低了可滴定酸含量，固酸比增加了21.09%。

为进一步提高果品质量，满足人们对桃果果品质量的要求，在生产上应施用足够的有机肥。在肥料施用上，我国规定生产有机桃果果品，不准施用化肥，只施用有机肥。从当前我国多数桃园土壤有机质含量的实际情况来看，增施有机肥，提高果园土壤有机质含量是当前需要解决的突出问题之一。目前，对于成龄期桃园，虽然不同学者提出了有机肥的不同施用量，但其共同特点是强调有机肥的施用量应满足桃树生长发育的需要。如按面积确定施用量的要求4000～5000千克/667米²；以产定量的要求"斤果斤肥"、"斤果公斤肥"。

(2) 无机肥施用量及其配比　在一年中，桃树需要的氮磷钾比例大致为2∶1∶2，而果实发育的中后期则为2∶1∶3。据测定，我国桃产区每生产100千克果实，需纯氮0.5千克，纯磷0.2千克，纯钾0.6～0.7千克。加上根系枝叶生长的需要、雨水的淋洗流失和土壤固定，土壤肥力中等的桃园，每年的施肥量应为果实带去的2～3倍。

由于不同区域土壤的理化性质、有机质含量和氮、磷、钾含量存在着一定的差异，不同桃园的桃树品种、树龄、树势、树体大小和产量也有所不同，因此，不同研究者在不同区域针对不同品种的研究结果有所不同。如王富青认为进入盛果期，在施足有机肥的基础上，每生产 100 千克桃果，需要补充化肥折合纯氮 0.6～0.8 千克、五氧化二磷 0.3～0.4 千克、氧化钾 0.7～0.9 千克。产量为 3000 千克的果园需要补充尿素 40～53 千克、过磷酸钙 75～100 千克、硫酸钾 35～45 千克。

据北京地区的经验，每 667 米² 产 2500 千克的高产桃园的施肥量为每产 100 千克果，施基肥（圈肥）100～200 千克，追肥纯氮 0.7～0.8 千克，磷 0.5～0.6 千克，钾 1 千克。

马柏林等对霞晖 5 号桃以不施肥为对照，进行了常规施肥和测土配方施肥试验，测土配方施肥的施肥量为：尿素 279 千克/公顷、过磷酸钙 819 千克/公顷、硫酸钾 442.5 千克/公顷；常规施肥的施肥量为尿素 645 千克/公顷、过磷酸钙 600 千克/公顷、硫酸钾 525 千克/公顷。试验结果表明，以测土配方施肥的效果最好，与常规施肥和对照相比，单果重分别增加了 18.25％ 和 30.70％，可溶性固形物含量分别增加了 2.8 个和 4.6 个百分点，平均单产分别增加了 10.6％ 和 31.5％。

金方伦等研究了不同氮磷钾配比对新川中岛桃的影响。试验结果表明，在不同的氮磷钾配比中以氮：五氧化二磷：氧化钾为 10.0：11.0：20.0 的效果最好。与不施肥的对照相比，显著地增加了单果重，明显提高了产量，平均单果重增加了 24.4％，平均株产提高了 33.8％，同时也提高了果实品质，果形指数增加了 0.02，果汁含糖量增加了 2.1 个百分点。

杨成桓等以黄桃 119 为试验材料，研究了不同氮磷钾配比（表 6-1）和不同施肥量对果实品质和产量的影响。试验结果表明，3 号肥和 4 号肥分别使百果重增加 6.5％ 和 3.4％，产量平均增加 13.9％，而且果个大、色艳、味甜。土壤状况不同的两个试验桃园，适宜施肥量也有所不同。对于 4 号肥，在土层深厚、养分含量较高的果园以株施 3.0 千克为好，而在土层浅、砾石较多，养分含量低的棕壤地果园以株施 3.5 千克为最好。

由于不同区域土壤的理化性质、营养含量存在着一定的差异，不同果园的桃树品种、砧木、树龄、树势、树体大小和产量不一，因此，在桃树的施肥量应根据各具体情况确定。一般来讲，土壤肥力较低、树龄大、产量高的果园，施肥量要多一些；土壤肥力较高、树龄

表 6-1 不同氮、磷、钾配比及其施肥量

肥料号	比例			株施肥量 /千克
	氮	五氧化二磷	氧化钾	
1(对照)	2.0	0	0	0.7
2	2.0	2.0	2.0	2.5
3	2.0	1.5	2.5	2.5
4	2.0	1.0	3.0	2.5

注：该项试验的施肥期是春施 1/3，秋施 2/3，二次施肥。

小、产量低的果园施肥量可适当少些。适宜的施肥量是既能保证树体健壮生长和高产优质，又不造成植株旺长。不同有机肥种类不同，其氮、磷、钾含量有所不同（表 6-2），在确定施肥量时也应给予考虑。

表 6-2 主要有机肥种类氮、磷、钾含量 %

肥料种类	氮	磷	钾	肥料种类	氮	磷	钾
鸽粪	1.76	1.78	1.00	芝麻	1.94	0.23	2.20～5.00
鸡粪	1.63	1.54	0.85	苜蓿	0.79	0.11	0.40
鸭粪	1.00	1.40	0.62	桎麻	0.78	0.15	0.30
人粪	1.00	0.36	0.34	小麦秸	0.60	0.30	0.80
羊粪	0.65	0.47	0.23	豘食豆	0.58	0.14	0.41
猪粪	0.60	0.40	0.44	大豆	0.58	0.08	0.73
鹅粪	0.55	0.54	0.95	猪屎豆	0.57	0.07	0.17
人粪尿	0.50～0.80	0.20～0.60	0.20～0.30	苕子	0.56	0.63	0.43
马粪	0.50	0.30	0.24	箭筈豌豆	0.54	0.06	0.30
厩肥	0.50	0.25	0.50	草木犀	0.52～0.60	0.04～0.12	0.27～0.28
人尿	0.43	0.06	0.28	田菁	0.52	0.07	0.15
牛粪	0.32	0.21	0.16	豌豆	0.51	0.15	0.52
棉籽饼	5.60	2.50	0.85	干玉米秸	0.50	0.40	1.60
菜籽饼	4.60	2.50	1.40	沙打旺	0.49	0.16	0.20
紫穗槐	3.02	0.68	1.81	紫云英	0.48	0.09	0.37
蚕渣	2.64	0.89	3.14	花生	0.43	0.09	0.36
绿豆	2.08	0.52	3.90	红三叶	0.36	0.06	0.24

4. 施肥时期

（1）基肥 桃树施用基肥的适宜时期是采果后的 9～10 月份，最好结合深翻或深耕作基肥施用。此期土温较高，施肥后肥料分解时间长，分解速度快，同时根系再生能力强，断根恢复快且能发生较多的

新根，在根系进入休眠之前可以吸收大量的营养物质，明显提高树体贮藏营养水平，增强树体抗寒性能，有利于花芽的继续分化、第二年新梢生长和开花结果。基肥应以腐熟的优质有机肥为主，如羊粪、鸡粪、圈肥、厩肥、绿肥、作物秸秆等，并掺入适量的磷、钾肥。基肥施用量为全年施入氮素的 $60\%\sim80\%$，磷素的 $90\%\sim100\%$，钾素的 $50\%\sim70\%$。

（2）追肥　主要根据桃树的不同生长发育时期对养分的需求，在需肥较多的时期或之前进行的补肥。追肥应以速效性化肥为主。为保证高产优质，极早熟、早熟品种一年应追施 4 次肥，中、晚熟品种一年应追施 5 次肥。

① 萌芽前追肥　在萌芽前 $1\sim2$ 周施入。主要作用是补充树体贮藏营养，促进根系和新梢的前期生长，保证开花质量和授精良好，提高坐果率。此次追肥以速效性氮肥为主。如若树势旺，基肥施入量大，这次也可不追肥。

② 花后追肥　又叫坐果肥。于谢花后 $1\sim2$ 周施入。在这一时期，幼果进入细胞迅速分裂期，新梢也在迅速生长，营养供需矛盾突出，特别是氮素消耗的多，此期往往会因营养不良而大量落果。此期施肥具有促进新梢生长，进一步提高坐果率，增加果实细胞数目，促进幼果快速生长的作用。以速效性氮肥为主。

③ 硬核期追肥　一般在硬核开始时施入。此期果核开始硬化，种胚迅速发育，对营养需求量大。如若此期营养不足，核和胚发育不良，后期果个较小，也会影响此后的花芽分化质量。该期追肥应氮磷钾配合施用。在河南较大地区，极早熟品种和早熟品种可提前至 5 月中旬施入。

④ 果实膨大期追肥　一般在果实成熟前 $15\sim20$ 天施入。此期果实细胞膨大迅速，果实生长快。此次施肥能促进果实的快速生长，增大果个，促使营养物质尤其是碳水化合物向果实中的运转，提高果实的含糖量，促进着色，对于提高当年产量和果实品质具有重要作用。此次追肥应以钾肥为主，配合适量的磷肥和氮肥。

⑤ 采果后追肥　主要对消耗养分较多的中、晚熟品种或树势较弱的植株进行施肥。此次施肥对于以恢复树势，提高树体贮藏营养水平，充实枝芽，提高越冬抗寒性和花芽分化质量具有重要作用。此次

追肥以氮肥为主，配合适量的磷肥和钾肥。

为提高肥料的利用率，具体的施肥时期还应根据不同肥料性质来定。如易挥发、流失的速效性肥料和易被土壤固定的肥料适宜在需肥期或稍前施入；迟效性肥料应提前施入。不同肥料的肥效见表 6-3。

表 6-3 不同肥料的肥效速度

肥料种类	各年肥效/%			开始发挥肥效时间/天
	第一年	第二年	第三年	
圈粪	34	33	33	15～20
人粪	75	15	10	10～12
人尿	100	0	0	5～10
马粪	40	35	25	15～20
羊粪	45	35	20	15～20
猪粪	45	30	25	15～20
牛粪	25	40	35	15～20
鸡粪	65	25	10	10～15
生骨粉	30	35	35	15 左右
硫酸铵	100	0	0	3～7
硝酸铵	100	0	0	5 左右
尿素	100	0	0	7～8
过磷酸钙	45	35	20	8～10

5. 施肥方法

（1）有机肥的施肥方法 人畜粪尿等有机肥必须先腐熟再施用，以免施入的有机质在土壤中腐熟时，产生热量和有害气体伤害周围的根系，即通常所说的"烧根"现象。受害根系中的扁桃苷，在土壤某些微生物和线虫分泌的扁桃苷酶的作用下，会分解产生氢氰酸等有毒物质，这些物质阻碍根系的呼吸，又会导致烂根的发生，造成恶性循环，给生产带来很大损失。

密植园可采用条沟施肥（图 6-1），即在树冠外缘顺行挖深、宽各为 40～50 厘米的条状沟，挖沟时将表土与底土分别放置，将施入的肥料与表土混合后回填，表土不够用时，可用行间的表土，再将底土分撒于行间。稀植园可在树冠外缘的行间和株间挖井字沟施肥（图 6-2）。劳力不足的地区，第一年可在树冠外缘的行间挖沟施肥，第二年在株间挖沟施肥，两年完成一次井字沟施肥。在果园中挖沟施肥是一项劳动强度大、费时费工的工作，为减轻劳动强度、节省用工投资，降低生产成本，有条件的大型果园，可采用果园小型挖沟机挖沟，再采用人工施肥。施肥后灌水。

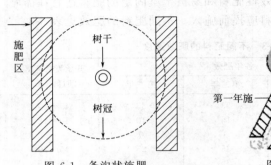

图 6-1　条沟状施肥

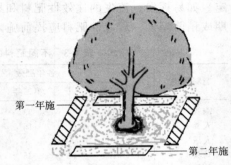

图 6-2　井字沟施肥

沼渣、沼液和氨基酸类肥料均属于有机肥类肥料。近些年来，对于这些肥料，一些研究者已在桃树上进行了应用试验，取得了良好效果。沼渣、沼液是已发酵后的清洁有机肥肥料，除含有含有丰富的氮、磷、钾大量元素外，还含有硼、铜、铁、锰、钙、锌等微量元素，以及大量有机质、多种氨基酸和维生素等有机营养成分。沼渣多用于土施，沼液即可土施，也可喷施。王楠等报道，施用沼渣对土壤有明显的改良作用，沼渣含量为 20% 和 14% 的 1.8 千克有机肥时，土壤中的有机质含量分别较未施肥处理的增加 18.7% 和 11.6%，总氮含量分别增加 37.9% 和 56.8%，总磷含量分别增加 31.9% 和 41.6%。蒋华等在贵州省余庆县对皮球硬桃从 4 月 18 日在第 1 次生理落果后开始第 1 次施用沼液，以后每隔 15 天使用 1 次，8 月 20 日停用。试验结果表明，喷施 20%、40%、60%、80% 和根施 100% 的沼液，平均单果重比对照增加 34～69 克，其中以喷施 60% 喷施和 100% 根施效果最好，可溶性固形物含量对照增加 0.2%～1%；喷施 60% 和根施 100% 的沼液分别增产 22.6% 和 20.9%，施用量在产极显著地高于对照。

王晨冰等对艳光油桃从硬核期至成熟期每间隔 7～10 天分别喷施 1 次 100%、75%、50% 和 25% 的沼液，以喷清水为对照，共喷施 4 次。研究结果表明，喷施 75%、50% 和 25% 的沼液对艳光油桃果实品质均有促进作用，其中以喷施 75% 的沼液效果最好（表 6-4），单果重、维生素 C 含量和果实可溶性糖含量分别增加 15.2％、20.2％和 12.6％，糖酸比增加了 9.29。但喷施浓度过高对果实品质则有一些不良影响。与对照相比，喷施 100％的沼液，果实可溶性糖含量略有下降，维生素 C 含量下降了 20％。

表 6-4　喷施不同浓度沼液对艳光油桃果实品质的影响

喷施深度 /％	单果重 /克	维生素 C /(毫克/千克)	可溶性糖 /(克/千克)	可滴定酸 /(克/千克)	糖酸比
100	97.2	75.0	52.9	3.80	13.92
75	110.5	113.8	68.2	3.29	20.70
50	107.5	97.8	60.7	3.83	15.84
25	100.3	94.7	57.8	4.14	13.96
清水对照	95.9	94.7	54.2	4.75	11.41

孙志永等报道，于 4 月 25 日、5 月 8 日和 5 月 19 日分别对每株油桃喷施 50％的沼液 15 千克，平均单果重和平均单株产量分别比喷清水的对照增加了 16.7％和 13.7％。

喷施沼液不能有效地防止桃树早春冻害的发生。吴云山等报道，在桃树刚萌动至花蕾展开前 1 个月内每隔 1 周喷施 1 次 60％沼液，连喷 4 次，如遇晚霜冻害，发生霜冻后再喷施 1 次，能明显增强树势，提高桃树防冻抗寒的能力，促进桃树生长结果，果实品质、优质果率明显提高，病虫害发生程度也较轻。

由于不同沼肥的原料、发酵时间长短、各种营养成分含量不一，其相同使用量、浓度和施用时期的效果可能会有不一致的现象，因此，各地在应用时，应先进行小型试验，以确定其各自的最佳使用量、浓度、施用时间和次数。

氨基酸液肥是以氨基酸为主要成分、并含有氨基酸螯合物和植物生长所必需的多种营养元素的可被植物直接吸收利用的有机液体肥料，主要用于喷施，也可用于土壤追施。江景勇等的试验结果表明，对荧光 7 号油桃于花后和花后 35 天各喷施一次 800 倍液的氨基酸叶面肥，能显著降低果实中可滴定酸含量，降低幅度达 44.6％；提高果实中可溶性蛋白和维生素 C 含量，增加幅度分别为 7.9％、9.3％，可溶性糖含量增加 20.6％，糖酸比增加 1 倍以上。

王孝娣等研究了含硒为 3% 的氨基酸硒液体肥对中油 4 号油桃和春雪毛桃影响。试验结果表明，施用氨基酸硒液体肥能显著增加叶片厚度，改善桃树的叶片质量；显著提高叶片中叶绿素含量和净光合速率，净光合速率是对照的 1.22～1.50 倍；产量得到显著增加，产量比对照高 2.836～8.145 吨/公顷；显著增加果实可溶性固形物和可溶性糖含量及糖酸比，改善果实品质；显著提高果实中维生素含量、SOD 活性和果实硒含量。

（2）速效性化肥的施肥方法　速效性氮肥和钾肥等，易溶于水，也易随水流失，施肥不宜太深；此外，一些氮肥易挥发损失，施肥后需盖土。施肥的方法主要有穴施、放射沟施、全园撒施、灌溉式施肥等。

① 穴施　在树盘内挖若干个呈梅花形分布的穴（图 6-3），穴的多少根据树冠的大小来定，穴深 10～20 厘米，由内向外逐渐加深，将肥料施入穴内后覆土。

② 放射沟施　从距树干 1 米处向外挖 4～8 条放射状沟（图6-4），沟长超过树冠外缘，由里向外逐渐加宽、加深，距树干近处深 10 厘米，向外逐渐加深至 20 厘米。将肥料均匀施入沟内，施肥后埋土。这种方法施肥面广。

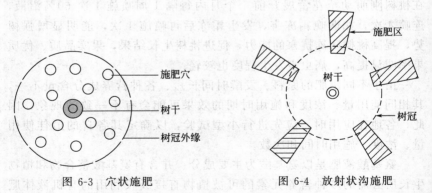

图 6-3　穴状施肥　　　　　　　图 6-4　放射状沟施肥

③ 全园撒施　将肥料均匀地撒于全园的土壤表面，再耕翻 20 厘米深。这种施肥方法更适合于密植果园。

④ 灌溉式施肥　先将肥料按一定比例溶于水中，通过滴灌或喷灌进行施肥。这种施肥方式供肥及时，肥分分布均匀，肥料利用率高，省工省时，即不伤根又可保护土壤结构。

（3）缓效性肥料的施肥方法　过磷酸钙、钙镁磷肥、钢渣磷肥等缓效性肥料施入土壤后，需经一定时间才能发挥肥效，而且释放出的磷又易被土壤所固定。为加快养分的释放速度，避免土壤对磷的固定，应先将其粉碎成细小的颗粒后再与有机肥混合后作基肥施入。

（4）叶面喷肥　又称根外追肥。是将肥料溶解于水中，配成低浓度的水溶液，再喷施到枝叶上的施肥方法。叶面喷肥具有省工、用肥少、肥效快、可以避免土壤对某些元素（如磷、铁、锌）的固定等优点。但也有肥效短，施肥量少，对元素缺乏严重的植株需多次喷施等不足。不同时期喷施的肥料种类、浓度和作用见表 6-5。

表 6-5　桃树叶面喷肥的种类、浓度与作用

时　期	种类及浓度	作用效果	备　注
萌芽期	2%～3%尿素	促进萌芽和叶片发育，提高坐果率	不能与草木灰、石灰混用
	1%硼酸或硼砂	提高坐果率	用于缺硼的果园
	3%硫酸锌	矫正小叶病	用于缺锌的果园
萌芽后	0.3%尿素	促进叶片转色、提高坐果率	可连续喷施 2～3 次,相邻再次间隔期 15 天左右
	0.3%硫酸锌	矫正小叶病,促进生长、发育	用于出现小叶病的果园
花期	0.3%硼砂 0.3%蔗糖	提高坐果率	可连续喷施 2 次
新梢旺长期	0.1%柠檬酸铁或 0.3%硫酸亚铁或 0.5%黄腐酸二胺铁	矫治缺铁性黄叶病	可连续喷施 2～3 次,相邻再次间隔期 10～15 天
果实发育后期	0.5%磷酸二氢钾 0.5%硝酸钾 0.5%硫酸钾 3%草木灰浸出液 2%过磷酸钙浸出液 0.03%稀土	促进果实发育,增进果实品质,提高果实含糖量、着色率和着色面积	草木灰浸出液不能与氮肥、过磷酸钙浸出液混用,施用2～4 次
采收后至落叶期	1%尿素 0.5%硫酸锌 0.5%硼砂 0.7%硫酸镁	延迟叶片衰老,增加树体营养贮备,矫正缺素症	连续多次

叶面喷肥最好选在阴天或晴天的早晨和傍晚，不宜在晴天的中午，以名发生药害。喷布应均匀、细致，为提高肥料利用率，应喷叶片背面，喷施程度以药液刚下滴为度。

（5）菌肥　酵素是一种由细菌、酵母菌、放线菌 3 大类 23 种有益菌株组成的微生物群体，具有较强的好气性发酵分解能力，增强土壤微生物的活动能力、分解土壤中有害物质、疏松土壤提高土温、增强植物的光合作用和抗病能力，提高果实品质和产量等作用。李艳萍等以习惯施肥：基肥施 30 吨/公顷猪粪，幼果期施尿素 300 千克/公顷、硫酸钾 300 千克/公顷，膨大期施尿素 300 千克/公顷、硫酸钾 300 千克/公顷为对照，研究了酵素有机肥处理：基肥施入绿洲酵素有机肥 7500 千克/公顷，幼果期叶喷酵素 4 号 100 倍液 15 千克/公顷，根灌酵素 5 号 100 倍液 30 千克/公顷，膨大期叶喷酵素 4 号 100 倍液 15 千克/公顷，根灌酵素 5 号 100 倍液 30 千克/公顷对久保桃和北京 24 号桃果实品质和产量的影响。研究结果表明，与对照相比，施肥酵素有机肥的久保桃和北京 24 号桃果实可溶性固形物含量分别平均增加 0.36％和 1.92％，着色指数分别平均增加 63.5％和 67.7％；久保桃平均增产 8250 千克/公顷，增产率 26.7％；北京 24 号桃平均增产 4365 千克/公顷，增产率 14.1％，增产效果十分显著。

（三）水分管理

桃树的水分管理包含灌水、控水、保墒和排水四个方面。不同时期的水分管理内容和实施与桃树的不同物候期对水分的需求、降水时期与降水量、土壤结构和土壤湿度、土壤管理制度、树龄和树体大小、植株生长状况、产量等情况有关。

1. 灌水

虽然桃树是较为耐旱的树种，在土壤田间持水量为 20％～40％时仍能正常生长，但桃树属于水果类果树，其果实肥大多汁，含水量高，而且枝叶生长大，在整个生长期必需给予适时、适量的水分供应才能保证枝叶的良好生长和高产优质。当土壤田间持水量降至某一水平以下时，叶片出现萎蔫，此时的土壤含水量称为萎蔫系数（表 6-6）。若长期处于干旱状态，果个则会变小、品质下降，甚至出现大量的落果。因此，在土壤含水量接近萎蔫系数以前就应及时地给予灌水。

表 6-6　不同土壤的含水量

土壤	持水量/%	持水量的 60%～80%/%	萎蔫系数/%
细沙土	28.8	17.3～23.0	2.7
沙壤土	36.7	22.8～29.0	5.4
壤土	52.3	31.4～41.8	10.8
黏壤土	60.2	36.1～48.2	13.5
黏土	71.2	42.7～57.0	17.3

（1）灌水时期　每次土壤施肥后均应给予充足的灌水，以免出现施肥后土壤浓度过高造成"烧根"现象的发生。除此之外，在以下几个关键生育期，如若土壤水分不足又无降水应给予灌水。

① 萌芽前　此期土壤缺水，常常造成萌芽晚，萌芽率低，发芽不整齐，新梢生长量小，叶片小等现象，而且之后的开花不良，坐果率低，影响当年的产量。在春季普遍干旱的我国华北地区，萌芽前灌水尤为重要。此期灌水可以明显提高萌芽率，促进新梢生长，有利于开花、坐果，同时，还可减轻倒春寒和晚霜的危害。但该期灌水应灌足灌透，避免少量多次灌水，使地温长期处于低温状态，影响根系的生长和对水分养分的吸收。

② 谢花后　此期，果实细胞迅速分裂增多，幼果发育快。新梢进入旺盛生长期，叶面积扩大迅速，需水多，而且树体对缺水敏感，如出现干旱，不仅会影响新梢生长和叶面积扩大，还会造成大量落果而减产。因此，如若此期缺水，应及时灌水，以保证良好的幼果发育和枝叶生长。

③ 硬核前　桃硬核期是对土壤水分含量最敏感的时期，如若缺水，果实得不到充足的水分供应而易落果；但水分过多，新梢旺长，竞争养分能力强，果实发育获得营养不足也易脱落。因此，如若此期灌水量应适中，不宜过多。

④ 果实膨大期　此期是果实体积和重量增长量最大的时期，也是需水最多的时期，必须保证桃树对水分的需要，此期灌水可以明显增大果个，增加单果重，提高产量。在该期内，若长期干旱后遇大的降水和灌水易出现裂果现象的发生，因此，在果实膨大期应保证水分的适量和均衡供应。

⑤ 土壤结冻前　灌足封冻水，满足桃树休眠期对水分的需要，

可以提高树体越冬能力，防止冻害的发生，也有利于翌春的萌芽、展叶和新梢生长。这在冬季干旱的地区和年份更为重要。

（2）适宜的灌水量　在桃树的不同生育时期灌水量不尽相同。萌芽前、谢花后以及土壤结冻前应灌入透水，以达到土壤的主要耕作层（表 6-7）。开花期要求的适宜土壤含水量为田间最大持水量（土壤能保持的最大含水量）的 60% 左右；硬核期为田间最大持水量的 60% ～ 70%；果实膨大期为田间最大持水量的 60% ～ 80%；果实成熟前以保持在田间最大持水量的 50% ～ 60% 之间为宜，此期水分含量不宜过多，否则果实含糖量低，风味淡，着色差。

也可用经验法大致判定土壤中的含水量。土壤"见干见湿"，说明土壤含水量在田间最大持水量的 60% 以上。壤土或沙壤土，手握成团，再挤压不易碎裂，说明土壤含水量大约在田间最大持水量的 50% 以上；如若手握不成团或松手后散开，说明土壤含水量太低，需及时灌水。黏壤土，虽然手握能成团，但轻压易破裂，说明土壤含水量低，也需灌水。

表 6-7　不同土壤达到最大田间持水量所需灌水量（杜澍等）

单位：米^3/3 亩

灌前含水量/%		湿润深度/厘米							
黏土	黏壤土	10	20	30	40	50	60	70	80
25	22	4.3	8.7	13.0	17.3	21.7	26.0	30.0	34.7
24	21	5.2	10.4	15.6	20.8	26.0	31.2	36.4	41.6
23	20	6.1	12.1	18.2	24.3	30.4	36.4	42.5	48.6
22	19	6.9	13.9	20.8	27.7	34.7	41.6	48.6	55.5
21	18	7.8	15.6	23.4	31.2	39.0	46.8	54.6	62.4
20	17	8.7	17.3	26.0	34.7	43.4	52.0	60.7	69.4
19	16	9.5	19.1	28.6	38.2	47.7	57.2	66.8	76.3
18	15	10.1	20.8	31.2	41.6	52.0	62.4	72.8	83.2
17	14	11.3	22.5	33.8	45.1	56.4	67.6	78.9	90.2
16	13	12.1	24.3	36.4	48.6	60.7	72.8	85.0	97.1
15	12	13.0	26.0	39.0	52.0	65.0	78.0	91.0	104.0
14	11	13.9	27.7	41.6	55.5	69.4	83.2	97.1	111.0
13	10	14.7	29.5	44.2	59.0	73.3	88.4	103.2	117.0
12	9	15.6	31.2	46.8	62.4	78.0	93.6	109.3	124.9

续表

灌前含水量/%		湿润深度/厘米							
壤土	沙壤土								
20	17	4.7	9.3	14.0	18.7	23.3	28.0	32.7	37.4
19	16	5.6	11.2	16.8	22.4	28.0	33.6	39.2	44.8
18	15	6.5	13.1	19.6	26.1	32.6	39.2	45.8	52.3
17	14	7.5	14.9	22.4	29.9	37.4	44.8	52.3	59.7
16	13	8.4	16.8	25.2	33.6	42.0	50.4	58.8	67.2
15	12	9.3	18.7	28.0	37.4	46.7	56.0	65.4	74.7
14	11	10.3	20.5	30.3	41.1	51.4	61.6	71.9	82.2
13	10	11.2	22.4	33.6	44.3	56.0	67.2	78.4	89.6
12	9	12.2	24.3	36.4	43.6	60.7	72.3	85.0	97.1
11	8	13.1	26.0	39.2	52.3	65.4	78.4	91.5	104.6
10	7	14.0	28.0	42.0	56.0	70.0	84.0	98.0	112.0
9	6	14.9	29.9	44.8	59.8	74.7	89.6	104.6	119.5
8	5	15.9	31.7	47.6	63.5	79.4	95.2	111.1	126.9
7	4	16.8	33.6	50.4	67.2	84.0	100.3	117.7	134.5
沙土									
12		2.0	4.0	6.0	8.0	10.5	12.0	14.0	16.0
11		3.0	6.0	9.0	12.0	15.0	18.0	21.0	24.0
10		4.0	8.0	12.0	16.0	20.0	24.0	28.0	32.0
9		5.0	10.0	15.0	20.0	25.0	30.0	35.0	40.0
8		6.0	12.0	18.0	24.0	30.0	36.0	42.0	48.0
7		7.0	14.0	21.0	28.0	35.0	42.0	49.0	56.0
6		8.0	16.0	24.0	32.0	40.0	48.0	56.0	64.0
5		9.0	18.0	27.0	36.0	45.0	54.0	63.0	72.0
4		10.0	20.0	30.0	40.0	50.0	60.0	70.0	80.0
3		11.0	22.0	33.0	44.0	55.0	66.0	77.0	88.0

注：黏土最大持水量按27%计算；黏壤土最大持水量按30%计算；壤土最大持水量按25%计算；沙壤土最大持水量按22%计算；沙土最大持水量按14%计算。

（3）灌水方法　目前生产上采用的灌水方法有以下几种。

① 盘灌　在树冠边缘顺行修筑土埂，或使树盘略低于行间，将水灌于树盘内。此法方便、省工，但土壤易板结。

② 沟灌　在行间开沟或使树盘内的土壤略高于行间，在行间灌水，使水逐渐浸润到树盘内。此法省水，不破坏树盘内的土壤结构，

灌水适量时，树盘土壤环境较好。

③ 喷灌 喷灌具有省工、省水、调节小气候等优点，尤为适宜于土地不平整的果园和地形复杂的丘陵山地果园。此外，也可利用喷灌设备进行喷药和叶面喷肥。根据工作压力和射程可将喷头分为高、中、低3种，低压喷头（工作压力 98～294 千帕，喷水量小于 10 米^3/小时，射程 20 米以内）和中压喷头（工作压力 294～490 千帕，喷水量小于 10～40 米^3/小时，射程 20～40 米）因耗能少、喷灌质量高应用最多。为提高喷灌的均匀度和水分利用效益，易在风速低于 4～5 米/秒时应用。表层土壤紧实的果园，喷灌前应进行松土。果园喷灌的水质应好，盐分含量应低于 0.2%，以免叶片发生盐害和盐分在土壤中积累，造成土壤盐渍化。

④ 滴灌 在果园内铺设干管、支管和毛管。毛管顺行铺设于树干两侧的树盘上，根据树冠大小，在每株树下的毛管上安装 2～4 个滴头，将水过滤、增压（或利用地势形成落差自压）并通过干管、支管、毛管输送到滴头，再以水滴的形式浸润根际周围的土壤。滴灌不受风速和地形的影响，水量易于控制，不至于产生泾流和深层渗漏，与喷灌相比可节水 50% 左右，比普通灌溉节水 60%～75%，而且不破坏土壤的自然结构，土壤环境好，通过水分的向外浸润，还可促使树盘内土壤中的盐分向下、向外移动，从而降低树盘内土壤中的盐碱含量。此外，结合滴灌施肥不伤根系。因此，对于盐碱地果园、干旱地区果园、无自流灌溉条件的果园以及丘陵山地果园采用滴灌进行灌溉更具有意义。

虽然喷灌和滴灌具有很多的优点，但建立喷灌和滴灌系统的投资较大。

2. 控水

开花期不宜灌水，否则易造成大量的落花，为保证开花时的土壤水分含量，应在开花前根据土壤墒情确定是否灌水。果实成熟前，如果土壤不是过于干旱一般不灌水，否则，会影响果实的着色和风味；如若此期干旱，可进行适当的轻灌。秋季是枝条的充实、成熟期，应进行适当的控水，否则枝条成熟度不够，抗寒能力差。此外，秋季雨水多或灌溉过量，桃树易患根腐病、冠腐病。

树势也是确定是否控、灌水的主要依据之一。对于生长势弱的植株，为促进生长，在各需水的关键时期应保证水分的充足供应，而对旺长树则应适当控水，尤其是新梢迅速生长期控水有利于控制树体的旺长。

3. 合理保墒与树盘积雪

（1）合理保墒　良好的保墒和节水措施，可以提高水分利用效率，减少灌水次数，降低生产成本。保墒和节水措施主要有早春顶凌刨园，春季覆盖地膜，雨后和灌水后及时中耕，旱季松土除草、树盘覆草，入冬前翻刨树盘等。

（2）树盘积雪　对于冬春干旱的北方桃产区，在冬季降雪后，将果园外和果园内非生产区域的雪积于树盘，不仅可以有效地增加树盘内土壤中的含水量，而且还可保护根颈和根系免受冻害，防止冻害现象的发生。

4. 排水

桃树怕涝。其根系呼吸旺盛，要求土壤中的氧气含量较多，桃园积水后，土壤中的氧气含量减少，根系被迫进行无氧呼吸，易产生乙醇、甲烷等有毒物质，致使根系受害腐烂，地上部也会出现黄叶、落叶、落果等现象。在排水不畅、积水 $2 \sim 3$ 天的情况下桃树即可死亡。因此，桃园必须有完善的排水系统，并做好维护工作，保证雨季能及时排水，尤其是雨水较多的南方桃园以及地势较低、地下水位较高、土壤黏重的桃园更为重要。

二、注重花果管理

根据树体的大小、生长势的强弱、当年的气候条件和花果量的多少进行有效的保花保果或合理的疏花疏果，实施果实套袋等综合技术，提高果实品质，是保证连年丰产稳产优质高效的重要保证。

（一）保花保果

保花保果是保证获得一定产量的重要措施，尤其是在冬季严寒，花芽受冻，花果量不足或花期和幼果期遇到不良气候条件，遭受晚霜为害的年份，以及对自然坐果率低的品种更为重要。不同桃园的具体情况不同，造成落花落果的原因各异，应在分析造成落花落果原因的基础上，采取有效措施。保花保果的措施主要有以下几方面。

（1）加强肥水管理，提高树体营养水平　花芽分化、开花、果实生长发育、种子的形成均需消耗大量营养，如果树体营养不足，即使授粉受精良好，也会造成大量的落花落果，这是弱树坐果率低的主要原因。对于弱树，开花前进行一次追肥和灌水，幼果迅速生长期再喷施一次 0.3% 的尿素，对增加坐果有明显效果。加强夏季修剪，疏除过密枝梢，改善树体通风透光条件，提高叶片同化功能；秋季增施有机肥和适量的氮、磷肥，均可提高贮藏营养水平和花芽分化质量，为次年的开花、坐果提供良好的物质基础。

（2）防止花期霜冻　华北的广大地区，在桃树开花期，晚霜尚未终止，一旦发生霜冻，会因花器受冻而造成大量落花。晚霜一般多发生在寒流即将过去的无风夜晚，可在霜冻发生期的傍晚，在果园内点燃柴草熏烟，防止霜冻的发生。

（3）人工授粉　桃树的一些品种无花粉，如天王桃、早凤王、6C桃等，需配置授粉品种才能结实。花期遇到低温、降水、大风等不良天气的年份，往往会因授粉授精不良造成大量落花落果。对于这些果园和年份应进行人工授粉。

① 采集花粉　桃花的雌蕊在开花前已有受精能力，花粉在开花后 1～2 个小时即可散粉，因此，对于面积小、授粉量不大的桃园，可结合疏花，在授粉当天早晨的开花前，从适宜授粉树上采集含苞待放的铃铛花，带回无风干燥、温度在 20～25℃ 之间的室内，铺好洁净的白纸，两手各捏住 1 朵花的花柄，使两花相对并轻轻搓揉，剔除花瓣、花丝后，将花药薄薄地摊成一层，1～2 小时即可自然阴干用于授粉。如面积大，需花粉量较多，可在授粉的前一天采集花蕾，收集花粉后装入洁净干燥的黑色玻璃瓶中密封备用，其花粉在一周内可保持良好的发芽能力；也可通过花粉公司提前购买花粉。

② 授粉方法　人工授粉适宜在盛花初期进行，以花朵开放的当天授粉，坐果率最高。

a. 人工点授：将花粉和滑石粉或干燥的细淀粉以 1:（2～5）的比例混匀，用纸棒、小毛笔、橡皮头、气门芯等蘸取花粉点授到刚开放花的柱头上，每蘸一次可点授 5～7 朵花。若开花量大，不必对每朵花都进行授粉，授粉花朵总量可为留果量的 1.5 倍。在授粉时，主要给向下生长或两侧斜向下生长的、开花早的、花朵大的健壮花粉，因为这些花将来形成的果实较大。一般来讲，长果枝授 3～5 朵花，中果枝和短果枝选 2～3 朵花，花束状果枝授 1～2 朵花。

　　b. 袋授法：将花粉和滑石粉按 1∶（10～20）的比例混匀，装入由 2～3 层纱布缝制的授粉袋中，吊在竹竿上，将授粉袋置于授粉植株的树冠上部敲打竹竿，花粉便均匀飘落在花上。

　　c. 鸡毛掸碰授：此法不需采集花粉。盛花期用鸡毛掸分别在授粉品种和主栽品种的花间轻轻碰动，达到授粉的目的。目前，一些厂家已生产出了电动装置（图 6-5），将鸡毛掸插入电动装置，按下按钮，鸡毛掸即可旋转。

　　d. 液体授粉：将花粉混入 10% 的蔗糖液中，用喷雾器喷布。为增强花粉生活力，还可用水 10 升、蔗糖 1 千克、花粉 50 毫克、硼酸 10 克混匀喷布。但需在混后 2 小时内喷完。一株大树需花粉液 100～150 克。

　　e. 机械喷粉：将花粉和滑石粉按 1∶（5～10）的比例混匀，运用喷粉器（图 6-6）在距花 20 厘米处喷粉。

　　　图 6-5　鸡毛掸碰授粉器　　　　　　　图 6-6　喷粉器

　　利用喷粉器喷粉或用喷雾器喷雾授粉可以明显提高授粉工作效率。

　　（4）花期放蜂　蜜蜂和壁蜂是果树的天然授粉者。花期放蜂可减轻劳动强度、节省人力物力，据计算每 667 米^2 果园至少可节省 6 个授粉用工劳力，比人工授粉节省成本 60%。在平地盛果期桃园，3 箱蜜蜂平均可完成 1 公顷桃园的授粉任务。刘乐昌等报道，与对照（自然传粉）相比，花期采用蜜蜂传粉可使桃树坐果率提高 35.9 个百分点，产量提高 41.2%。

壁蜂和熊蜂访花速度快，工作效率高。壁蜂主要有角额壁蜂、凹唇壁蜂、紫壁蜂、圆蓝壁蜂及橘黄壁蜂几种，150～200头即可满足667米² 桃园的授粉需要。陈立新报道，在花期对桃树采用壁蜂授粉效果显著，早凤王桃坐果率提高了近400%，新选、久保和60三个桃品种的坐果率提高了78%、94%和110%。安建东等研究表明，明亮熊蜂的活动起点温度低、日工作时间长、访花速度快，传粉效果好。经明亮熊蜂传粉的设施栽培条件下的晚九保桃、早露蟠桃和瑞光5号油桃的平均坐果率分别为49.30%、38.17%和50.58%，显著高于人工掸花传粉的平均坐果率（分别为25.02%、20.91%和26.39%）。

董淑华等对设施栽培条件下的沙子早生和中油5号的试验研究结果表明，用熊蜂传粉，沙子早生的坐果率为95.7%，较蜜蜂传粉高7.7个百分点，比对照（自然传粉）高56.4个百分点；畸形果率为1.8%，比蜜蜂传粉和对照分别低6.8个和16.8个百分点；平均单果重223.2克，比蜜蜂传粉和对照分别增加4.6克和6.2克；666.7平方米产量2315.2千克，比蜜蜂传粉和对照分别增产15%和91%以上。用熊蜂传粉的中油5号的坐果率为98.3%，较蜜蜂传粉高7.3个百分点，比对照高29.6个百分点；畸形果率为1.4%，比蜜蜂传粉和对照分别低6.8和14.8个百分点；平均单果重170.2克，比蜜蜂传粉和空白对照分别增加3.7和4.4克；666.7米² 产量3315.9千克，比蜜蜂传粉和对照分别增产11.9%和1倍多。

山地果园地形复杂，应适当加大放蜂量。果园放蜂的时间，应在开花前1～2天开始至盛花末期结束。为提高蜂群的传粉效果，可对蜂群或在蜂箱口喷洒少量的桃花粉，开花期对花喷布1%的蔗糖。放蜂期间，果园严禁喷洒杀虫剂，放蜂前的喷药时间距放蜂时不少于10天，以免使蜂中毒，造成蜂群损失，影响授粉效果。

（5）花期喷硼、喷糖　硼和蔗糖均有利于花粉的萌发和花粉管的伸长，加快受精过程的完成。喷施时期为盛花期，硼砂的适宜浓度为0.3%，蔗糖的适宜浓度为1%。

（6）喷施生长调节剂　对旺长树可根据长势喷布2～3次0.5～1毫克/升的多效唑，花期喷施0.05毫克/升或于花后15～20天喷施毫克/升的赤霉素均可有效地提高坐果率。

（7）控制旺长，调节营养分配　枝梢生长旺盛，竞争营养能力强，营养向枝梢分配的多，而向发育中的果实分配的少，这是旺树、旺枝落果多、坐果少的主要原因。冬季修剪不宜过重，以免刺激植株旺长。对旺长新梢摘心或拧梢，根据长势和花量于花期对树干或主枝环割1～2圈（深达韧皮部），均可缓和枝梢生长与幼果发育对营养竞争的矛盾，调节营养分配方向，促进营养向果实中运转，减轻落果，提高坐果率。

（8）高接花枝或插花枝　缺乏授粉品种或授粉树不足的果园，可将适宜授粉品种的带有花芽的枝条高接于树冠上，作为长期授粉的花枝。来不及高接花枝或授粉树开花少的年份，可在开花初期剪取授粉品种的花枝，插入水瓶中，挂在需要授粉植株的树冠上，用以促进授粉，提高坐果率。

（9）加强病虫害防治　加强病虫害防治，保证叶片完整和具有较强的光合能力，可以提高树体营养水平，减少养分消耗，维持树体健壮，为开花、坐果和果实发育提供充足的营养物质，从而起到保花保果的作用。但在防治过程中，还应避免因药害造成落花落果。

（二）疏花疏果

桃树是容易形成花芽的树种。在正常年份，盛果期桃树的各类枝条均能形成花芽，花期开花量大，而且多数品种自然坐果率高。结果过多的年份，树体超负荷运转，生长与结果的矛盾突出，往往表现果个小、果实品质差、核大肉薄风味差、商品果率低、树势衰弱、结果枝容易枯死、结果部位上移和外移，丰产期年限短，经济效益低等。因此，在花芽形成过多、开花结果量过大的年份，必须进行疏花疏果。合理疏花疏果可以合理调整花芽和果实的分布，均衡各部分的长势，保证树体中庸健壮，增强树体的抗性，减轻病虫冻害的发生，有利于连年丰产、稳产、优质，提高桃园的总体效益。

1. 疏花疏果的时期

开花、坐果和果实的生长发育、种子的形成均是消耗大量营养的过程。从节省树体营养的角度来讲，疏果不如疏花，疏花不如疏蕾、疏蕾不如疏芽，因此，疏花疏果宜早不宜迟。在正常年份，疏花疏果可在4个时期完成，即冬季疏花芽，花蕾期疏花蕾，花期疏花，谢花后30天内疏果。一般来讲，开花早、花果量大、坐果率高的品种和植株宜早疏；开花晚、坐果率低的品种和植株宜晚疏。

2. 疏花疏果的方法

（1）人工疏除

① 冬季疏花芽　花芽形成过多的年份，可结合冬季修剪疏除过多的花芽。在疏除时，多以疏除或短截果枝的形式进行。北方品种群桃树宜留健壮的短果枝上和花束状果枝，疏除过多的中、长果枝；南方品种群桃树宜留健壮的中、长果枝，疏除过多、过弱的短果枝上和花束状果枝。留花芽着生节位低、花芽排列紧凑、芽体饱满的果枝，疏花芽着生节位高、花芽排列稀疏、芽体质量差的果枝。留果枝中、后部饱满、质量高的花芽，疏果枝前端瘦小、质量差的花芽。留果枝背下和两侧斜向下的花芽，疏果枝背上的花芽。一般来讲，南方品种群桃树的长果枝可留 5～10 节花芽，中果枝留 3～5 节花芽。无论是北方品种群桃树或南方品种群桃树，其短果枝和花束状果枝均不短截。

② 疏蕾和花　疏蕾在开花前的铃铛期进行，疏花在盛花初期进行。主要是疏除畸形的、个体小的、发育进程晚的、病虫为害的花蕾和花，双花朵节位只留 1 朵。不同果枝留花蕾和花量见表 6-8。

表 6-8　不同枝条留花蕾和花量　　朵

枝条类型	长果枝	中果枝	短果枝	花束状果枝	预备枝和骨干枝延长枝
花蕾	6～10	4～5	3～4	健壮者留 1	不留
花	5～8	3～4	2～3		

③ 疏果　一年可进行两次。第一次在谢花后 2 周；第二次在生理落果期之后，即谢花后 5～6 周。第二次疏果又称为定果，不宜过早，以免影响产量。主要疏除畸形果、黄萎果、病虫果、朝天果、圆小果，留好果、下垂果、大果和长形果。一个节位留 1 个果。在疏花疏果时，还应根据具体情况灵活掌握。对于一株树而言，树冠上部和外围多留，下部和内膛少留。

人工疏除的顺序是：先疏弱树，后疏旺树；先疏树冠上部，后疏树冠下部；先疏内膛，后疏外围，以免因疏花疏果时人员的操作再次挫落树冠下部和外围的花果而造成减产。

虽然人工疏除灵活性大，可以根据不同部位的长势、花果量、果枝类型、花芽饱满程度和花果质量、花果着生部位等合理疏留，但人工疏除费时费工，一天一个熟练工只能完成 333～667 米² 土地面积上的疏花或疏果任务，因此，在面积大、劳力不足的地区，也可采用化学疏除，化学疏除比手工疏除可提高功效 12 倍。

（2）化学疏除　在桃树的疏花疏果中，应用的疏除剂主要有以下几种。

① 石硫合剂　其主要作用是抑制花粉萌发和花粉管伸长，杀死柱头，阻碍受精而引起脱落。喷施的适宜时期是盛花期，喷施后对当天开放的花和喷药产一天开放的花疏除效果好，喷药时对尚处于花蕾状态或已开放 2～3 天的花疏除效果差。为提高疏除效果，应将石硫合剂喷洒到柱头上。陈玉林在 4 月 28 日和 29 日的盛花期对久保桃分别喷施 2 次 0.4、0.7、1.0 波美度的石硫合剂，试验结果表明，喷施 0.4 和 0.7 波美度的石硫合剂均与自然落果相比无显著差异，未达到明显的疏除效果，喷施 1.0 波美度的石硫合剂，疏除效果与自然落果相比差异显著，而且与人工疏花效果相近。如若第一次喷药的疏除效果达不到要求时，可在 2～4 日后再喷一次。喷施石硫合剂还具有兼防病虫的作用。

② 二硝基化合物　其主要作用是灼伤花粉、柱头等花器官，使花不能授粉、受精而脱落，但对已完成受精的花不具有疏除作用。因此，必须在一部分已经受精，而一部分花尚未开放或刚开放时施用，一般在盛花期开始的第三天，使用浓度为 800～2000 毫克/升。由于在空气相对湿度较大的条件下，能增加对二硝基邻甲酚的吸收，易引起伤害或疏除过重，因此，花期多雨、空气湿度大的产区和年份不宜使用。

③ TMN-6　是一种表面活性剂，对人体无毒，对环境无害，已经美国食品和药品管理局认证，可应用于饮食业餐具洗涤和农林业，是国外应用较多的一种新型疏花疏果剂。郑先波等的研究结果表明，喷施后，TMN-6 能够迅速杀伤花器官，影响授粉受精，具有显著的疏花疏果效果。在盛花期喷施 1 毫克/升的 TMN-6，春艳和特早红桃的坐果率分别为 29.41% 和 31.55%，可满足生产上对疏花疏果的要求。在盛花末期喷施可使大量的花果在盛花后 1～2 周脱落，而且对已经坐果的幼桃损伤很小，硬核期和采收前落果很轻。但使用浓度不

宜过高，否则会出现药害。当浓度达到 6 毫克/升时，植株的花和叶均出现灼伤现象，当浓度超过 10 毫克/升时，植株的花、叶全部灼伤，当年绝收。

④ 萘乙酸　萘乙酸引起果实脱落的原因有人认为是影响了幼果的激素平衡，减少了生长素含量或阻碍了吲哚乙酸向果柄的传导；也有人认为是促进了乙烯的形成，提高了离层纤维素酶活性，使离层纤维素发生了分解。张玉龙等报道，于盛花期的 4 月 19 日和 20 日对 10 年生晚黄金桃喷施 30 毫克/升萘乙酸，疏除效应可达 70% 左右，接近手工疏除，其疏除作用主要发生在第 4 周以后。如在谢花后 3～7 周喷施，使用浓度为 40～60 毫克/升。

⑤ 乙烯利　其主要作用是释放乙烯，降低吲哚乙酸含量或阻止吲哚乙酸向果柄传导。此外，乙烯也可诱导产生脱落酸，降低吲哚乙酸与脱落酸的比值。在盛花期至谢花期、幼果期喷施均有疏除作用，既可疏花又可疏果。对坐果率高的品种可进行疏花，对坐果率低的品种可进行疏果。不同品种对乙烯的敏感程度不同，使用浓度也不同。

⑥ 其它疏除剂　在桃树上应用到的疏除剂还有整形素，可在花后 1 周喷施，使用浓度为 40～60 毫克/升。日本在开花 2～5 天后使用疏桃剂（NAP），使用浓度为 200 毫克/升。

影响化学疏除的因素很多。有些药剂只在花期使用有效，如二硝基邻甲酚、石硫合剂等，这些药剂又被称之为疏花剂；有些宜在幼果期使用，如整形素等，则被称之为疏果剂。有些在花期和幼果期均有疏除效果，如萘乙酸、乙烯利、TMN-6 等。不论何种疏除剂，浓度越大，疏除量越多，即使浓度适宜，喷药量过大也会造成疏除过重或发生药害。为安全起见，宜采用较低的适用浓度。在药液中加入展着剂可提高药效，增加疏除量。

一般来讲，在同一药剂在相同的浓度条件下，品种不同，疏除效果也不同，若处理不当，常因疏除过量而减产。花果量大，为达到适宜的留果量，使用疏除剂的浓度应高。树势不同，疏除效果也不同，弱树较旺树疏除量大；对于同一树冠，外围疏果适中时，内膛和生长势弱的枝上往往会发生疏除过量，因此，在使用疏除剂时可只喷施树冠外围，内膛可不喷或少喷。

采用化学疏除，必须以保证产量为前提，应防止疏除过度。由于疏除效果受品种、树势、气候、肥水管理水平、花果量、药剂种类和药品质量以及喷施时期、浓度和技术等因素的影响，因此，在应用前，必须针对不同品种先做小型试验，筛选出适宜的药剂种类、喷施浓度和时期，获得理想的效果后再大面积推广，最好先采用化学疏除，以疏除需要疏除量的 2/3～3/4，再辅以人工疏除。

3. 综合确定留果量

确定留果量的方法很多，如果枝类型法、叶果比法、果间距法等，也可以采取综合评定法确定适宜的留果量。

（1）果枝类型法　不同品种的不同果枝类型适宜留果数量不一，一般来讲，大果型品种每果枝留果数量少于中果型品种，中果型品种又少于小果型品种；长果枝每枝留果数量多于中果枝，中果枝每枝多于短果枝（表 6-9）。

表 6-9　不同果枝类型留果数量　　　　　　　　　个

果枝类型	大果型品种	中果型品种	小果型品种
长果枝	1～3	2～3	4～5
中果枝	1	1～2	2～3
短果枝	2～3 枝留 1	1	1～2
花束状果枝	不留	健壮者留 1	健壮者留 1
健壮副梢果枝	1		2

（2）叶果比法　适宜的叶果比与叶片面积大小、果个大小、果实成熟早晚等有关。北方品种群桃树，叶片面积小，叶果比应适当大些（表 6-10）。

表 6-10　不同品种类型适宜叶果比

品种类型	南方品种群			北方品种群
	早熟、小果类型	中熟、中果类型	晚熟、大果类型	
叶果比	20：1	（25～30）：1	（30～40）：1	（40～50）：1

（3）果间距法　在同一个果枝上，相邻两果之间应保持一定的间距，大果型品种果间距宜大，小果型品种可果间距可小，同一果枝上两果之间的距离一般应为 15～25 厘米。

（4）综合评定法　该方法是按确定的单位面积产量和栽植密度，

计算单株产量，再根据树体大小和树势的不同进行适当的调整，然后将具体的留果量均分到每主枝上。

例如一个盛果期桃园，树势中庸健壮，株行距 2 米×4 米，667 米^2 栽植 83 株，不缺株，Y 字形整枝。在确定每株树留果量时可按下列步骤推算：

（1）确定单位面积产量　在盛果期，为了维持树体健壮，保证一定的产量和果实品质，一般每 667 米^2 的适宜产量为 1500～2000 千克。

（2）计算每株产量　每 667 米^2 栽植 83 株，产量为 1500～2000 千克，平均株产则为 18.1～24.1 千克。

（3）确定每株树结果量　按大果型品种每果 200 克计算，每千克有 5 个果，平均株产为 18.1～24.1 千克，则平均每株树应留 91～121 个果。如果果园内树体大小或树势不同，再根据树体大小或树势再适当调整每株留果个数，小树、弱树每株树可留 80～100 个果，中庸健壮树留 90～120 个果，大树、旺树可留 110～140 个果。

（4）均分到每主枝上　该园桃树采用 Y 字形整枝，每株树有主枝两个，然后再按每株留果数量平分至每个主枝上。小树、弱树每主枝应留 40～50 个果，中庸健壮树留 45～60 个果，大树、旺树可留 55～70 个果。

（三）采取综合技术，提高果实品质

1. 科学施肥灌水

实践证明，增施有机肥可以明显提高果实品质。在桃园施用有机肥比施用化肥，果实着色好，色泽鲜艳，而且可溶性固形物含量可提高 3%～5%，果实风味浓甜。在追肥时，应根据土壤中的营养成分含量进行测土配方施肥，注重氮磷钾的配合使用以及微量元素的施用，切忌偏施和多施氮肥。施用氮肥过多，桃果风味淡、着色差，而且也不耐贮藏。适时适量灌水可增加果重，提高果实品质。但不能为追求大果、增加果重和产量而过多灌水，尤其是硬核期不宜灌水，否则易发生裂核现象。果实采收前 10 天左右应停止灌水，以促进着色，提高果实风味品质和贮运性能。

2. 加强夏季修剪

对于旺长树，及时采用摘心、拧梢、拉枝等措施缓和树势；及时尤其是在果实着色期疏除过密枝，可以明显改善树冠光照条件，提高叶片光合效能，增加碳水化合物合成量和果实中的含糖量，促进果实着色。在果实采收前 7～10 天，摘除贴果叶和挡光叶，可以增加果实着色面积和果面光洁度。陈海江等研究表明，采前 10 天左右摘除果实周围 5 厘米内的叶片可使早红和双丰果实着色指数分别增加 0.27 和 0.31，与不摘叶的对照相比均达到了极显著差异。

3. 铺反光膜

行间铺设反光膜能显著增加株、行间光照强度，增大果个，提高果实可溶性固形物含量和着色指数。陈海江等报道，在温室栽培条件下，于行间铺宽 1 米的镀铝反光膜，行间的光照强度提高 50%～100%，株间相应提高 30%～50%，显著促进果实着色，着色指数较对照均达极显著水平，同时，平均单果重和可溶性固形物含量都有所增加（表 6-11）。眭顺照等试验结果表明，于果实成熟前 20 天在树冠下铺反光膜可降低果实锈斑指数 45.5%。

表 6-11　铺反光膜对果实品质的影响

品种	处理	平均单果重 /克	可溶性固形含量 /%	着色指数
北农早艳	铺反光膜	173.6	9.2	0.66
	对照	140.9	8.5	0.54
早露蟠	铺反光膜	110.9	10.1	0.55
	对照	110.2	9.5	0.46
早红	铺反光膜	169.1	10.2	0.76
	对照	156.4	9.5	0.48

4. 合理留果

同一品种的不同果枝类型以及同一果枝中的不同部位，所结的果实平均单果重和可溶性固形物含量也不相同。陈海江等观察后发现，安农水蜜长枝上果的最大，中枝次之，短枝最小，差异极显著（表6-12）而且可溶性固形物含量上，长果枝上果实显著高于短果枝上的果实。双丰长果枝中上部果实单果重极显著大于中下部的果实；可溶性固形物含量也以中上部为高。因此，对于南方品种群桃树，在留果上应首选长果枝中上部的果实。

表 6-12　果实不同着生部位对果实品质的影响

品种	着果部位	平均单果重/克	可溶性固形含量/%
安农水蜜	短果枝	140.6	10.9
	中果枝	184.1	11.9
	长果枝	215.3	12.1
双丰	长果枝中上部	110.0	10.5
	长果枝中下部	86.1	10.0

5. 果实套袋

桃果套袋是目前生产优质高档桃的重要措施，其目的除减少农药对果实的污染，防治病虫害和改善果实外观品质外，还可以提高加工桃果的罐藏加工质量和利用率。安小梅报道，桃果套袋后其单果重增加，果面着色好，果肉细嫩，色泽鲜艳，光洁美观，外观质量能得到明显改善，果实污染少，市场售价高，增效显著。处暑红桃和北京 7号桃分别增加净收入 21180 元/公顷和 23820 元/公顷（表 6-13）。

表 6-13　套袋处理与不套袋处理桃经济效益比较

处理	品种	折合产量/（千克/公顷）	单价/（元/千克）	投入/（元/公顷）	收入/（元/公顷）	净收入/（元/公顷）
套袋	北京 7 号	35400	2.40	9950	84960	65010
	处暑红	32100	2.40	19950	77040	57090
不套袋	北京 7 号	35400	1.60	15450	56640	41190
	处暑红	32100	1.60	15450	51360	35910

陈海江等的试验结果表明，套袋处理摘袋后，上色快，树冠外围果 5～7 天完全上色，果实着色指数和光洁度系数明显高于对照（表6-14）。套双层纸袋的果实外观品质明显好于套单层纸袋的果实，表现在解袋后，果面更洁净，采果时色泽更均匀艳丽，果面更光洁细嫩，而且套袋和铺膜＋套袋还可使果实锈斑指数分别降低 50.4％、76.1％（眭顺照等）。

眭顺照等报道，套袋还能有效降低病虫果率。双层纸袋、褐色单层纸袋、牛皮纸单层袋处理的病虫果率分别比对照减少 85.42％、70.02％和 67.13％。

桃果套袋可以使用白色、黄色、橙色、褐色以及牛皮纸袋三种颜

表 6-14　套袋对果实品质的影响

品种	处理	着色指数	光洁度系数
早凤王	套袋 对照	0.788 0.616	0.88 0.55
早红	套袋 对照	0.771 0.674	0.76 0.53
双丰	套袋 对照	0.814 0.656	0.94 0.54
早露蟠	套袋 对照	0.688 0.606	0.95 0.51
安农水蜜	套袋 对照	0.790 0.626	0.80 0.59
北农早艳	套袋 对照	0.796 0.632	0.86 0.47

色纸袋。中、早熟品种或设施栽培适宜使用白色或黄色袋，晚熟品种可用橙色或褐色袋，极晚熟品种宜用深色双层袋（外袋为外灰内黑，内袋为黑色）。

套袋一般在定果以后或生理落果后开始，当地蛀果害虫进果以前完成。套袋前应先喷洒防治病害虫的药剂 1 次，再立即进行套袋。套袋时先将纸袋吹开，套进果实，然后将袋口折叠，用线绳或 22 号铁丝将袋口扎紧，缠绕在果枝上。套袋时也按疏果的顺序进行，避免漏套。

眭顺照等研究了不同去袋时间，对早红珠和瑞光 3 号两个油桃品种果实品质的影响。结果表明，在对果实大小影响方面，有去袋时间愈迟果实愈小的趋势，采前 3、5、7 天去袋均能显著减小果个，以带袋采收影响最大，比对照果小 2.6%。对果实着色方面的影响，带袋采收对果实着色负面影响很大，着色指数比对照降低 46.0%，采前 3、5、7 天去袋均能明显促进果面着色，而采前 10 天去袋的着色指数与对照相比无显著差异。延迟解袋时间有降低果实内在品质的趋势，除采前 10 天去袋外，采前 3、5、7 天去袋均能显著降低果实的内在品质。

鲜食品种一般于采收前 10 天左右去袋以促进着色。摘袋应在经过连续数个晴天后的上午 9 时至下午 5 时进行, 不宜选在早晨、傍晚。套双层纸袋的应分两次进行, 先去外层袋, 4~5 天后再去内层袋。去每层袋时都应先将袋口撕开 1/2, 让果实逐渐适应外界条件 1~2 天后再将其去除。

6. 防止裂果发生

(1) 与裂果有关的因素

① 果实类型 在不同果实类型中, 普通桃裂果最低, 蟠桃次之, 油桃最高。

② 品种 不同品种间的裂果率差异很大。从当前报道的情况来看, 晚西妃桃极易裂果, 在不套袋的情况下可达 100%。在油桃不同品种中, 一般表现为极早熟和早熟品种裂果少或轻, 中、晚熟品种裂果相对较重。其主要原因是我国北方地区春季干旱, 降水多在夏、秋季节。夏季来临之前早熟品种已采收, 躲过了雨季, 裂果轻; 相反, 中晚熟品种恰逢雨季, 因此裂果重。但属于同一成熟期的品种间也有差异, 据陈银朝连续三年对 6 个极早熟油桃品种的观察结果表明, 华光裂果最重, 平均为 6.4%, 艳光次之, 平均裂果率为 3.1%, 早红珠、丽春裂果率较低, 分别为 0.4%、0.2%, 曙光裂果最轻, 仅极个别裂果。丁勤等报道, 在早熟品种中, NJN76 裂果重, 裂果率为 34%, 秦光裂果率为 3%~5%; 中熟品种中, 丽格兰特裂果重, 裂果率为 20%, 而秦光 2 号基本不裂果; 在极晚熟品种中, 秀峰裂果重, 裂果率为 60 秦光, 而晴朗裂果极轻。

③ 结果部位与果个大小 据丁勤等对华光油桃观察发现, 着生在树冠外围的果实裂果率 (裂果率 25%, 裂果指数 0.1792) 多于着生在内膛的果实 (裂果率 8.42%, 裂果指数 0.0479), 大果的裂果率 (裂果率 22.31%, 裂果指数 0.1531) 高于小果 (裂果率 14.29%, 裂果指数 0.0964)。

④ 果实中可溶性固形物含量和风味 马之胜等报道, 在油桃中可溶性固形物含量高、风味甜的果实裂果率高。

⑤ 果锈 马之胜等的研究结果表明, 油桃果实单纯裂果的比例为 52.38%, 单纯果锈的比例为 3.78%, 裂果与果锈同时发生的比例为 43.39%, 裂果与果锈同时发生类型的裂果比例是果锈单独发生裂果比例的 11 倍多。在研究裂果与果锈发生之间的关系后指出, 裂果

有与果锈同时发生的趋势。

⑥ 裂核　陈银朝对 3 个早熟油桃品种的裂果进行了解剖观察，发现裂果与裂核有密切的关系。以华光油桃裂果中裂核率最高，平均在 91％以上，艳光平均为 77.2％，瑞光 3 号平均为 67.8％。成熟早的品种果核的成熟度比较差，其原因是营养和水分代谢与供给矛盾容易造成裂核，裂核直接影响果实生长所需的养分水分供给，导致后期突发性旺长而大量裂果。

⑦ 矿质元素　汪志辉等以 5-7、6-20 和双喜红为试验材料，研究了果实中钾、钙含量和钙/钾比值与裂果之间的关系。结果表明，高钾含量能加剧油桃果实的开裂，高钙含量和高钙/钾比值能显著地抑制油桃裂果的发生。这主要与两种元素的功能有关，钾可以促进果实肥大和成熟，促进糖的转化和运输，提高果实品质和耐贮性，并可促进加粗生长及组织成熟。钙是细胞壁的重要组成成分，其可以增加果皮的机械强度，稳定果实细胞膜结构，增强细胞壁的弹性，高钾含量对钙的吸收有拮抗作用，影响对钙的吸收，限制了果胶钙的形成，从而加重裂果。

⑧ 果园的立地条件　一品种在不同立地条件下裂果也不相同。如果果园土层瘠薄，根系分布浅，土壤环境变化剧烈，温度、水分供给不稳定，水土流失严重，保水保肥力差；或地势低洼、排水不良、通透性差、干湿变化剧烈、易旱易涝，裂果率均高。土层深厚、保水保肥力强的壤土，果园裂果的发生率低。此外，海拔高度与裂果也有密切的关系。海拔高裂果轻，海拔低裂果重。这说明空气湿度是造成裂果的主要原因之一。

⑨ 降水、灌溉方式与次数　降雨量不均衡与裂果的关系密切。如久旱骤雨，尤其是在硬核初期、果实膨大初期，旱后多雨或连阴雨，土壤含水量剧增，根系吸收水分进入果实的数量增加，果肉细胞增长迅速，果皮细胞变薄加快，果皮强度下降，果实生长产生的膨压超过果皮所能承受的最大张力，往往造成裂果大量发生。久旱遇到大的降水、灌水或连阴雨是加重油桃裂果的重要原因。陈银朝报道，改大水漫灌为小畦小水多次灌溉可有效减少油桃裂果的发生，华光和曙光两个油桃品种的裂果率分别降低 94.6％和 94.4％。其原因是小畦小水多次灌溉保证了果实膨大期水分的持续平稳供应。

⑩ 生长期的修剪方式　生长期不修剪或修剪不当也是造成油桃裂果的原因之一。陈银朝的研究结果表明，疏果后在果实硬核期及果实采收前 10～15 天分次修剪背上枝可有效降低裂果率，与不修剪和全部剪除背上枝相比，华光油桃的裂果率分别降低 88.6% 和 92.5%，艳光油桃分别降低 71.2% 和 69.4%，丽春油桃分别降低 72.7% 和 66.7%。

(2) 防止裂果的主要措施

① 选栽不裂果或裂果轻的品种　在品种选择上，除考虑果个大小、着色、营养成分含量和风味等综合性状优良外，还应选择不裂果或裂果轻的品种，这是防止裂果的根本途径。

② 选择适宜的园地　桃树尤其是油桃，在土层深厚、土壤疏松、地势高、雨量较少、地下水位低、排水通畅的沙壤质土中栽培，裂果轻。

③ 加强土肥水管理　增施有机肥，改善土壤结构，及时中耕、疏松土壤，保证土壤有良好的通透性能。根据不同品种的需肥特点和土壤中营养元素含量，进行测土配方施肥，保证氮磷钾等三要素供应的基础上，注重微量元素尤其是钙的施用，避免因营养失调造成裂果。完善排灌设施，适时适量灌水，尤其是果实的硬核期水分不宜灌水，如若干旱可进行轻灌；果实膨大期及其之前保证水分的均衡供应；改进灌溉方式，采用渗灌、滴灌。雨季及时排水，避免积水。

④ 采用避雨栽培　对于裂果较重的品种以及雨水较多的地区，采取高畦栽栽，雨季搭建避雨棚，在疏松土壤后地面铺设黑色地膜，防止土壤水分过多。

⑤ 注重果实管理　严格进行疏花疏果，合理留果，提高叶果比，避免阳光直接照射果面，为果实的生长创造良好的环境。实践证明，实施套袋栽培是防止裂果和果锈的有效技术措施。套袋后在幼果期套袋可较早地保护果实，防止阳光、雨水、农药、病虫害等对果面的刺激，而且果实在生长发育过程中所处环境的温度、湿度相对稳定，延缓了其表皮细胞、角质层和细胞壁纤维的老化，果皮的韧性增大，且发育稳定和谐。同时，套袋能减少果实水分交换率，降低果皮表面张力，使果皮不易破裂。眭顺照等报道，对早红珠和瑞光 3 号套双层纸袋、褐色单层纸袋、牛皮纸单层袋可使桃果的平均裂果率分别比对照

减少 79.42％、52.56％和 52.42％。丁勤等对秦光油桃的试验结果表明，套袋的裂果率为 1.2％，非套袋的裂果率为 7.5％，降低了 6.25 倍。

⑥ 重视修剪　在修剪时期上，以生长期修剪为主，以冬季修剪为辅。通过拧梢、摘心、剪梢、拉枝、疏梢等措施有效控制枝叶旺长，保证良好的通风透光条件。对于需要去除的中、大枝，应分期分批在秋季疏除。冬季修剪宜轻不宜重，剪留的油桃果枝应比普通桃长，冬季疏除中、大枝过多、修剪过重，生长期修剪不及时、不到位，均会造成旺长，引起营养失调，加重裂果。

7. 果面晒字、晒图

果面晒字、晒图是将具有祝愿、喜庆等含义的字或图晒印在果实的果面上，可以提高果实的商品价值和果园的经济效益。随着交往和礼仪活动的增加，人们对这种印有字、图的桃果需要量越来越大。所贴之字多为四字一组，如"福禄寿喜"、"恭喜发财"、"寿比南山"、"幸福美满"、"吉祥如意"、"生日快乐"、"龙凤呈祥"、"望子成龙"等，一个字贴一个果。目前，所贴图案有龙、凤、寿星、笑脸、财神、情侣、卡通人物、十二属相的动物等。这些晒字、晒图的桃果在父亲节、母亲节、儿童节、春节、中秋节、国庆节、情人节等节日销售量很大。果面晒字、晒图的方法是：在果实着色期或在摘除果袋后，将市场上出售的专用的贴字和贴图撕下后，使有文字、图案处紧贴在果实的向阳面。在天气晴好的情况下，4～5 天文、图即可清晰地被晒在果面上，成为带有文、图的商品桃。

三、合理修剪

修剪的主要任务是：调节各主枝之间生长势的均衡，保持良好的从属关系，调整枝梢密度，控制好树体大小，保持良好的树体结构和群体结构；注重结果枝组的更新与培养，调节生长与结果之间的矛盾，防止树体早衰、内膛光秃和结果部位外移，维持中庸健壮的树势和较强的结果能力，尽量延长经济结果年限。

（一）主枝的修剪

到成龄期以后，树冠已达到预定大小，不需要再进行扩冠，应采用缩放结合的方法维持长势和树冠大小，即健壮时缓放；过旺时回缩到背后枝或背后枝组处并使延长枝结果，控制长势和向外扩展；衰弱时回缩到后部壮枝处或角度较小的壮枝组处，并对延长枝留 30～50厘米短截，维持一定的长势。修剪的同时，还应保持各主枝间的平衡，对生长势强的主枝多留果枝、多留果，加大梢角，少留壮枝；对生长势弱的主枝，少留果枝少留果，多留壮枝，延长枝剪口留壮芽。

（二）侧枝的修剪

修剪侧枝除考虑与主枝的从属关系外，还需注意同一主枝上不同侧枝间以及侧枝本身前后的平衡。对有空间发展的可以通过短截延长枝，使侧枝继续扩展，并通过调整角度和延长枝生长势维持中壮。对前旺后弱的应疏除前部旺枝，用中庸枝带头。对前后都弱的，选壮枝带头。对无空间发展的衰弱侧枝可改造成枝组。

（三）结果枝的修剪

长果枝留 5～8 节花芽短截，中果枝留 3～4 节花芽短截，缓放健壮的短果枝和花束状果枝，疏除过密和过弱的结果枝。徒长性果枝坐果率低，在其他结果枝够用的情况下应以疏除；如需保留，应留 9 节以上的花芽。

（四）结果枝组的更新修剪

对枝组应坚持培养、结果、更新相结合，力争在结果的同时抽生良好的新枝，使其年年有结果、有预备，维持枝组在较长的时期内有良好的结果能力，以保持高产、稳产、优质。当结果枝组发枝率低，抽生的枝条细弱或花束状结果枝、叶丛枝较多时，说明结果枝组已衰弱，需要及时更新，促使中、下部发出健壮新枝。小枝组多用回缩的方法，使其紧靠骨干枝，过弱的应自基部疏除。大、中型结果枝组出现过高或上强下弱，应轻度回缩，降低高度，使其下部萌发壮枝，并以果枝当头，限制扩展。远离骨干枝的细长枝组应及时回缩，促使后部发出壮枝。高度适宜又不弱的结果枝组，可以疏除旺枝，不回缩。

大、中、小型结果枝组之间是可以相互转化的。生长健壮而又有空间的结果枝组，可通过培养扩大其范围，小型结果枝组可发展为中型结果枝组，中型结果枝组可发展为大型结果枝组；生长衰弱而又无空间的大型结果枝组可压缩为中型结果枝组，中型结果枝组可压缩为小型结果枝组。对有空间的以及对预疏除的衰弱结果枝组附近的新枝，应及时培养成为结果枝组，以免出现光秃现象。

（五）对树冠外围枝条的修剪

及时疏除外围过密枝、先端旺枝；对于树冠超出预定大小的植株，通过疏枝和回缩及时清理行内的株间交叉枝，剪除伸向行间的超出部分，以改善整个果园和植株的光照条件，复壮内膛结果枝组。

（六）对树冠内部枝条的修剪

加强夏季修剪。萌芽后及时抹除过密芽、疏枝口处的萌芽，疏除过密枝尤其是背上旺枝，保持适宜的枝条密度。对内膛衰老枝组或枯死枝附近发出的新枝可通过摘心、剪梢或冬季短截培养成结果枝组，防止内膛光秃。

第七章

果实采收和商品化处理

近些年来，随着农村产业结构的调整，果品产业已经成为农民增收的重要途径之一，并且成为了部分地区的主导支柱产业。其中，桃作为色泽鲜艳、汁多味美、营养丰富的水果，深受广大消费者的喜爱，其栽培面积逐渐扩大，随着桃产量的不断增加，桃贮藏保鲜技术成为了制约桃树栽培者增加经济收入的瓶颈。桃采收后仍然是一个生命有机体，从采收到腐烂的整个采后过程中，呼吸作用和生理代谢活动是桃采后生理的主要表现。生产实践表明，抑制呼吸作用，减缓生理代谢可有效延长桃的保鲜期。桃的贮藏保鲜技术一直是研究者不断深入、完善的课题，各种高效低毒防腐剂、保鲜剂的研制和开发，精美、多样包装的应用，以及功能各异贮藏方式的推广，极大地促进了桃果贮藏保鲜技术的发展。

目前，国内外商业上多采用冷藏来延长桃果实的保鲜期，适宜的低温贮藏可减缓桃果实的后熟软化，但不适宜的低温容易造成果实冷害，使果实食用品质下降；气调贮藏、变温贮藏等方式可以减轻果实冷害的发生，降低腐烂率，有利于果实供应期的延长，但相关的技术参数如贮藏温度、湿度、气体成分指标、最佳贮藏时间等有待进一步深入系统的研究。因此，选择适宜的贮藏方式，在一定程度上影响着桃树栽培者的经济效益。今后，生物防腐、保鲜，减压贮藏，以及远红外线、超声波等无损伤技术的应用等将是桃果贮藏保鲜领域的发展趋势，并且贮藏保鲜方法研究也会从单一原理研究向复合方向研究转移。

果实的贮藏性与品种、成熟度和收获时期都有着密切的关系。果实的采收和采后商品化处理是桃产业体系中的一个重要环节。桃果实的采收成熟度、采后预冷条件及包装方式、贮藏及运输条件等因素直接或间接影响着果品品质及其货架期。同时，桃果实表皮在采后往往带有褐腐病、软腐病以及其它致病菌等大量微生物，及时对入库预冷的果实进行杀菌消毒处理，能有效地减少贮运过程中由致病菌造成的腐烂。因此，为了便于销售和获得更高的经济效益，采果后至销售前应进行一系列增值处理，在采收、杀菌、分级、包装、预冷、贮藏等环节对果品进行必要的管控和技术处理，并确保桃果实在这些过程中不被污染，最大程度维持果品的品质和商品价值。

一、采收

采收是桃果实作为商品开始流向市场的重要一环，也是贮藏加工过程中的第一个环节，采收质量的好坏直接关系到果实的商品率和商品价值。确定适宜的采收时间和采收方法不仅直接影响到桃果实的产量，而且对果实的品质和耐贮性也会产生间接的影响，因此，必须给予高度重视。桃果实的成熟期多集中于夏季高温季节，其可采成熟度和食用成熟度几乎同时达到，采后迅速进入呼吸高峰期，果实快速软化，果肉也会很快褐变腐烂，进而影响鲜果供应期。

桃果的采收应坚持"及时、无损、保质、保量、减少损耗"的原则。在确定桃果的采收成熟度、采收时间和方法时，应考虑桃果的采后用途、贮藏时间长短、贮藏方法、运输距离远近、销售期长短等。一般就地销售的果品，可以适当晚采，而作为长期贮藏和远距离运输的果品，应适当早采。

（一）确定适宜的采收期

桃果的风味、品质和色泽主要是果实在树上生长发育时形成的，但果实的品质在采收后会因环境的不同而发生较大的变化，其中采收成熟度对桃果的商品品质和贮藏效果影响很大，采收过早，果实尚未充分发育成熟，果实体积未能达到应有的大小，糖分积累不足，色泽差，缺乏应有的风味；采收过晚，果实过分成熟，果肉松软，硬度不够，易受机械损伤，容易腐烂变质，不耐贮藏，并且含酸量急剧下降，风味品质变差，对于采前落果较重的品种，还会造成采前落果量增加。

桃果属于冷敏感性果实，低温贮运过程中极易受冷害导致果实色泽、质地和风味等品质发生劣变，食用价值下降甚至完全丧失。不同成熟度的果实对低温的敏感性不同，王友生等研究表明，较低成熟度采收有利于减轻冷害、提高桃果实的贮藏保鲜效果。因此，研究最佳采收期对于提高桃果的贮藏性和保持果实的商品性极其重要。

适宜的采收成熟度是维持果实商品性、延长货架期的重要保证。果实的成熟度不仅可以根据各品种的果实生育期来确定，还可以根据单果重、果实横径、果实硬度、底色、着色面积、风味、茸毛及理化指标等与果实成熟度密切相关的因素来确定。生产上通常将桃的成熟度分为七成熟、八成熟、九成熟和十成熟 4 个等级（表 7-1），其中前两个等级属于硬熟期，即果实充分发育后，绿色开始减退，果肉稍硬，果面较为丰满，有色品种基本满色，但果皮不易剥离；后两个等级属于完熟期，即果实已长到应有的大小，果皮底色变为黄白色或黄绿色，有色品种着色充分，果顶颜色变深，果皮易剥离，表现出本品种固有的风味，软溶质品种稍压即流汁破裂，硬肉品种较少破裂，但易遭受机械损伤。

表 7-1　桃果实成熟度标准

成熟度	果　实　特　性
七成熟	果实发育充分；白桃品种的底色为绿色,黄桃品种的底色为绿中带黄；果面基本平展,无坑洼,中晚熟品种在缝合线附近有少量坑洼线痕迹,果面绒毛较厚
八成熟	绿色开始减退,显现出淡绿色,白桃品种呈现绿白或乳白色,黄桃品种以黄色为主；果实丰满,果面茸毛减少,果实稍硬；有色品种阳面部分着色；果实开始呈现固有的风味
九成熟	绿色大部分褪去,不同品种呈现出本品种固有的底色,果实阴面局部仍有淡绿色,白桃品种呈现乳白色,黄桃呈现黄色或橙黄色；果面丰满光洁,茸毛较少,果肉稍有弹性；有色品种果面基本着色,果实充分表现出本品种固有的风味
十成熟	果面茸毛脱落,绿色消失,显现本品种固有的色泽；溶质品种柔软多汁,果皮易剥离；硬肉品种开始变为软绵或出现粉质,鲜食口味最佳；不溶质品种弹性增大

油桃果皮光滑无毛，个别品种从幼果期开始即全面着红色，从果实外观特性不易判断果实成熟度，其成熟度标准应以果实发育期和果肉硬度、弹性、香味、风味等特性综合评价。

　　桃的适时采收不仅依据果实本身的生物学特性（生理成熟度）判断，而且还要根据用途不同（鲜食或加工）、距离市场的远近、加工和贮藏条件等因素决定。就地销售的鲜食品种应选择在九成熟时采收，此时期采收的果实品质优良，能表现出本品种固有的风味特征（表 7-2）；远离市场，需要长途运输的可选择在七、八成熟时采收；精品包装、冷链运输销售的可选择在九、十成熟时采收。赵晓芳等将"八月脆"桃的采收成熟度分为Ⅰ、Ⅱ和Ⅲ 3 个等级，研究认为采收的成熟度与果实贮运性关系密切，在成熟度盛达到Ⅱ级采收的果实，经过 15 天的冷藏集装箱运输和 3 天的货架期，仍然保持较好的商品性能，成熟度达到Ⅲ级采收的果实在运输过程中遭受严重的机械损伤，运输效果最差。

表 7-2　主要鲜桃品种食用成熟度的基本形状及理化指标

品　种	生育期/天	单果重/克	果实横径/毫米	着色面积	肉质	可溶性固形物/%	可滴定酸/%
春蕾	56	90	52	1/4	软溶	8.7	0.27
霞晖一号	70	130	62	2/4	软溶	10.1	0.18
砂子早生	77	150	63	1/4	硬溶	11.7	0.28
庆丰	78	120	60	2/4	软溶	11.0	0.24
五月鲜	86	140	65	1/4	硬脆	13.0	0.24
大久保	108	200	75	2/4	硬溶	12.5	0.25
京玉	115	200	75	1/4	硬溶	12.9	0.28
肥城桃	135	230	75	<1/4	硬溶	13.0	0.33
中华寿桃	190	250	80	2/4	硬溶	18.0	0.09
曙光-油桃	68	100	58	4/4	硬溶	9.0	0.1
早露蟠桃	68	90	65	2/4	软溶	10.0	0.27

　　用于加工的不溶质桃可选择在八至九成熟时采收，此时采收的果实，加工成品色泽好，风味佳，加工利用率也较高。溶质桃可适当提早采收，尤其是软溶质品种，以减少运输途中的损耗；肉质较硬、任性较好的硬质桃可延迟采收，以呈现品种固有的品质特性。

　　用于贮藏后销售的桃果，应根据品种特性的不同选择最佳的采收期。王贵禧等认为，适当提早采收有利于提高贮藏保鲜效果。研究结果表明，"大久保"、"京玉"、"燕红" 3 个品种均是在硬熟期采收贮藏保鲜效果好，果面颜色新鲜，无褐变、腐烂，保持了较高的硬度，口感脆、风味正常；完熟期采收的果实易腐烂、褐变，口感变软，品质下降。李丽梅等研究认为，八成熟是"大久保"桃的最佳采收成熟度，此时采摘的果实在冷藏期和货架期均能保持较好的品质和商品价值，并且能正常进行后熟软化。孙芳娟研究认为，成熟度较低和完熟期采摘的油桃果实贮藏品质差，好果率较低，而适当晚采有利于果的贮藏和提高商品价值。赵晓芳等认为，成熟度达到 I 级时采收的果实后熟缓慢，货架期间果面着色程度不够，风味淡，商品性较差；成熟度达到 II 时采收的果实在货架期可正常后熟，具有良好的外观品质和风味，商品性较好；成熟度达到 III 时采收的果实风味良好，但衰老进程较快，果实失水严重，果肉发绵，色泽发暗，货架期的商品性最差。段金博等对"瑞蟠四号"的研究结果表明，在 3 个不同采收期采收的桃果，其硬度、可滴定酸和可溶性固性物含量在贮藏过程中变化趋势没有显著差异，但采收期 2 时（即盛花期后 127 天）采摘的果实具有较好的品质，贮藏期达 2 个月以上。

（二）采收前的准备

采收前的准备工作是顺利完成桃采收的关键和保证。采收前应科学估计桃园产量，准备所需的果梯、果袋、果筐、果篮、包装材料、场地等。采果袋和果篮不宜过大，采果袋以盛装 3 千克左右为宜，采果篮以盛装 3~5 千克为宜，采收时所用的果筐、果篮内应衬垫软质材料，以减少采摘时对果实的擦伤、碰伤或刺伤等。

及时关注采收时期的天气预报，采收时间应避开阳光过分暴晒和有露水的时间段。在天气晴朗、气温较低的早晨采收最为适宜，此时果温较低，采后装箱，果实升温较慢，可以适当延长贮运时间，也可以大大减少预冷时间，节省能源消耗。采摘后应将果实置于阴凉处或及时入库。阴雨天会增加果实病害的感染率，最好停止采收。

及时组织采收人力，根据不同的环节，将采收人员分为采收人员、包装人员、装运人员等，各负其责。必要时应对采收人员进行技术培训，并提出相关要求。

（三）采收技术

桃果的采收除了要掌握合适的采收时期和做好采收前的准备工作外，采收方法的合理应用也是桃果采收过程中的关键措施。目前，鲜食桃通常采用手工采摘方式。由于桃园中不同植株上果实的成熟度存在着差异，且同一植株不同部位（树冠上部和下部，外围和内膛）果实的成熟期也不同，同时采收会导致果实的整体品质差异过大。为了提高优果率，保证果品的商品价值，分期精心采收是最佳的选择。增加采收次数可以提高每次采收果实的品质和果品价格，但却增加了采收用工，提高了果品生产的成本。在生产上，多数品种需分2~3次采收，少数品种可分3~5次采收，两次采摘间隔期以2~3天为宜。分期采收时，应尽量避免碰伤或碰掉树上暂留的果实。

桃果的采收应以"果实完好无损，防止折断果枝"为原则。采摘时动作要轻，避免损伤果枝，对果实应轻拿轻放，避免造成刺伤、压伤等机械损伤。采收后将果实置于阴凉处及时分级处理，防止受强光曝晒失水。具体技术要求主要包括以下几点。

① 多数品种的桃果柔软多汁，采摘前，工作人员应戴好手套或剪短指甲，以免划伤或刺伤果实。

② 采果时尽量少上树、多用梯凳，避免踩伤树体或损伤枝、芽和暂留的果实。需要上树采收时应穿软底鞋。

③ 安排合理的采果顺序。采果时，应先采收树冠下部和外围的果实，后采内膛和树冠上部的果实，从而减少对果实的人为损伤，提高果实的商品价值。

④ 使用正确的采摘方法。采摘时要轻采轻放，切忌用力压、捏果实，不能强拉果实，应用手掌轻握果实，微微扭转，并顺果枝向侧上方均匀用力摘下。对于果柄短、梗洼深、果肩高的品种，采摘时不能扭转果实，而要用手掌轻握果实顺枝向下拔取。对于中华寿桃等特大型品种，常规摘取往往使果蒂处造成皮裂而形成大伤口，既影响外观，又不耐贮运，可用疏果剪剪断果柄，将果实取下，效果较好。蟠桃底部果柄处果皮易撕裂，采摘时应小心地将果实连同果柄一起摘取。

⑤ 在采果、捡果倒运时，尽量减少转化筐、篮的次数，防止果实产生机械损伤。

二、果实分级与包装

由于受自然和人为等因素的影响，果实的外观品质很难做到整齐一致，为了使销售的果实规格一致，便于包装和贮运，采收桃果后，应根据果实的大小、形状、色泽、成熟度、病虫害及机械损伤等情况，按照国家农业部制定的行业鲜桃分级标准，进行严格的挑选分级，以便根据不同质量的果实采取不同的处理和销售措施。鲜桃分级标准是评定桃果质量的技术准则和客观依据，标准的制定和使用有助于对不同市场上的鲜桃质量进行比较，有助于生产者、经销者和市场管理者对果品进行合理定位和标价；此外，果品分级不仅可以减少贮运过程中的损失，减轻病虫害的传播危害，更重要的是严格的果实分级，有利于保证果品优质优价销售，从而实现桃树的高效益栽培。总之，分级是桃商品化生产中的一个重要环节，必须给予高度重视。

（一）分级

桃的分级标准分为国家标准、协会标准和企业标准等。我国的第一个桃分级标准是由北京市果品公司科研所负责起草，中华人民共和国商业部于 1992 年批准发布，它的标龄相对较长，对鲜食桃的分级不太严格，已经不能适应现在的市场需求。2002 年，中华人民共和国农业部发布了中国农业科学院郑州果树所等三家单位共同起草的行业鲜桃标准，该标准规定了鲜桃的果实质量要求、等级判定规则、包装和标志等，适用于鲜桃的收购和销售。该标准规定的鲜桃质量是根据果实的品质和大小进行等级分级的。

1. 果实质量分级

目前，我国的桃树栽培多是家庭承包的小规模的生产与经营，栽培者通常采用果实的单果重进行分级（表7-3）。

表 7-3 桃果实质量等级标准

果实质量(m)/克	等级代码	果实质量(m)/克	等级代码
$350 < m$	AAAA	$150 < m \leqslant 180$	B
$270 < m \leqslant 350$	AAA	$130 < m \leqslant 150$	C
$220 < m \leqslant 270$	AA	$110 < m \leqslant 130$	D
$180 < m \leqslant 220$	A	$90 < m \leqslant 110$	E

2. 果实品质分级

生产中，通常采取边采边分级的方法，即分级前先剔除腐烂果病虫果、伤果，以及形状不整、色泽不佳、大小或重量不足的果实成熟度过高的另作放置，单独处理，然后将剩余的合格果实按大小、色泽等指标分成不同等级（表7-4）。

表 7-4　鲜食桃果实品质等级标准

项目名称	等　级		
	特等	一等	二等
基本要求	果实完整良好,新鲜清洁,无果肉褐变、病果、虫果、刺伤,无不正常外来水分,充分发育,无异常气味或滋味,具有可采收成熟度或食用成熟度,整齐度良好。		
果形	果形具有本品种应有的特征	果形具有本品种应有的基本特征	果形稍有不正,但不得有畸形果
色泽	果皮颜色具有本品种成熟时应有的色泽	果皮色泽具有本品种成熟时应有的颜色,着色程度达到本品种应有着色面积的四分之二以上	果皮色泽具有本品种成熟时应有的颜色,着色程度达到本品种应有着色面积的四分之一以上
可溶性固形物%	极早熟品种≥10.0 早熟品种≥11.0 中熟品种≥12.0 晚熟品种≥13.0 极晚熟品种≥14.0	极早熟品种≥9.0 早熟品种≥10.0 中熟品种≥11.0 晚熟品种≥12.0 极晚熟品种≥12.0	极早熟品种≥8.0 早熟品种≥9.0 中熟品种≥10.0 晚熟品种≥11.0 极晚熟品种≥11.0
果实硬度/(千克/厘米²)	≥6.0	≥6.0	≥4.0
果面缺陷　碰压伤	不允许	不允许	不允许
果面缺陷　蟠桃梗洼处果皮损伤	不允许	允许损伤总面积≤0.5厘米²	允许损伤总面积≤1.0厘米²
果面缺陷　磨伤	不允许	允许轻微磨伤一处,总面积≤0.5厘米²	允许轻微不褐变的磨伤,总面积≤1.0厘米²
果面缺陷　雹伤	不允许	不允许	允许轻微雹伤,总面积≤0.5厘米²
果面缺陷　裂果	不允许	允许风干裂口一处,总长度≤0.5厘米²	允许风干裂口两处,总长度≤1.0厘米²
果面缺陷　虫伤	不允许	允许轻微虫伤一处,总面积≤0.03厘米²	允许轻微虫伤,总面积≤0.3厘米²
果面缺陷不超过两项			

3. 等级判定规则

每一个果实应同时根据其品质等级标准和质量等级标准进行分级，同品种，同等级，同一批作为一个检验批次。

验收容许度：

（1）特等果容许度不得超过 3%；

（2）一等果中容许度不得超过 6%；

（3）二等果中容许度不得超过 6%。

不符合本等级品质规格指标，并超出容许度规定的应符合下一等级要求，且在下一等级的容许度范围之内。

4. 自动化分级

20 世纪 80 年代以来，计算机视觉技术迅速向农业领域拓展，在自动化采收和以品质分级为代表的果实商品化处理等得到了成功应用。国外对计算机视觉技术在桃果采后商品化应用中的部分成果已进入了实用阶段，Miller BK 等人研制的鲜桃计算机视觉分级系统，将果实由输送带送进照明箱摄像，经过图像处理，果实的颜色和着色度的数字信号经计算机处理后与不同成熟度桃的标准色相比较，然后按照颜色特征的差异，将不同成熟度的果实分开。国内学者也开展了相关研究，张书慧等人针对苹果、桃的颜色、形状、表面缺陷等特征，开发了对其综合外观品质进行检查的图像处理系统，并建立了农副产品图像数据库。

自动化分级技术是未来果品分级的趋势和必然选择。计算机视觉技术在桃分级过程中的应用尚处于研究、开发阶段，多为静态产品的图像处理和识别算法研究，但实际生产却是动态的果品群体，为了提高检测的准确性、精度和速度，还需要解决多方面的技术问题。

（二）包装

桃果实属于含水量高的新鲜易腐性商品，对果实进行包装是商品化处理的一个重要内容，对于保持良好的商品状态、品质和食用价值是非常必要的，它可以使果品在处理、运输、贮藏和销售等环节中便于装卸、周转，减少因相互摩擦、挤压和碰撞等所造成的机械损伤，同时还可减少果品的水分蒸发，保持其新鲜度，提高贮藏性能。采用安全、适用、合理和美观的包装对于提高商品价值、商品信誉和商品竞争力等至关重要，尤其是外销和超市销售的果品更为重要。

1. 内包装

为了尽量避免果品因震动或碰撞而遭受机械损伤，保持果品周围的湿度、温度和气体成分，使果品所处的小环境利于保鲜，对桃果通常进行辅助包装，即内包装，包括衬垫、铺垫、浅盘、包装纸（含防腐保鲜纸）、各种塑料包装膜、泡沫网套和塑料盒等。

2. 外包装

桃果的果皮较薄、果肉柔软多汁，不耐震荡、摩擦、挤压和碰撞，外包装的优劣，直接影响到运输质量、流通效益，因此适宜采用小包装，一个包装容器以盛装 10～15 千克为宜，内外包装均应无刺伤果实的尖突物，同时还应具有一定的支撑力，能对果品起到良好的保护作用。为在装卸、搬运和贮藏过程中避免桃果发生震荡、摩擦、挤压和碰撞，在外包装的外面应印刷有向上、怕湿、小心轻放、堆码层数极限或堆码重量极限、禁止滚翻等贮运图示标志。桃果是有生命的有机体，采收后仍然保持着一定的呼吸作用，适宜的气体环境有利于维持果品的商品价值，因此，外包装应留有合适的通气孔。桃果作为食用商品，其外包装应选择绿色环保、安全的材料，并且要有安全标志（有机食品、绿色食品、无公害食品等）、规格等级、数量、包装日期和质检人员等；此外，外包装在一定程度上影响着消费者的购买欲望，应做到大方美观，清洁卫生，干燥无异味。在我国各地均有桃树的栽培，品种多样，风味各异，具有一定的地方特色，为了便于销售、宣传，其外包装应能体现产地的信息和品种特性等。

目前，纸箱是生产中常用的外包装，箱型扁平、轻便。桃果在贮运过程中容易遭受机械损伤，容器内部堆码层数应以 2～3 层为宜，隔板定位，以免摩擦、挤压。将选好的无病虫害、无机械伤、成熟度一致、着色良好、经商品化处理的果实放入纸箱中，箱内衬软纸或薄纸，高档果用泡沫网套单果包装，或用浅盘单层包装，装箱后用胶带封固。采摘后直接入市销售时，可用纸箱进行简易包装；如冷藏后销售，可在箱内铺衬 0.03～0.04 毫米聚乙烯塑料薄膜袋，扎紧袋口，以提高保险效果。为防止袋内结露引起果品腐烂，也可在薄膜袋上打适当数量的孔洞。若采用木箱或竹筐包装时，箱内要垫衬包装纸，果实需采用软纸单果包装，避免果实摩擦、挤压。

3. 自发气调包装

作为桃果保鲜的一种基本方法，自发气调包装在生产实践中得到了广泛应用。自发气调包装主要通过保鲜膜包装采后桃果，使保鲜袋内保持稳定的低氧和高二氧化碳浓度环境，从而抑制桃果的呼吸作用，保持环境湿度，减少水分损失，延缓桃果衰老进程，延长其保质期，进而实现桃果的保鲜。因此，保鲜膜作为桃果最合适的内包装材料，主要用作箱装内衬薄膜、单果包装薄膜或薄膜袋等。王石华等研究表明，包装处理明显抑制了丽江雪桃可溶性固形物和可滴定酸的上升，显著降低了果实的褐变和腐烂。王倩倩等用气调包装袋处理寒露蜜桃后与对照同时进行低温贮藏，其结果表明，气调包装处理的果实硬度、维生素 C 含量、可滴定酸含量、果皮花青素含量的下降速度及腐烂率均明显低于对照。

气调包装技术的关键是在包装内形成渗透平衡，既要使果品的呼吸受到抑制，又不能因缺氧而产生厌氧呼吸或二氧化碳伤害。保鲜袋内气体组分的渗透平衡不仅与薄膜的种类、厚度密切相关，还与贮藏温度等环境因素存在一定的相关性。

目前，常用的保鲜膜材料主要有三种：聚乙烯（PE）膜、聚丙烯（PP）膜和硅橡胶膜。其中制备 PE 的原料相对充足，价格较为适宜，吹膜工艺相对成熟，透气性能也较为合适，因此，生产上应用最为普遍。PP 膜具有较高的透明度和高挺度，在生产中的应用逐渐增加，但因其透气性较差，应用时常采用打孔的方式提高其透气性，或通过拉伸在膜内部形成大量的微孔增加其透气性。硅橡胶化学名称为聚二甲基硅氧烷，硅橡胶膜具有高透气性，但其强度较差，应用时常涂覆在府绸布上制成硅窗布，再将硅窗布裁剪为大小适宜的方块，黏合在保鲜膜上，制成硅窗袋使用。

自发气调包装的设计首先要确定合理的包装量，桃果属于易受挤压损伤的果品，以保鲜袋作为包装贮藏时，其包装量一般应在 5 千克左右；必要时可以适当增大面积以增加保鲜袋的透气效果。此外，还应确定保鲜膜的厚度，其原则是保鲜袋内的气体体积分数应该符合或接近桃果气调贮藏的最佳要求，以达到最佳的自发气调保鲜效果。保鲜膜的厚度不同，气体的通透交换量存在一定的差异，在实际应用中需合理选择使用。朱麟等在包装内 O_2 和 CO_2 浓度变化的基础上研究了不同保鲜膜包装对"玉露"水蜜桃的保鲜效果，研究结果表明，0.05 毫米厚的 PE 防雾保鲜膜（SY）的透气性小于 0.02 毫米厚的 PE 保鲜膜和微孔保鲜膜（W），且 SY 在保水性方面优于 PE 和 W 两种膜；在冷藏条件下，与对照（无包装）相比，SY、PE 和 W 三种保鲜膜的包装均可以显著减少贮藏期间水蜜桃的水分损失，抑制果实的呼吸强度，延缓硬度及可溶性固形物含量的降低速率，延长水蜜桃的贮藏期；综合新鲜度、风味和组织状态等感官品质因素，保鲜效果 SY＞PE＞W。

　　温度对保鲜膜的透气性有着直接的影响。了解不同温度下保鲜膜的透气性能，对合理选择、使用保鲜膜具有重要意义。李家政等对聚乙烯桃果保鲜膜的透气和透湿性能与温度变化关系进行了研究，结果表明，温度对聚乙烯桃果保鲜膜透湿率的影响最大，对二氧化碳、氧气渗透系数影响较小。此外，温度是影响水蜜桃气调包装贮藏效果的重要因素之一。安建申等研究表明，常温（25℃）条件下，气调包装增加了果实的腐烂程度，而（3±1）℃条件下，气调包装显著降低了贮藏期内果品的失重率。

三、贮藏与运输

　　桃是中国重要的传统鲜果，也是最不耐贮运的水果之一。桃果实的成熟伴随着果肉质地的软化、硬度的降低、水分的损失，甚至腐烂，直接影响着果实品质和商品特性，也给运输、贮藏和销售带来了诸多不便。生产中栽培的桃品种包括软溶质、硬溶质和不溶质等不同肉质类型，其成熟特性存在着较大差异，耐贮运性也各不相同，相对于中、晚熟桃，早熟桃果肉偏软，更不耐贮运，但早熟桃品种在我国桃生产中占有较大比重，给采后贮藏、运输和销售带来了很大的压力。研究桃的贮藏过程中的条件和技术等，有助于解析桃不同品种间的贮藏性能差异，对生产上合理选择适宜品种，延长桃果在市场上的销售供应期具有重要的指导意义。

（一）贮藏

1. 贮藏特性

　　桃属于呼吸跃变型果实。桃果的采收时期气温较高，采收后，果实的呼吸强度增大，易出现呼吸高峰，并且呼吸跃变一旦开始，在果胶酶、淀粉酶的催化作用下，果实会在较短的时间内迅速软化，进而腐烂变质。如水蜜桃采后呼吸强度迅速提高，常温条件下1～2天果实即可变软。低氧、高二氧化碳和低温等条件能有效地抑制果胶酶、淀粉酶的活性，降低乙烯释放速率，延迟呼吸高峰和乙烯释放高峰的到来，减缓果实体内的衰老、腐烂等生理变化，从而保持果实的硬度和品质，延长其保鲜期。因此，桃果采收后应立即采取降温处理，并置于合理的氧气/二氧化碳浓度环境中。

桃果实对低温条件较为敏感，常置于0～1℃的低温环境进行贮藏。桃果采收后，低温处理能显著抑制果实的呼吸强度，但长时间处于0℃时，果实容易造成低温冷害。絮败是桃果实采后遭受冷害的典型特性，其表现为果实糠化（果汁减少）、风味变淡、果肉褐变和不能正常软化，以致于果实品质下降，甚至不能食用。

当环境中的二氧化碳浓度高于5％时，桃果实也会产生不同程度的生理伤害，其症状表现为果皮褐斑、溃烂，果肉中的维管束等组织褐变，果实汁液减少，果实生硬，风味异常，因此，应保持适宜的贮藏气体环境指标。

此外，桃果实表面布满茸毛，且茸毛多与表皮气孔相通，果实蒸发面积大，因此，桃果采收后置于裸露环境中失水十分迅速。

2. 贮藏条件

（1）贮藏温度　温度是影响桃果呼吸强度和贮藏性的重要因素之一。目前控制冷害的方法主要有两种：恒温处理和变温处理。

生产中，0～10℃的低温处理被认为是保持桃果实新鲜度和品质的最经济和最安全的手段。在一定的低温范围内，呼吸高峰的出现时间随温度升高而缩短，而桃果实的呼吸强度随温度的降低而减弱。马书尚等在桃的贮藏温度研究中发现，相对于5℃的贮藏温度，0℃的贮藏温度更能有效地降低"秦光2号"油桃和"秦王"桃的呼吸速率和乙烯释放速率，延迟呼吸高峰出现，减缓果实软化，延长果实的贮藏寿命。陈杭君对南方水蜜桃的研究结果也发现了类似的现象。桃适宜的贮藏温度随品种、产地和成熟度等不同而不同。孟雪雁对"大久保"（鲜食兼加工品种）和黄桃"明星"（加工品种）的研究结果表明，"大久保"桃在8℃条件下，果实能正常后熟，贮藏期达到16天左右，适宜采用8℃的贮藏温度，以调节果品的供应期；"明星"在

2℃条件下，贮藏期达到 25 天，且贮藏过程中果实硬度保持良好，适宜采用 2℃贮藏，以适当延长果实的加工期。

变温处理也广泛应用于桃果实的贮藏，主要分为间歇升温和梯度升温两种方式。间歇升温即先将果实置于低温环境中贮藏，一段时间后短暂（2～3 天）地置于高温环境，然后再置于低温环境中贮藏；低温过程中的升温处理能明显推迟冷害症状的发生，减轻冷害程度。黄万荣对"大久保"桃进行短时升温处理后发现，经过 30℃热处理的果实在贮藏 1 周内可以显著地降低其呼吸强度，保持了果实的风味。间歇升温是减轻桃冷害的一种有效方法，但升温时间应控制在果实没有遭受不可逆冷害损伤之前，才能减缓果肉电解质的渗漏，修复低温造成的膜损伤，减轻冷害造成的不良影响。梯度升温即先将果实置于低温 I（0℃）环境中贮藏，然后置于低温 II（5℃）环境中贮藏。

（2）贮藏湿度　贮藏环境的湿度对桃果实生理活动和自然损耗都有明显的影响。湿度过小，容易引起果实过度失水、失重、皱缩、软化，降低了果实的贮藏性和抗病性，甚至失去商品价值；贮藏环境湿度过大时，果实容易引起腐烂，引发病害，加重冷害症状。通常情况下，为了保持桃在贮藏期间的硬度，减少失水率，贮藏环境的相对湿度适宜控制在 90%～95% 之间。

（3）气体成分　适宜的高二氧化碳、低氧环境能抑制果实乙烯的释放，从而延长果实的保鲜期，在温度、湿度等条件相同的情况下，桃贮藏的氧气浓度为 3%～5% 为宜，适宜的二氧化碳浓度为 1%～9%。不同品种对气体环境要求不同，如肥城桃贮藏的适宜气体组成为 3%～4% 的氧气和 2%～3% 的二氧化碳。刘颖等研究认为，（2±0.5）℃低温贮藏时，采用体积分数为氧气（2%～3%）、二氧化碳（2.5%～5%）的气体组成能有效保持黄桃的采后品质，达到延长其保鲜期的目的。

3. 贮藏前的准备

（1）品种选择　桃果实不耐贮藏，而且不同品种间的贮藏性也存在着较大的差异。通常而言，极早熟、早熟以及软溶质、离核品种的果实组织柔软多汁，其耐贮藏性较差，如"春蕾"等；中熟品种较好，如"大久保"、"京玉"等；黏核、晚熟品种的果肉较硬，汁液相对较少，耐贮藏性最好，如"中华寿桃"、"肥城桃"等。因此，了解不同品种的贮藏性，才能有针对性地开展贮藏工作。

（2）保鲜剂处理　防腐保鲜剂作为一种有效的保鲜辅助手段在桃果贮藏保鲜中被广泛应用。桃果在贮藏过程中，不仅遭受低温伤害，而且容易感染病害而腐烂，应用防腐剂、杀菌剂等外源物质于贮藏前处理果实，可有效减少低温伤害和病害的发生。目前，生产中多使用水杨酸、聚乙烯吡咯烷酮、二氧化硫、多胺等化学保鲜剂处理桃果实，但化学保鲜剂对人体健康有一定的影响。近年来，随着食品安全意识的增强与研究的深入，壳聚糖等天然保鲜剂不仅具有安全、无毒、抑菌、易于生物降解等优点，而且能在果实表面形成一层聚合物薄膜，从而形成一个低氧、高二氧化碳的气体成分环境，通过抑制呼吸作用发挥保鲜功能。

生产实践表明，同时使用药剂处理和保鲜剂处理更加有利于提高果实的贮藏保鲜效果，处理方法参考如下：首先，准备盛放处理溶液的容器，或在采摘地附近挖掘大小适宜的方形沟槽，槽内铺衬完整的塑料薄膜，防止处理溶液泄露流失；然后，取所需容量的清水（干净、无污染）倒入容器或沟槽中，将定量的保鲜剂原液倒入清水中，轻轻搅拌后放置30分钟，待保鲜剂完全溶解后方可使用。杀菌剂按使用浓度配置好，搅拌均匀后待用；最后，将果实放入容器或沟槽中浸泡，浸泡时果实尽量完全浸入溶液中，2分钟后取出果实，晾干后装箱贮藏或销售。整个过程中，操作动作要尽量轻拿轻放，减少果实的机械损伤。

（3）预冷处理　桃的成熟和采摘期多在炎热高温的夏、秋季节，采摘后的果实蓄存大量的田间热量，这些田间热量会增强桃果实的呼吸作用，消耗大量有机物质，同时又会放出热量，加剧微生物的繁殖和营养成分的消耗，导致果实细胞的衰老与死亡，降低经济价值。因此，在桃果采摘后，如何尽快消除田间热和控制呼吸强度是其贮藏保鲜的关键技术措施。

预冷是指桃果在运输、贮藏、加工以前迅速散去田间热，冷却到预定温度的过程，是桃果流通、贮藏、加工重要的前处理技术。预冷与流通冷链的有机结合，成为保持桃果采后品质、扩大流通范围的重要技术保证。目前国际上比较先进的预冷保鲜技术主要有真空预冷技术、速冻技术和冰温技术等几大类。

① 真空预冷 是依据真空条件下可加快水分蒸发的特性，在短时间内将产品置于减压室或真空室进行减压处理，从而快速降低产品温度的预冷保鲜方法。真空预冷可以使产品预冷彻底、降温均匀、保鲜效果好，并且操作简单，产品不需要经过特殊处理就可以直接进行预冷处理。

② 速冻技术 是指在－35～－40℃的环境条件下，在30分钟内快速通过－1～－5℃的最大冰结晶生成带（即在食品中心温度通过所需的时间不得超过30分钟），在40分钟内将食品95％以上的水分冻成冰，即食品中心温度达到－18℃以下。

③ 冰温技术 是指把产品放置在"冰温带"（0℃以下、冰点以上的温度区域）内进行加工和保鲜，此类产品称为冰温产品。

预冷处理不仅有利于减轻冷藏库和冷链运输设备的制冷负荷，更重要的是它可以迅速除去果实采收后的田间热，快速降低果温，抑制果实采后的生理活动，降低呼吸消耗，减少病原微生物的侵染和腐烂变质的损失，延缓果实成熟衰老进程，保持果实的营养成分与新鲜度，从而提高果品的贮藏保鲜效果。此外，预冷处理还可以提高果实对低温的耐受性，增强果实抵抗低温冲击的能力，且在冷藏过程中降低果实对低温的敏感性，减轻或延缓果实冷害的发生。刘彩莉等研究认为影响"寒露"蜜桃果肉褐变的主要因素为预冷温度。预冷能抑制果实的呼吸作用，但预冷温度并非越低越有效，且不同品种的果实需要不同的预冷温度处理。宫明波等通过比较1℃和4℃对"寒露"蜜桃的预冷效果表明，1℃较4℃预冷的果实提前4天进入呼吸高峰，因此，相对1℃预冷，4℃更适合"寒露"蜜桃的预冷处理。此外，预冷后及时低温贮藏是必要的，刘坤等研究发现，将经预冷的"寒露"蜜桃置于20℃的环境中，果实的贮藏性与未预冷的果实无明显差异。实践证明，预冷是做好桃果贮藏保鲜工作的一个关键环节，预冷不及时或不适宜，均会增加果品的采后损失。

（4）钙处理 采后低浓度的钙处理不仅有利于抑制桃果的呼吸作用，减少乙烯的生物合成，延迟果实后熟过程，延缓果实的软化，保持果实较好的硬度；还可以维持细胞合成蛋白质的能力，抑制脂质过氧化作用，减少自由基伤害，保护果肉组织细胞膜的稳定性和完整性，减少低温贮藏过程中冷害的发生，从而提高果实的贮藏性。肖红梅等用 10 克/升的氯化钙溶液浸泡"金丰"黄肉桃，显著提高了果实贮藏期的好果率，而且有效地抑制了货架期果实病害的发生，延长了果实的货架期。桃贮藏中的腐烂主要发生在果实缝合线的凹陷处和果柄等部位。实践证明，用 2%的氯化钙溶液浸泡采后的桃果实，能有效地防止果实缝合线凹陷处发生腐烂、变质。

（5）热处理　热处理是一种安全、经济的采后贮前处理方法。生产中常用的方法主要包括热水浸泡、热水冲刷、热蒸汽处理、微波加热处理等。热处理可以降低果实的呼吸作用，延迟果实呼吸高峰的到来，钝化果实中乙烯合成酶的活性，延缓果实软化进程，减少果实腐烂和病害的发生。韩涛等对"绿化 3 号"桃进行热处理研究表明，37℃热处理的效果最为理想，处理后，贮藏期间果实的呼吸速率、丙二醛的积累、细胞膜的透性以及多酚氧化酶的活性都有所降低，还在一定程度上保持了果实的硬度，降低了酸度，减少了果实腐烂率，提高了果实的耐藏性。

4. 贮藏方式

桃的贮藏方式主要有窖藏、通风库贮藏、冷库贮藏、气调库贮藏、减压贮藏等多种方式，应用时可根据产地的环境、品种的贮藏特性等选择适宜的贮藏方式。

（1）窖藏　窖藏是指在一定土壤深度中，利用土壤温度稳定，变化比较缓慢，有利于形成和保持适宜的贮藏温度、湿度而进行贮藏的一种方式。其具有结构简单、建筑费用低，贮藏效果较好等特点。适宜用于晚熟、极晚熟桃品种果实的贮藏保鲜，如青州蜜桃等。地窖通常设置于地势高、干燥、不积水的地方，窖深一般为 50～60 厘米，长度根据贮藏果实的数量来确定。地窖挖好后先晾干，在窖底铺设去叶的高粱秆，上面也可再铺设树枝，然后将果实分层堆放，地窖上盖两层芦苇席，白天盖晚上解开通风。贮藏期间应勤检查，防止雨水侵入以及果实失水。

（2）通风库贮藏　通风库贮藏是指有良好隔热的建筑和灵活的通风设备条件，利用库内外温差和昼夜温度变化，以通风换气方式，保持库内比较稳定而且适宜的贮藏温度的一种贮藏方法。它是我国北方桃产区常用的贮藏设施，是自然冷却贮藏设施中贮藏效果较好的一种。通风库适宜建筑在地势高、地下水位低、通风良好的地方，通常分为地上式、半地下式和地下式 3 种。通风库的平面形状多为长方形，一般通风库长 30～40 米，宽 9～12 米，高约 4 米。其走向的选择与当地的气候条件相关，北方多以南北走向建库，以减少冬季迎风面的面积，防止通风库内温度过低而对果实造成冷害。

通风库贮藏桃，通常采用装箱堆码的方式，这样既有利于通风和管理，又能充分利用库内空间。果实入贮前，需对通风库进行清扫、通风、设备检修和消毒。常用的消毒方法是硫磺熏蒸，每立方米库容用硫磺 10 克，适当添加锯末搅拌均匀，点燃发烟后密封 1～2 天，然后打开通风，2～3 天后即可贮藏果实。果实入库后，通风库管理工作的重心是根据库内外温度、湿度的变化，及时、正确调整通风时间和通风量，调节库内温度和湿度。气温过高时可在进气口处放置冰块，以有效降低库内的温度。库内湿度过低时，可在地面喷水、挂湿麻袋或湿草帘、地面铺放湿锯末等，提高库内湿度。

（3）冷库贮藏　冷库贮藏是指利用机械制冷实现果品贮藏保鲜的方式。其借助于保温性能良好的库房，利用机械控制温度、湿度和通风，具有贮藏时间长、效果好等优点。机械制冷系统由压缩机、冷却器、蒸发管和鼓风机等组成，其制冷原理是靠系统中的制冷剂（氨或氟利昂）的物理变化制冷。

桃果冷藏的适宜温度为 0～3℃，不同品种间存在一定的差异，通常中、早熟品种要求温度稍高，为 1～2℃，晚熟品种如冬桃对贮藏温度要求稍低，为 0.5～1℃。因此，采用冷库贮藏方式时，应根据不同的品种设置冷库的温度。桃果低温贮藏时容易遭受冷害，精确控制冷库的温度可有效减少冷害的发生。一般的大型商业冷库的贮藏温度不均匀，且温度控制不够精确，温度波动可达 2～4℃，导致桃果实冷害的发生，不利于桃的贮藏保鲜。国家农产品保鲜工程研究中心（天津）推广的 XL-BK 系列微型节能保鲜冷冻设备，采用微电脑自动控制，控温精度在 0.3～0.5℃ 之间，机组自动运行，能有效减少桃果实冷害的发生。冷库的管理工作重点是勤检查果实冷害的发生情况，必要时适度调整冷库的贮藏温度，同时及时调节冷库内的湿度和通风换气。

（4）气调库贮藏　继 1918 年英国 kidd 和 west 创建苹果气调贮

藏法以来，气调贮藏在世界各国得到普通推广，它是当代最先进的可广泛应用的果品贮藏技术。气调贮藏在近 50 年来得到迅速发展，已普及美国、英国、法国、意大利等国，它是工业发达国家果品贮藏保鲜的主要手段，现已逐步由冷藏向气调贮藏发展。

气调贮藏是通过调节和控制贮藏环境的气体成分，维持较高浓度的二氧化碳和较低浓度的氧气，延缓桃果实的呼吸代谢，减少营养物质消耗，保持果实较高的食用品质的贮藏方法。标准的气调库是在冷库的基础上，加设密封设施和造气、调气设备等构建的。

桃的气调贮藏在我国应用较晚，主要应用于一些单靠冷藏不能达到预期保鲜效果的高档品种。雪桃、冬桃等品种利用气调库能将贮藏期延长 2～3 倍，并保持固有的品质风味。果实入库前，气调库的温度应预先降至预定温度，或稍低于预定温度，并严格控制环境中的气体成分。入库后，应定时检测库内温度、氧气和二氧化碳浓度等指标的变化，掌握其变化规律，并及时调整和严格控制。中后期，认真做好检查、检测工作，严防库房内各种设备出现故障。果品出库前，停止所有气调设备的运转，小开库门缓慢增加氧气含量，2～3 小时后，待库内气体成分恢复至大气状态后，工作人员方可进库搬运果品。

（5）减压贮藏　减压保鲜技术被誉是 21 世纪的保鲜技术。减压贮藏是气调冷藏的进一步发展，被称为桃果保鲜史上的第三次技术革命。减压贮藏是通过降低贮藏环境中的气体分压，创造一个低氧气条件，促使桃果组织细胞内的乙烯、乙醇等挥发性气体排出，从而延缓桃果的衰老进程，减少桃果生理病害的发生。该方法不仅消除了二氧化碳中毒的可能性，而且通过形成超低氧气环境，抑制了微生物的生长发育和孢子形成，减少了贮藏过程中病原微生物的侵染。

减压贮藏是一项新颖的贮藏保鲜技术，在桃果实的贮藏保鲜方面具有广阔的市场前景和应用空间。实践中，利用真空泵抽出贮藏环境内的空气，将环境内的气压控制在 13332.2 帕以下，配置低温和高湿条件，再利用低压空气进行循环，桃果实就可以不断地获得新鲜、湿润、低压、低氧的空气，通常每小时通风换气 4 次，可以有效去除果实的田间热、呼吸热以及生理代谢过程中产生的乙烯、二氧化碳、乙醇等挥发性气体，从而使果实长期处于最佳的休眠状态，保持了果实的含水量，减少了维生素、有机酸和叶绿素等营养物质的消耗，果品的保鲜指数大大提高，果实的贮藏保鲜期明显延长。李文香等通过比较水蜜桃在减压贮藏和常压冷藏条件下的保鲜效果后认为，减压贮藏明显优于常压冷藏。但减压贮藏理论和技术在桃果实贮藏保鲜和运输中尚处于起步阶段，相关的技术指标有待进一步研究确定。

（二）运输

桃树在我国栽培广泛，但也受地区环境限制。随着栽培区域化、规模化和商品标准化的实施，桃已初步形成了南北、东西大流通和"季产年销"的市场格局，运输必然成为流通过程中不可或缺的环节。由于桃属于鲜活易腐烂果品，在长途运输过程中，果实品质受到温度、湿度、气体成分和时间等因素的制约，因此，在现代物流中要想保证果实品质，对桃果实实施冷藏链物流运输模式是桃产业发展的一个必然趋势。

冷藏链物流运输模式可以最大限度地保证果实的品质不受到影响，能够较好地满足市场和消费者的需求，但是由于冷藏链的成本比较高，并且需要相当强的技术支持，再加上冷藏链物流运输模式在我国尚处于起步阶段，因此，在我国发展桃果实的冷藏链物流运输模式需要重点加强冷藏链的软件研究和硬件建设。软件就是指冷藏链的关键技术；硬件就是指冷藏链的运输工具和设备。冷藏链物流运输模式中最重要的是要控制各个环节的温度，其中最重要的是冷链运输温度。按国际冷藏协会 1974 年对新鲜水果、蔬菜在低温运输中的推荐温度，桃 1～2 天运输的适宜温度为 0～7℃，2～3 天运输的适宜温度为 0～3℃，如果运输时间超过 6 天，则应与低温冷藏温度相一致。

冷藏车运输不同于常温运输，需要有构造精良的冷藏运输装备和专业的运输管理机制，才能有效保证货物的保鲜质量和运输的经济效益。冷藏运输的工具可分为三类：保温运输工具，即箱体隔热，能限制与外界的热交换，减少外温对车厢内温度的影响；非机械冷藏运输工具，箱体隔热，用非机械制冷的冷源降温，即用开放式冷媒（冰、干冰、液化气和共晶液）吸收箱内热量，降低箱内温度并维持在控温仪确定的水平；机械冷藏运输工具，箱体隔热，装有制冷或吸热装置（封闭网络），可把箱内温度降低并维持在控温仪确定的水平。冷藏运输技术主要包括公路冷藏运输、铁路冷藏运输和冷藏集装箱多式联运等。

公路运输快捷灵活，装卸环节少，减少了装运中的损耗，可进行"门对门"的服务。目前我国公路冷藏运输的运输量占冷藏运输总量的25%，我国现拥有各式冷藏汽车3万余辆，冷藏车年生产能力4000余辆。我国冷藏车将朝着多品种、小批量和标准化、法规化的方向发展，节能和注重环保将是冷藏车技术发展的主要方向。

我国铁路运输在易腐果品运输中占有最重要的地位。我国铁路冷藏车主要有以下三种车型：冰冷车、机冷车和冷板车。但铁路"门对门"的送达速度较慢，装卸接口过程中的质量保证体系也不完善，因此，铁路冷藏运输很难保证冷藏果品的质量。国际上一些发达国家于20世纪70年代开始实行冷藏集装箱与铁路冷藏车的配套使用，从而克服了铁路运输不能进行"门对门"服务的缺点，大大提高了铁路冷藏运输的质量和转接效率。

冷藏集装箱多式联运是今后冷藏运输的发展方向，冷藏集装箱运输是一种可实现"门到门"的现代化运输方法，它具有两个"门到门"的服务优势：第一门是出于流通中间环节的冷库预冷间的"门"，第二门是处于流通末段环节的零售商冷库的"门"。冷藏集装箱多式联运还具备海运、内河运、公路运、铁路运等联网运输的适配通用性、独立性，实现从货源直至市场的无中间环节集装箱多式保鲜联运。

我国在桃果实冷链运输模式方面才刚刚起步。为了保持果实品质，在运输过程中应注意以下事项：

① 及时调运，装卸动作要轻缓、稳重，避免造成果实的机械伤害；

② 码放整齐，留有间隙，尽量采用品字形码放，以利于通风降温，堆层不可过高，以免压伤果实；

③ 尽量采用篷车或添加覆盖物，避免日光直晒；

④ 运输途中减少震荡，防止震动生热，减少机械伤害，降低运输途中的损耗。

发展桃的冷藏链运输是一项系统工程，涉及面广，相关因素多，需要各个环节紧密配合协作。近年来，各级政府和部分企业在果品物流硬件设施上做了大量工作，尤其在冷藏运输设备和冷藏贮运设施方面已有很大的发展。但由于桃果实容易因碰撞而发生机械损伤，这就要求道路质量及路线设定等基础设施要紧紧围绕果品物流的发展要求。总体上看，桃果实的冷藏链物流运输设施比较落后，尤其是部分果园附近道路设施的发展比较缓慢，影响了桃果实的物流效率和果实质量，因此，今后应积极加强桃果实的物流冷藏链运输的硬件条件建设。

<<<<<

第八章

桃的市场营销

一、市场营销特点

（一）营销的特点

1. 消费需求具有普遍性、大量性、连续性等特点

对于世界各国人民而言，鲜果的消费具有普遍性。由于不同消费群体的经济状况存在着一定的差异，因此，在产品质量、产品价格、产品档次等方面，不同消费群体的表现也有所不同，但所有的消费者都希望自己买到的桃果质优价廉。

据国家统计局有关资料显示，2004 年城镇居民水果消费总量为 8268 万吨，近年来消费量一直呈上升态势，城市居民的消费价格指数基本上也呈逐年上升趋势。近几十年来，鲜桃及油桃的产量占水果总产量的比重逐渐增加，1978 年鲜桃及油桃的产量为 46.69 万吨，次于苹果的 229.25 万吨、梨的 161.68 万吨和柑橘的 75.77 万吨，占水果总产量的 5.97%，居于第四位；而自 1985 年起，鲜桃及油桃的发展相对缓慢，在水果中的比重被香蕉赶超，居于第五位；到 2000 年，中国鲜桃及油桃发展加快，2003 年产量达 617.94 万吨，超过了香蕉的 612.63 万吨，占水果总产量的 7.91%，重新成为第四大水果；而后鲜桃及油桃在水果中的比重一直处于第四位，而且在较长的一段时间内所占比重趋于上升。而到 2009 年鲜桃及油桃的产量占水果总产量的 8.78%，位居第四位。由此可以看出，随着生活水平的提高，水果已成为人们的必需品。

由于桃生产具有季节性，但消费者对桃的需求却要求周年均衡供应，无论是人们日常消费食用，还是作为工业生产的原料，都是常年和连续的。

2. 桃品种多，相互可替代性大

目前，我国用于生产的桃品种多。一方面由于桃所含的基本成分类似、基本用途相同，从而造成了不同品种的桃果之间具有替代性，桃果贸易的复杂性和难度大；另一方面桃果易失水、失鲜和腐烂，这又增加了桃果贸易的复杂性和难度。因此，桃果的生产、运销技术非常复杂，难度很大。

3. 桃的质量受产地因素影响较大

桃树在长期的自然进化过程中，形成了对自然环境条件的要求以及与其相适应的生态习性，因此，果品的质量在很大程度上受产地自然环境因素的影响。同一品种的桃，在气候冷凉的丘陵山区和高海拔的高原地区栽培比在气候温暖的平原地区栽培品质好。

4. 产销矛盾突出，价格波动大

桃果的生产有着较强的季节性与地域性，但人们对桃果的消费却具有普遍性和常年性特征，虽然通过育种工作培育了不同成熟期的品种，也实施了设施栽培，拉长了生产链条，通过贮藏延长了供应链条，在一定程度上缓解了供需矛盾，但从目前的整体情况来看，桃果生产的季节性、地域性与消费的普遍性、常年性之间的矛盾依然存在。

5. 贮藏、运输难

桃属于鲜活品而且水分含量高，容易失水、腐烂，不利于贮藏和运输，因此，一方面要采取各种灵活有效的促销手段，制定合理的销售价格，力争就地多销快销，减少消耗；另一方面，要加强桃果的商品化处理，采用先进技术，进行果品的保鲜和贮藏，降低桃贮藏腐烂率，并选择灵活的流通方式，保持畅通的运输渠道，利用便捷的交通工具和运输路线，实施冷链运转，尽量减少运输损失，以取得较好的经济效益。

（二）营销的意义和方法

我国桃资源丰富，生产发展迅猛。尽管我国桃树栽培面积大、总产量高，但由于部分果园采收时期早、采收方法不当、贮藏不善、运输粗放或不及时，再加上经营者不重视商品化处理和包装，以及营销水平低等原因造成果品滞销或腐烂，损失惨重。因此，加强市场营销意义重大。

1. 桃果营销意义

（1）有利于满足消费者的需求　随着市场经济的发展，桃果产量在迅速增加，流通速度在加快，出现了供过于求的局面，形成了"买方市场"。随着经济的不断发展，人民的生活水平的不断提高，消费者对桃果品质提出了更高的要求。因此，如何提高果品质量，采取良好的营销策略、将桃果及时地销售到消费者中是一项非常重要的工作。

（2）有利于提高产品竞争力，扩大出口　我国的桃虽然生产总量大，但出口比例却很小，而国际桃市场的竞争却日趋激烈，各国对水果出口的政策性补贴也在增加，制定一些诸如数量限制、许可证制、苛刻的卫生健康质量标准、双边贸易协定、优惠协定等政策，增加了进口的非关税壁垒。通过适当的营销策略和生产管理措施，加强对桃果的采后处理，可以推进桃产业化发展，提高桃果的国际市场竞争力。

（3）有利于提高经济效益　尽管我国桃产量很高，但有相当比例的产品没有进行商品化处理，导致出现产品难卖、增产不增收的现象。另一方面，由于桃生产的地域性强、季节性强，导致地域性差价、季节性差价较大，这为桃果的营销创造了有利条件。因此，加强桃果的商品化处理，提高产品档次，积极拓宽销售渠道，加快流通，有利于提高果园和经营者的经济效益。

（4）有利于实现产业化　进行桃果的市场营销，可带动一系列的生产环节，如种植、采收、商品化处理、包装设计、贮藏、保鲜、运输、销售等各个环节都能形成相关产业，形成产前、产中、产后一体化，走产业化之路，形成较好的经济效益。

2. 桃果营销方法

保障产品的周年供给，满足消费者需求是桃商品营销的主要特征。桃的生产季节性很强，属于易腐产品，但其营养丰富，食用价值和保健价值高，深受消费者喜爱。为了满足消费需求，既要掌握桃果的贮藏保鲜技术，又要了解和开发研制新产品，更重要的是事先要充分了解消费者的需求，以需定产，以需定购。

不同类型桃的适生条件不同，其优生区的地域性很强，这就导致地区差价较大。因此，可以充分利用这一点，及时了解不同类型桃果的供求信息，加快桃果的运输和流通，以满足人们的需要，从而取得较好的经济效益和社会效益。

桃果实的质量尽管在采收前就已经形成，但采后的商品化处理对其质量仍有至关重要的影响。通过商品化处理可以明显地提高桃的质量尤其是外观质量，从而在价格上会有较大的提升。如先进生产国对桃果的商品化处理水平高，市场价格也较高。因此，进行营销时应在这方面多做些工作，以提高经济效益。

满足消费者的需求和实现企业的经营目标是桃果营销的重点，但还应考虑社会的要求。桃果作为水果中的一种，是日常消费食品。随着人们生活水平和安全健康意识程度的提高，人们对食品的食用质量安全提出了更高要求，因此，应将其果品的食用质量安全放在首位加以重视，如农药残留量以及重金属等有害有毒物质的种类和含量等，对这些方面必须予以足够的重视，否则会影响人们的身体健康，甚至会危及到生命安全，并最终影响到桃生产企业的经济效益。

桃果市场营销的环境变化很快，消费者的消费心理和购买行为也经常处于变化之中。由于桃生产的连续性与市场营销环境变化的突然性的矛盾，会给营销带来强大的冲击和风险。因此，生产者和经营者应充分重视对市场营销环境的调研和分析，把握市场环境变化的规律，正确理解市场购买决策的具体过程，在认真调研的基础上，积极进行市场预测，制定有效的市场营销战略，抓住机遇，顺利实现自己的营销目标。

营销决策是市场营销业务的核心，桃营销业务在实现和完成每个职能时都需要进行营销决策。只有进行营销决策，才有市场营销的目标、方法和行动。市场营销组合就是综合运用市场调查与预测、产品管理、流通渠道管理、人员推销及广告、定价策略等方面的决策。其营销组合可以概括为目标市场、产品因素、定价因素、促销因素、分销因素这五个方面的策略组合。

二、桃果市场与市场流通

（一）市场与市场营销

1. 桃果市场

简单地说，就是桃果交易的场所，是在一定时间、一定地点进行桃果买卖的地方。随着商品经济的发展，市场的结构、规模、交易范围都在不断地发生变化。交换已不仅仅局限在某些固定的时间和空间，出现了贸易洽谈、合同购销等多种形式。因此，它不仅包括桃果交换的场所，而且涉及到桃果交换中供给与需求之间的各种经济活动和经济关系，是生产者围绕满足消费者需求而展开的一系列经营活动。

2. 桃果市场营销的意义和必要性

桃果市场营销是围绕市场展开的一切活动来满足消费者对桃果需求，促进社会进步，为企业争取满意利润的综合性经营销售活动的过程。而市场营销观念则是从事市场营销活动的指导思想，是企业决策人员、营销人员对市场营销经济活动的基本态度与思维方式。

面对市场展开市场营销活动，可以有不同的营销观念，在不同的营销观念下所进行的市场营销方式不同，也必然会产生不同的经营效果。因此，有效地开展市场营销，必须要有正确的营销观念，这对企业营销活动的成败具有很大影响。

桃果是人们常年需要的生活食品，桃果从生产者手中转移到消费者手中离不开市场。市场连着生产者、经营者和广大消费者。企业无论大小，生产的桃品种和数量无论多少，或多或少地都会参与到市场营销活动中。

在市场经济中，竞争是激烈的、残酷的。面对市场，有的只会生产，却不知道如何将自己生产的桃销售出去，或是桃丰收了，却收获无几，甚至烂掉、扔掉。而有的销售渠道广、销售量大、经济效益好。这就是市场营销知识的驾驭。营销是一门艺术，也是一门科学。如将大包装改为小包装，将小包装改为精包装，利润就可以增加几倍。

我国有 13 亿人口，是一个大市场，但是决定市场规模的实际因素是消费者的购买力。我国尚在发展阶段，经济还不够发达。而我国是世界上第一水果生产大国，许多名特优果品在海内外也久负盛名，这就意味着，果品的潜在营销市场在国外，因此，开拓国际桃果营销渠道、拓展国际桃果市场是必由之路。

（二）流通渠道

由于桃的生产具有季节性和地域性特点，其果实也具有易失水、失鲜和易腐性的特点，流通渠道对桃果的流转和销售有着重要的影响。合理的流通渠道能保证桃果的流通效率，减少桃果的损耗和流通成本，进而保证果农和经营者的利益以及桃产业的发展。

1. 直销渠道

直销渠道是指桃果直接从生产者手中转移到消费者手中的途径。其有两种途径，一种途径是农户在收获桃果后将其部分运往城镇的农贸市场上进行销售。原因有以下几个方面：

① 农户种植桃的面积小，桃总产量少；

② 种植的桃品种深受当地消费者的喜爱，直销价格高于批发市场的收购价；

③ 种植的一部分桃受到损伤或个头较小，批发收购价低。

另一种途径是农户运到外地市场上贩卖，但流通成本高，约占总成本的 20%～30%，且桃损耗较大，收益风险大。

总的来讲，选择上述两种直销方式的农户占少数，主要原因是多数果农的桃果年产量较大，不能够完全通过自销方式卖出，且自销费用较高。

2. 生产者—零售商—消费者

这种流通渠道经过一道零售环节，主要是果农将桃果整车运往城镇，以相对较低的市场价格将产品分销给当地的水果店或果摊。但由于商户规模小，寻租成本高，这种销售方式在当地仍属少数。

3. 生产者—收购商—批发商—零售商—消费者

这种流通渠道在各地所占比重最大，约为 80%。收购商是连接果农与批发商的纽带，收购商的作用主要是将果农手中分散的桃果集中起来，然后经过初步的整理、分级、包装，将桃果转交到大的批发商。收购商多为当地人，对当地桃果的特性较为了解，可以根据批发商的需求进行代收。收购的地点为村头或者批发市场内，其利润来源主要是从批发商中获取代收费用，为 0.2～0.4 元/千克，其中不包括桃果的整理、分级和包装费用。扣除相应的成本费用，收购商代批发商收购桃果每千克的净收益约为 0.10～0.30 元。

批发商大多来自全国各地，包括销地市场的大批发商和大型水果加工企业。批发商是桃果流通渠道中的重要运销商，是连接产地市场和销地市场的重要环节。批发商多为固定的客户，每年收购大量的桃果，通常需要多个较为熟识的收购商代购。收购的桃果一部分直接运往销地市场，另一部分在当地的冷藏库或气调库进行贮藏，平衡季节需求，获取季节差价。目前，选择冷藏库进行冷藏的价格为 0.4 元/千克，气调库的价格为 0.8 元/千克，在贮藏期间可以根据市场行情随时调运到全国各大水果市场进行销售。目前约 1/3 以上的桃果会选择冷藏，如若当地的冷库可以承担一部分的贮藏量，其余的桃果也可运到周边或者其他地方进行冷藏。

4. 生产者—合作社—批发商—零售商—消费者

在这种流通渠道中，合作社替代了收购商，起到了收集桃果的作用。目前，桃专业合作社尚不完善，数量较少，规模也相对较小，主要以村为单位成立，合作社形式多样。例如，有的合作社是以生产资料加工厂为依托，向果农推荐相应的农业生产资料，然后将入社果农的桃果集中起来以相对较高的价格卖给批发商。"基地＋合作社"形式的桃专业合作社为基地的果农提供一系列服务，保证桃果的产量和质量，从而在批发市场上占有一定的产量和价格优势。但总体来讲，在一些地方加入合作社的果农数量相对较少，合作社的运作机制尚不健全，合作社和入社果农间的关系还不紧密，不能形成很好的利益共同体，合作社还不能有效地替代收购商。

5. 生产者—龙头企业—批发商—零售商—消费者

在这类流通渠道中，龙头企业是核心，是连接生产者和消费者的重要环节。龙头企业一般集水果加工和冷藏为一体，且气调库贮量均在 1.5 万吨以上。通过对龙头企业的调查了解到，一些企业收购的桃果经过冷藏和加工处理后约有一半进行内销，另一半出口外销。国内销售的主要市场有北京、广州、深圳、上海、武汉、重庆等大城市，当前的桃果平均价收购为 3 元/千克左右，储藏加工费和流通费用总计约 1.2 元/千克左右，根据当地市场行情获得不同的收益。外销主要是出口至欧盟国家和俄罗斯，储藏加工费和流通费用总计约 1.4 元/千克以上。果品的质量需求也有所不同，成本总费用相对较高，桃果到达出口国后由当地批发商进行进一步流通销售。这些龙头企业也会为国内一些大的批发商提供贮藏桃果的服务，收取冷藏费，在批发商需要时运出销售，此时他们的功能与第四种渠道结合了起来。

总之，批发市场和销地市场在整个桃的流通销售中发挥着重要作用。经由收购商和批发商的流通渠道是最主要的渠道，其次是经由桃加工企业和桃贮藏企业的一种流通渠道，而直销、一层渠道、经由合作社的流通渠道均占少数。

（三）流通特点

1. 快速流通

桃果属鲜活易失水、易失鲜、易腐烂商品，采摘后需及时贮运，以保持其品质和新鲜度，减少养分消耗。用以作为加工原料的桃果更需新鲜完好，而且其加工品均有一定的保鲜期。因此，加快流通速度或减少流通环节十分重要。

2. 低温流通

为最大限度地延长桃果贮运和市场寿命，需要在低温条件下流通，因此，建立适宜的冷链流通系统十分重要，也是桃果流通发展的必然趋势。

3. 必须时刻注意安全、卫生

桃果属于食品类，桃果的卫生状况直接关系到消费者的健康。国家质量监督部门和世界卫生组织均制定了各类食品的卫生标准。流通中必须时刻注意桃果的卫生安全性，防止有害物质的污染，以保证消费者的使用安全。

4. 流通较困难

我国桃的生产规模多数小且分散。有相当数量的桃产于山区，交通不便，这给桃果的收购、贮藏、运输以及销售都带来了很大不便。另一方面，我国目前的桃果交易主要是现货交易，鲜果贸易风险大，流通较困难。

（四）流通形式

流通形式包括两个方面的内容：即由果品贮藏、运输过程完成的物流形式和由交易活动完成的商流形式。

1. 物流形式

目前我国物流形式很多，小到肩担、车推，大到舱船、飞机运输。在实际流通中，可以根据桃果的数量、到达目标市场的距离和时间，选择适宜的运输工具和途径。

（1）公路流通 主要工具有畜力车、拖拉机、汽车等。这些设备是销售、批发、转运等的主要流通工具。公路运输的主要优点是灵活、迅速，适应面广，易于组织管理，减少装卸次数和损耗，在300～500千米内的公路运输比铁路运输费用低，适于中、小批量果品近距离运输，是当前国内桃果流通中的主要运输工具。

（2）铁路运输 对于大多数国家，特别是国土辽阔的国家，铁路运输起着主导作用。可分为零担、拼装整车或集装箱等运输方式。适于运距长，批量大的运输。其优点有：

① 运载量大 一般集装箱的容量为15～18米^3，大型集装箱的容量可达33～35米^3。这些集装箱可与有关汽车匹配，可以相互转移。

② 速度快 高速货车平均时速可达100千米/小时，仅次于航空运输速度，居各种运输方式中的第二位。

③ 费用低，安全系数高 铁路运输受气候等自然因素影响较小，路途时间短，可靠性大，长距离运输费用低。

（3）水路运输 水路运输可分为远洋运输、海岸运输和内河运输。国内运输有机械船舱、运输艇等，但多不属于专用桃类果品的运输。在国际贸易中，以冷藏船运输为主，船内设冷仓或集装箱。集装箱冷藏船可以在同一船上同时装运几种不同运输温度的果品。水路运输的特点是装载量大、费用低。但是运输速度慢，船期较长，易受自然因素（如台风、潮水等）影响。

（4）空中运输 空中运输速度最快、费用高、损失少，有利于抢占市场，提高竞争力，为顾客提供良好的服务。高价果品、易腐烂的果品多采用航空运输，尤其是桃、葡萄等不耐贮藏的果品更适合航空运输。随着我国经济的发展，航空运输的成本将会相应降低。

2. 商流形式

目前，我国桃果商流的中间环节有独立的营销公司、批发商或零售商等。

（1）批发商 批发商是指向生产企业购进产品，然后转售给零售商、产业用户或各种非营利组织，不直接服务于个人消费者的商业机构，属于商品流通的中间环节。这里特指专业批发商，其专业化程度高，专营某类商品中的某个品牌。经营商品范围虽然窄而单一，但业务活动范围和市场覆盖面很大，一般是全国性的。

（2）零售商 零售商是分销渠道的最终环节，也是分销渠道系统的终端，直接联结消费者，完成并实现产品最终价值的任务。零售商的数目众多，形式各异，有相当一部分是个体摊贩或零售店。随着市场经济的发展，水果超级市场逐渐形成，送货上门、邮政销售和网上销售等形成也已经出现。

（3）期货交易 期货交易是在现货交易的基础上发展起来的，是通过在期货交易所买卖标准化的期货合约而进行的一种有组织的交易形式。桃果等果品流通中间环节的重要形式之一是期货交易，它是稳定市场的一种方法。期货交易与一般的现货交易相比，期货交易在其业务操作流程上具有自身的特点。期货交易业务操作一般包括开户、委托、结算、交割等几个方面。期货交易规则要求交易参与者在决定参与交易的时候，必须首先履行开立交易账户的手续。要买进或卖出一张（或更多的）期货合约，必须经过下单、交易、回报几个环节，来完成一个基本的流程。

① 开户 开立账户实质上是投资者（委托人）与期货经纪公司（代理人）之间建立的一种法律关系。一般来说，虽然各期货经纪公司会员为客户开设账户的程序及所需的文件不尽相同，但基本程序及方法大致相同。

首先是风险揭示过程。客户委托期货经纪公司从事期货交易必须事先在期货经纪公司办理开户登记。期货经纪公司在接受客货开户申请时，需向客户提供《期货交易风险揭示书》。客户应在仔细阅读并理解后，在该《期货交易风险说明书》上签字，而且需要单位法定代表人在该《期货交易风险说明书》上签字并加盖单位公章。

然后签署合同。期货经纪公司在接受客户开户申请时，双方须签署《期货经纪合同》。个人客户应在该合同上签字，单位客户应由法定代表人在该合同上签字并加盖公章。个人开户应提供本人身份证，留存印鉴或签名样卡。单位开户应提供《企业法人营业执照》影印件，并提供法定代表人及本单位期货交易业务执行人的姓名、联系电话、单位及其法定代表人或单位负责人印鉴等内容的书面材料和法定代表人授权期货交易业务执行人的书面授权书。交易所实行客户交易编码登记备案制度，客户开户时应由期货经纪公司按交易所统一的编码规则进行编号，一户一码，专码专用，不得混码交易。期货经纪公司注销客户的交易编码，应向交易所备案。

最后按规定缴纳开户保证金。期货经纪公司应将客户所缴纳的保证金存入期货经纪合同中指定的客户账户中，供客户进行期货交易。期货经纪公司向客户收取的保证金，属于客户所有；期货经纪公司除按照中国证监会的规定为客户向期货交易所交存保证金进行交易结算外，严禁挪作他用。

② 委托　客户在按规定足额缴纳开户保证金后，即可开始交易，进行委托下单。所谓下单，是指客户在每笔交易前向期货经纪公司业务人员下达交易指令，说明拟买卖合约的种类、数量、价格等的行为。通常，客户应先熟悉和掌握有关的交易指令，然后选择不同的期货合约进行具体交易。

③ 结算　结算是指根据交易结果和交易所有关规定对会员交易保证金、盈亏、手续费、交割货款和其他有关款项进行的计算、划拨。结算包括交易所对会员的结算和期货经纪公司会员对其客户的结算，其计算结果将被计入客户的保证金账户。

④ 交割　在期货交易中，投资者开仓之后要了结期货交易的头寸有平仓或者到期交割两种方式。绝大部分合约在到期前平仓，只有少数合约参加交割，参加交割的合约一般以套期保值为目的。

客户在期货交易中，最大的风险来源于市场价格的波动。这种价格波动给客户带来交易盈利或损失的风险。因为杠杆原理的作用，这个风险因为是放大了的，投资者应时刻注意防范。

三、桃果的价格

（一）价格的形式与差价

1. 价格的形式

桃果的价格主要为市场价格，根据所处的流通环节可将价格划分为收购价格、批发价格和零售价格等形式，收购价格是桃经营者直接从生产者手中购买桃果时所采用的价格。批发价格是批发商出售给零售商或下一级批发商所采用的价格。零售价格则是商品直接出售给消费者的价格。收购价格是桃果的起点价格，批发价格为中间价格，零售价格则为终点价格。

2. 差价

市场差价不仅是消费趋势的表现，也是市场供求状况的反映。

（1）品种差价 具体表现为不同品种的品质与成熟期的价格差异，为各类差价中的最重要差价，其优质适销品种较一般品种的市价差幅可高达 50%～200%，尤其季节性较强的果类更是如此。

品种差价的相对变幅普遍高于其他差价，且市场反映规律比较稳定，在相同条件下其变化受等级、年份、包装、销售地点等因素的影响较小，是生产者对桃品种结构调整的重要市场依据。

（2）季节差价 由果品市场的淡、旺季供给不均而形成的差价。桃是季节差价较明显的水果种类之一，易于保质贮藏桃在春淡季较秋旺季市价高 500%～100%。它们的价格变化规律均为采收期低，而贮藏期高。

（3）等级差价 果品的等级差价表现为果品的售价越高，等级的绝对差价愈大，且随果品等级的递减差幅增大；而相对等级差价较绝对差价表现稳定，其差幅通常为 20%，少数可达 50%。如特级、一级、二级鲜果差价则分别为 400 元/50 千克、80 元/50 千克、50 元/50 千克。再例，果品的特级、一级、二级间的等级差价，水蜜桃依次为 25～40 元/50 千克、25～50 元/50 千克。

等级差价表明，推行标准化栽培、提高桃果实品质是提高果园经济效益的重要途径，尤其对市场适销的优质桃其效益更加显著。

（4）年份差价 不同年份间的产量增、减与果品的年份差价关系密切，二者变化互为相反。年份差价的变幅不仅反映了数量与价格的关系，也反映出各种果品的市场饱和程度，年份差价变幅越大饱和程度越高，反之则低。桃果的年份差价远远低于季节差价，因而改进、完善产期调节与贮藏保鲜技术仍有效益可为。

（5）其他差价 除上述四类主要差价外，包装、地区差价也从不同的侧面反映了当前水果的产销趋势。改善包装对果品具有明显的增值效应，通常每提高一个包装等级，果品的售价可提高 15%～25%。对于来自不同产地的同类果品，其售价差异并不显著，但产地与非产地间的果品差价则较为显著。此外，不同消费水平地区之间也存在着明显的差价。

（二）价格的构成与表示方法

1. 价格的构成

商品价格的形成要素及其组合称为价格组成，它反映了商品在生产和流通过程中物质耗费的补偿，以及新创造价值的分配，一般包括生产成本、流通费用、税金和利润四个部分。

生产成本和流通费用构成商品生产和销售中所耗费用的总和，即成本。这是商品价格的最低界限，是商品生产经营活动得以正常进行的必要条件。生产成本是商品价格的主要组成部分。构成商品价格的生产成本，不是个别企业的成本，而是行业（部门）的平均成本，即社会成本。流通费用包括生产单位支出的销售费用和商业部门支出的商业费用。商品价格中的流通费用是以商品在正常经营条件下的平均费用为标准计算的。

税金和利润是构成商品价格中盈利的两个部分。税金是国家通过税法，按照一定标准，强制地向商品的生产经营者征收的预算缴款。按照税金是否计入商品价格，可以分为价内税和价外税。利润是商品价格减去生产成本、流通费用和税金后的余额。按照商品生产经营的流通环节，可以分为生产利润和商业利润。

2. 价格表示方法

常用价格表示方法有标签法和条形码法。标签法需应用国家规定的统一标签，标签内容有商品名、产地、规格、等级、计价单位、单价及核价员等。条形码目前应用越来越广泛，主要为国家货物条形码 EAN-13 条码和 EAN-8 条码。

（三）影响桃定价的因素

1. 供给方面的主要影响因素

（1）前期库存量　在一定时期内，一种商品库存水平的高低直接反映了该商品供需情况的变化，是商品供求格局的内在反映。因此，研究库存变化有助于了解桃价格的运行走势。一般来讲，供应短缺价格上涨，供应充裕价格下跌，结转库存水平和价格存在负相关关系。例如中晚熟桃存量减小，会导致从第四季度桃价格开始抬升。

（2）当期生产量　当年桃的生产量主要受种植面积和单位面积产量的影响。影响种植面积的因素主要是果品与其他农产品的比较收益、国家的农业政策等，影响单产的主要是因素有天气状况、科技水平、生产资料投入量等。就桃而言，水蜜桃关键生长期的热量、光照和降水对水蜜桃的产量有着重要的影响。这里用 2 月下旬～3 月中旬（萌芽期）日最高气温之和来表征热量的积累，热量越充足，对其桃树花芽的进一步分化和芽的萌发生长越为有利。日照对水蜜桃产量形成影响最大的时段是开花坐果期间，其正作用较大，这里选取的是 3～4 月（开花期）总日照时数，该时期日照时数的增加十分有利于水蜜桃开花授粉，提高坐果率，以及促进桃树叶片生长，进行光合作用和光合产物向果实的转化。而降水量与水蜜桃生长也有很大的关系，其中影响较大的时段是 3 月下旬，该旬降水对水蜜桃产量形成副作用最大，原因是此时正值桃树的花期，多雨明显不利于水蜜桃开花授粉，也不符合桃树喜稍干忌湿的生物学特性；6 月下旬～7 月上旬正值果实膨大期，适当的降水有利于水蜜桃果实的生长，但降水过少或过多均会对产量造成不利的影响；8～9 月份累积降水量对晚熟品种也有影响。

（3）商品的进口量　我国在桃贸易中主要担当出口的角色，进口量较少。

2. 需求方面的重要影响因素

（1）人口结构　城乡居民在不同种类的农产品消费水平上存在很大差异。世界上一些主要国家和地区的水果消费水平与城市化水平存在正相关关系。对中国城市化水平与水果消费量的变动进行相关性研究的结果表明，中国人均水果消费量的增长表现出了与城市化率增长相同步的趋向。从中国水果消费量看，城乡之间也存在明显的差距，城市消费量远多于农村。

（2）居民收入水平　消费者的收入决定其购买力和购买行为，这是购买决策的决定因素。一般来讲，收入水平高的居民，购买力强，水果的消费量大。

（3）消费偏好　替代品的价格下降，需求就会向其转向，不同水果间以及水果与蔬菜之间具有很强的替代性。短期内如果一种农产品的替代商品的价格上升，消费者对该种商品的需求则会上升。

（4）国际贸易　在全球经济一体化的浪潮中，尤其是我国加入WTO 之后，国际农产品价格会迅速传导并影响着国内农产品的价格。我国既是桃生产大国，也一直是桃及其加工品的出口大国。国内桃价格受国际市场行情的影响是毋庸置疑的。

3. 心理预期的变化

果农的期望值是供求关系的晴雨表，通过对期望值的研究，可以看出供求关系对价格的影响，同时可以预见价格走势。一般来讲，丰收年期望值偏低，歉收年期望值偏高。所谓期望值是指果农产品卖的最高价格，它是一个动态的价格。不但年年不同，而且每年的销售前期和销售后期也有很大差别。在桃果的丰产年，果农的期望值降低，有时甚至达到低价倾销的程度。由于优果低价，刺激了消费者的购买欲望，消费者消费热情空前高涨，优质货源也会源源不断地保障市场供应。由于前期销售火爆，贮存的桃销量达80％以上时，在元旦、春节前后，销售的节奏明显加快，由于货源开始紧缺，价格开始反弹。春节过后，价格节节攀升，销售进入"牛市"。还有很多贮存商看准"五一"黄金周市场，价位偏高，但却抑制了消费的热情。"五一"期间，货源充足，价格回落，市场缩水。这样要经过低价倾销——价格回升——价格高涨——价格回落几个环节，完成了桃销售的价格周期。反之，桃果歉收，其价格又会完成一个相反的循环。

（四）桃果定价策略

1. 高价、低价与温和定价策略

（1）高价策略　是以获取最大利润为目标，将价格定的较高的一种定价策略。采用这种定价法的前提是桃果供应紧张，或是刚刚引进和培育的新、奇特品种，或品质优异的果品，其价格可高出其价值的几倍或十几倍。

（2）低价策略　是以追求市场占有率为目标，将价格定得较低，薄利多销，让产品迅速占领市场的策略。这种方法适用于需求弹性较大的果品，价格低，人们购买的多；价格高，购买量显著减少。

（3）温和定价策略　一般是参照竞争对手同类产品的价格和充分考虑市场购买力情况来定价，价格高低适当，既能获得利润回报，购买者也较易接受。这种定价策略适宜于普通桃。

2. 折扣折让价格策略

这种策略通过将果品按原价的几成降价销售或购买量超过一定数量后附赠一定量的桃果来吸引顾客。例如，常见在大型超市里桃果按购买数量实行差价销售。这种策略也适合于上架已有一定天数、新鲜度远不如当天上市的桃果，为了减少因失水、失鲜或腐败变质而带来的损失，要在短期内将桃果全部卖掉，可运用价格折扣折让策略来促进销售。但是，这种折扣让价销售必须建立在诚信的基础上。

3. 心理定价策略

心理定价策略是针对消费者的不同消费心理，制定相应的价格以满足不同类型消费者需求的策略。如最小单位定价，是指商家将同种商品按不同的数量包装，按最小包装单位量制定基数价格，销售时，参考最小包装单位的基数价格与所购数量收取款项。一般情况下，包装越小，实际的单位数量商品的价格越高，包装越大，实际的单位数量商品的价格越低。心理定价方法多用在桃果的零售环节。

4. 随行就市价格策略

一般适用于价格较贵的零售桃果。主要是根据生产季节、货源供应情况及产品质量等随行就市定价。生产旺季，产品大批量上市，价格低一些；淡季由于产量减少，价格高一些；有时一天中的价格也不一样，例如早晨桃更新鲜，价格高一些，到下午桃的新鲜度下降，价格相对低一些。

四、开拓桃果市场的策略

（一）桃果品质对营销的影响

目前，桃果在市场上已经接近或处于饱和状态，竞争日趋激烈，市场价格差距正在缩小。现代消费者已由追求数量转变为了追求高质量，对桃果质量提出了越来越多、越来越高的要求，市场竞争也由过去的价格竞争为主转向以质量竞争为主。因此，提高桃果质量，向消费者提供可以信赖的优质产品已经成为桃树生产者、流通企业提高市场竞争力的最重要的因素。

1. 桃果品质

（1）品质的含义　品质是指产品满足人们需要的各种特征和特性的总和。桃果品质的客观特性是由以栽培者和加工者为主的生产者按消费要求的目标通过生产和流通来体现的，而主要部分是消费者要求的体现。因此，对桃果品质的综合认识，决定于从生产者、经营者到消费者不同观点指导下对桃果各项客观特性的综合评价。

（2）桃果的质量品质

① 感官品质　凡是可以通过人的视觉、嗅觉、触觉和味觉进行综合评价的品质特性被称作"感官品质"特性，它包括：外部感官品质，如颜色、大小、形状；果品的新鲜程度、整齐度、风味和质地等等。

② 营养品质　桃果实中含有的各种维生素、矿物质以及蛋白质、氨基酸、碳水化合物等被称作"营养品质"。这些营养成分种类的多少及其含量高低、营养成分的比例等均属于营养品质特性。

③ 缺损度　缺损度主要指产品的外观损伤、畸形程度。桃果的缺损大多是由于采收、整理、运输、储藏等操作过程中的机械损伤所致，感染病害、被害虫为害等所出现的病斑和虫口也都属于品质不佳的范畴。由于遗传、授粉受精不良或异常环境条件、外来化学物质作用等因素也会使产品中出现部分缺陷。缺损度是影响桃果品质的重要因素之一。

④ 食用安全品质　食用安全品质即桃果实中是否含有有毒有害物质，有毒有害物质的种类多少及其含量，对人类身心健康的影响程度等等。

2. 桃果品质对营销的影响

（1）是参与国际市场竞争的基础　随着生活水平的提高，人们对食品质量尤其是食品的质量安全越来越重视。在国际果品贸易往来中，果品的食用质量安全已成为新兴的贸易壁垒和技术壁垒，也加剧了国际市场上果品的激烈竞争程度。发达国家通过实施管理体系标准、全过程的质量安全控制和认证注册制度，提高其国产果品质量和市场竞争力，增加市场份额。与此同时，一些发达国家纷纷起用这些新兴的贸易壁垒，实行市场准入制，限制果品对本国的进口。

面对激烈竞争的国际市场，提高我国果品的国际竞争力，实施全过程的质量安全控制，提高果品品质和质量安全水平，是适应国际市场的竞争需要。

（2）是满足消费需求，取得商业利益的前提　桃果属于鲜活商品，越新鲜越受市场欢迎，越新鲜经济价值越高。因此，在桃果的生产、包装、运输、储存、销售全过程的各个环节都应将桃果的品质作为重要指标。否则，一旦失去了"鲜"字，便影响了其使用价值，失去了消费者，降低了利润，失掉了市场，损失了利益。

桃果的消费需求具有普遍性、大量性和连续性等特点。因此，提高桃果实品质质量，是影响营销的最重要因素。

3. 提高桃果实品质的措施

（1）生产者选育良好的品种　好的品种有以下三个要求。一是满足生产者对桃果实品质的要求，如品种的抗病能力强，耐贮性好和易采性好等。二是满足消费者对桃果实品质的要求，如感观性状好，营养价值高，外形美，口感佳，食用质量安全性好等。三是满足中间商对桃果实质量的要求，如货架期长、市场价格适应多层次需求等。

（2）桃在销售中要选择灵活的流通方式，通畅的流通渠道，便捷的交通工具和科学的运输路线。

（3）要根据不同类型桃果的特性选择贮藏地点、空间和条件。应将温度和湿度等控制在最有利于保鲜、储存的范围内。

（二）桃的品牌策略与商标设计

1. 品牌的含义

品牌是包含品牌名称、品牌标志、商标等概念在内的集合概念。它们代表一个或一组生产者或销售者的产品，也是与其他竞争者的同类产品相区别的重要标志。因此，一个品牌代表一个产品的生产者或销售者。消费者把品牌看作是产品的一个重要组成部分。

（1）品牌名称　指品牌中可以用语言称呼的部分。例如"红玫瑰"桃。

（2）品牌标志　指品牌中可以被识别但不能用言语称呼的部分。例如图案、符号等。

（3）商标　商标是品牌标志，往往印在商品的包装或标签上。商标应简洁、具有显著性特征、容易记忆。商标按其是否在政府有关主管部门注册登记分为注册商标和非注册商标。注册商标受国家法律保护，产品商标一经注册，其他果品生产者或经营者就不得在同类产品上再使用此商标。注册的商标往往在其右上角有®注册标志；右上角注有™的商标，表示该商标已经向国家商标局提出了申请，并且国家商标局也已经下发了《受理通知书》，并进入到了异议期，其可以防止他人提出重复申请，也表示现有商标持有人有优先注册权。

2. 品牌的功能

（1）品牌可以增加产品的价值，是高定价格的基础 名牌的出现，可使用户产生一定的信任度和追随度。由此，不仅使果品生产者或经营者在与对手竞争中拥有了后盾基础，同时也可以利用品牌资本运营相应的能力。通过一定的形式如特许经营、合同管理等形式实现价格垄断。驰名品牌会给桃生产者或经营者带来高额利润。

（2）品牌是取得产品竞争优势的基础，驰名品牌具有强大的竞争力 树品牌、创名牌是人们在市场竞争的条件下逐渐形成的共识，人们希望通过品牌对销售的桃果品、以及桃果的生产者或经营者加以区别，通过品牌拓展市场。品牌的创立、名牌的形成能很好地帮助桃果生产者或经营者实现上述目的，使品牌成为桃果生产者或经营者的有力竞争武器。

（3）品牌表明企业产品特征，是吸引新消费者，巩固老消费者的有效途径 消费者或用户购买具有某种使用价值的产品时，会在众多的商品中进行比较，通过对品牌产品的使用，围绕品牌形成消费经验，存贮在记忆中，并形成一种消费情感，为将来的消费决策提供依据。而且消费者或用户通过使用对商品产生的好感，通过不断宣传，对品牌产生信任和追随，使消费者或用户重复购买。

桃果的生产者或经营者可以通过培育和保护好的品牌、创立名牌，奠定桃果品品牌优势，塑造驰名品牌，积累品牌资产，达到提升实力，扩大市场份额的目的。品牌资产的构成要素包括品牌知名度、消费者对品牌的认知度、品牌信任度和追随度以及其他资产。

未来的营销之战将是品牌之战。"拥有市场比拥有工厂更重要"，唯一拥有市场的途径就是拥有具有市场优势的品牌。品牌建设是衡量经营水平的重要尺度，也是衡量整个产业发展水平的一个重要指标。随着桃产业化经营的开展，我国的一些桃生产者或经营者已认识到了品牌的重要性，实施了品牌策略，并取得了良好的经济效益和社会效益，如山东省平邑县注册的"常岭"商标、湖北省七仙红林果农民专业合作社联合社注册的"七仙红"商标、北京市平谷区注册的"平谷"证明商标、上海市南汇区注册的"南汇水蜜桃"地理标志证明商标等。事实上，桃产业化的过程就是一个依靠品牌优势，逐步建立桃产业规模优势，最终使之得到进一步发展和完善的过程。没有桃品牌的创立和扩张，没有驰名桃品牌的优势，就不可能有优质桃产业化经营的快速发展。

3. 品牌策略

（1）品牌保护策略 品牌保护是果品生产者或经营者防止他人盗用自己品牌商标所形成的侵权行为以及避免声誉受损所采取的措施。可采用以下措施：

① 及时注册商标 商标是品牌的标记。商标只有经过注册才能得到法律的保护，有效地防止竞争者使用和销售具有相同或相似商标的商品，才能维护自身的合法权益和效益。出口桃应在目标国家及时注册商标。注册商标在有效期满后应及时申请续展注册。

② 关联注册 关联注册指在非同类果品中注册同一商标。桃生产者或经营者以生产经营某类产品或其中某个品种为主，附营其他类产品或品种的情况下，可采取这一措施。如果桃生产者或经营者为某桃注册了商标，在生产和经营的其他种类水果和其他类的园艺产品也注册同样的商标，以免这一品牌商标被他人抢注在与自己生产和经营的产品上而遭受损失。

③ 使用防伪标识 采用防伪标识，对保护商标专用权可起到积极的作用。

（2）品牌使用策略

① 多品牌策略 这是桃生产者或经营者内部品牌之间关联程度的决策，可分为两种品牌策略。第一种为类品牌，是指将自己的同一大类桃选用同一个品牌。主要是用品牌将不同品种的特性、档次、目标顾客的差异隔离开来。使某一产品的失败不至于影响到其他产品。第二种为多品牌，多品牌化是将自己经营的各类产品各自选用不同的品牌。这种品牌化做法有两大优点：一是可以避免一种产品的不良影响殃及其他产品；二是品牌文化更适应目标市场要求。缺点是由于品牌多，商标设计、品牌命名、注册与续展、促销等的费用多，经营成本高。

② 单一品牌策略 指一个品牌只用于一类（种）桃的策略。例如，桃生产者或经营者将生产或经营的产品只用一个品牌。单一品牌的优点是节省品牌宣传促销费用，顾客可以较快地了解企业、了解产品；缺点是产品间会有一荣俱荣，一损俱损的后果。这种情况下，经

营者更应该特别注重产品质量。

③ 无品牌策略 为了降低价格、扩大销量，节省成本费用，有些果品仍不使用品牌，某些出口商品也采用无品牌中性包装形式，其目的是为了适应国外市场的特殊情况，为转口销售、避免某些进口国的限制等。

④ 生产者品牌 指各环节的经营者均使用由生产者确定的品牌。使用这一品牌的优点是产品和企业联系紧密，在了解品牌的同时认识了生产者。缺点是品牌和生产者彼此牵连，互相影响。

⑤ 借用他人的品牌 在借用他人品牌时有以下几种方法可以借鉴。

a. 指定品牌：指定品牌主要用于出口桃，在不影响国家和民族利益的基础上，桃生产者或经营者按进口方的要求在自己的产品上使用进口方指定的品牌名称、商标。

b. 特许品牌：指通过支付费用的形式，取得他人的品牌使用权。这种策略有利于参与国际市场竞争，扩大出口。

c. 使用中间商的品牌：也称为销售者品牌。利用中间商社会声誉好，销售量大的优势条件，使用中间商的标志、商号、店名做品牌商标，可节省推销费用，取得价格竞争的主动权，加快产品进入和占领市场的速度。缺点是中间商往往会提出在一个细分市场上独家销售的要求。

d. 双重品牌：指产品同时使用生产者品牌和销售者品牌，在生产者或经营者强强联合的情况下，这种策略有利于巩固和提高双方的市场占有率，击败竞争对手。但我国果品企业由于生产规模较小，较少采用双重品牌策略。

采用哪一种品牌策略都应根据自身的实际情况来选择。单一品牌的管理操作简单，对消费者易形成聚集点。但单一品牌无法同时满足所有目标市场的消费群体。多品牌能有效地做好消费群的划分和市场定位，针对不同的消费者有不同的差异优势。当然多品牌管理困难，资金投入大，每个品牌都要推广、维护。借用他人品牌要有较好的服务和一定的销售规模，但应向品牌拥有者缴纳一定的费用，也受品牌拥有者的制约。

（3）创名牌策略

① 名牌的涵义 名牌的基本内涵包括：具有极高的知名度和美

誉度；产品竞争力强，市场占有率高；工艺精湛，内美外秀；质量稳定可靠，服务优良；消费者对它有信任感、安全感和荣誉感。名牌有地区性名牌、国家名牌和世界名牌。名牌本身就是财富，具有极高的经济价值。因此，产品一旦成为名牌，那么产品必然具有很强的市场竞争力，对消费者具有很强的吸引力。因此，创名牌已成为了众多桃生产者或经营者追求的目标和发展战略。

② 国家名牌的评价指标　国家质检总局 2001 年 12 月 29 日以 12 号总局令的形式发布了《中国名牌产品管理办法》（以下简称《办法》），《办法》第三章申请条件中规定："市场评价主要评价申报产品的市场占有水平、用户满意水平和出口创汇水平；质量评价主要评价申报产品的实物质量水平和申报者的质量管理体系；效益评价主要对申报者实现利税、成本费用、利润水平和总资产贡献水平等方面进行评价；发展评价主要评价申报者的技术开发水平和经营规模水平，评价指标向拥有自主知识产权和核心技术的产品适当倾斜。"

中国名牌产品证书的有效期为 3 年。在有效期内，生产者或经营者可以在获得中国名牌产品称号的产品及其包装、装潢、说明书、广告宣传以及有关材料中使用统一规定的中国名牌产品标志，并注明有效期间。中国名牌产品在有效期内，免予各级政府部门的质量监督检查。对符合出口免检有关规定的，依法优先予以免检。

4. 品牌建设的经济学意义

（1）品牌桃可以增强桃果的需求收入弹性　桃果的总体需求价格弹性和需求收入弹性都比较大。在改变桃果需求价格弹性较难的情况下，通过品牌认证，将会增加品牌桃的需求收入弹性。桃产业中，市场主体的广告、品牌的认证等方式，提高了桃的知名度价格，增加消费者对品牌桃的认知度和信赖度。品牌特有的形象和承诺，差异化的生活定位方式，形成消费者购买的理由，在这种情况下，消费者对价格不敏感，品牌桃较高的价格，增加了桃的经济收益，表现出了品牌桃所具有的较强需求收入弹性。

（2）桃品牌具有较高的区域资产专用性　品牌桃是果农长期种植、消费者在长期食用、将其视为日常生活、产生浓厚的感情和依赖心理后，形成发展的。桃品牌从投入到产出都要依赖当地所特有的人文、自然环境，依托当地独特的资源禀赋，积淀和沉积当地的历史文化渊源，形成其独特的品质及文化内涵，具有强烈的区域特色，能为区域经济发展带来集聚效应和规模效应，是各个生产经营者品牌积聚后的产物。桃生产一旦离开了原生区域，就会丧失其品质优势或独特的文化内涵，长此以往，会有损于品牌形象，降低品牌价值，这种区域独特性的特点使得区域品牌很难被模仿与复制，成为一个区域的核心竞争力，具有较高的区域资产专用性。

除此以外，我国非品牌桃生产非规模化和标准化的现实，使得桃生产随意化情况较大，容易增加果品企业与果农交易中的不确定性，而品牌桃生产要求高，如何时施肥灌水，何时疏花疏果，采用何种留果标准，使用何种纸袋对果实何时套袋，何时使用何种肥料、农药，如何采果、装运果品等，都需要专用性很强的设备、技术以及生产资料等，表现出较高专用性资产。

（3）桃地域品牌建设具有很强的外部性　果品企业和合作社通过广告等经济行为，向市场提供优质桃，宣传桃品牌，可以提升区域品牌形象，带动区域内所有生产经营同品种桃的经济主体受益，大幅度增加经济福利，使桃区域品牌产生明显的正外部性。但是，使用该品牌的果品企业和合作社如果做出以假充好、以劣充优的不良行为，将损害区域品牌形象，出现外部负效应，会使该区域内共享该品牌的经济主体直接受牵连。

（4）公共物品导致桃品牌建设的搭便车现象　桃区域品牌具有公共物品特征：一是桃区域品牌具有非排他性，同一区域内，该品牌可以被众多经济主体同时使用，任何使用者都不能阻止他人使用；二是非竞争性，该区域内的经济主体使用桃区域品牌，不影响他人的使用，新增使用者不会增加社会成本。由此，桃品牌建设时，区域内的经济主体都想不投资，等着"搭便车"，导致桃区域品牌建设动力不足。

（5）桃品牌建设的柠檬市场效应，可能产生"劣品驱良品"现象　桃产业的信息不对称现象严重，在所有共享桃品牌的区域内，如果缺乏强有力的监管，可能会有一些经营者向市场提供劣质桃，由于消费者难以判别桃质量的高低，容易产生以较低价格去购买低质量桃的倾向，而使用同一区域品牌的高质量桃就难以出售，造成"柠檬市场"效应，产生"劣品驱良品"的现象，使优质桃市场难以扩大、桃品牌形象提升困难。

5. 品牌建设的市场经济价值

（1）桃品牌建设能够拉动桃果市场需求

① 品牌桃能够弱化桃可替代程度，增加品牌桃的需求　在收入水平达到一定程度后，消费者开始倾向于消费优质桃。桃品牌化能够弱化桃可替代程度，降低品牌桃的需求交叉弹性，使品牌桃受同类无品牌桃的价格波动性影响小，同时，满足中、高端桃的消费目标市场需求，强化消费者对品牌桃的消费需求量和市场份额。

② 品牌桃能够增强声誉约束，挖掘桃消费潜力　桃品牌较高的资产专用性，使桃果在质量标准、营养含量、包装方面更规范，一定程度上可改变桃果的商品类别，增强声誉约束，提高桃果档次，为消费者提供高质量的桃果享受、建立消费者愉悦使用经验和塑造消费者认知差异化，成为形成产品差异化的重要策略。相对无品牌的桃果而言，品牌桃的价值承诺刺激了消费者营养保健的需求和食用安全质量的信任，增加需求价格弹性，挖掘产品的市场消费潜力。

③ 品牌桃培育消费者的品牌忠诚度　品牌是消费者在信息不对称下甄别桃质量的信号，是企业对桃质量的承诺和保证。通过品牌，能够降低消费者购买劣质桃的风险，节约购买成本，获得果品企业所让渡的消费价值。实现消费者品牌偏好，强化消费者品牌忠诚度。在同类桃果商品中，品牌成为消费者优先购买的"信号显示"。

（2）品牌桃可以改善桃果市场供给

① 品牌桃能够降低桃供给的市场风险　桃品牌营销在一定程度上增强了桃抵御市场风险的能力。分散经营的小规模生产，果农抵御风险的能力较弱，借助桃品牌营销，可以确保桃稳定的销量和畅通的渠道；推动订单农业发展，可以促使果农根据其本身或其所在的乡村组织与桃果购买者之间所签订的订单来组织安排桃生产，有利于果农减少盲目决策，降低农业产业化的运行成本与风险。

② 品牌桃能够提供桃市场信号，解决信息不对称所导致的"逆向选择"效应　消费者选购桃果商品时，很难全面准确把握桃果的质量水平，如营养价值、农药残留含量等。信息不对称使桃果等级划分困难，容易导致"逆向选择"效应，造成桃果销售困难。桃品牌作为桃生产品质、特点、功能等特征的"信号显示"标志和符号，能将隐性的桃果质量特征外显化，体现桃果在质量、价格乃至售后服务方面

的差异性，显示其竞争优势，解决信息不对称问题。

③ 品牌桃能够提高桃差别化程度，改善市场供给　整体产品有核心产品、形式产品、期望产品、延伸产品及潜在产品等五个层次。桃的品牌形象和品牌价值能丰富桃内涵，完善期望产品，指明桃营销发展方向，增加实体桃的附加值，提高桃的差异化程度，提升桃的市场竞争层次，改善桃的市场供给现状。

（3）桃品牌建设能够改善桃市场的供求环境

① 品牌桃能够增加优质桃市场的进入壁垒　通过桃品种性品牌、地域性品牌和果品企业组织品牌，创造桃果质量差别，在此基础上注册商标、申请专利、引领行业标准，使消费者对品牌桃形成消费偏好，进而使不同品牌桃占据稳定的消费群体，有效地排斥竞争对手的进入，最终提升品牌桃的市场竞争力。

② 品牌桃能够帮助营销沟通　品牌桃，有助于果品企业运用广告、公关、促销和人员推销等营销手段，借助报纸、杂志、电台、电视等传播媒体，以及运用网络信息平台、会展、零售终端等新型传播渠道，向消费者传递桃品牌利益和品牌个性信息，如无公害桃品牌、绿色桃品牌、有机桃品牌等，加强消费者对名优桃的认识，增加桃果的附加价值，扩大名牌桃的市场影响力，提高桃果营销效率。

③ 品牌桃能够完善桃销售渠道网络，提高销售渠道效率　桃果的销售渠道关系着能否缓解桃果上市的集中性和消费的长期性所导致短期过量供给，以及果农收益等问题。相对于无品牌桃的经营状况而言，品牌形象价值可以增强桃生产商、分销商和服务商在桃果供应链中的地位和控制能力，强化供应链上这些合作者之间的结合，提高桃果销售渠道效率。

（4）品牌桃能够增强桃产业链的竞争力

① 品牌桃有利于增加果农的生产积极性　品牌桃能显示桃果的竞争优势，提高桃果附加值和高科技含量，有利于果品企业开拓市场，避免果农的盲目发展，增加果农的生产积极性，降低桃的生产和经营风险，增加收入。

② 品牌桃有利于果品企业开拓市场　品牌桃的高附加值和高科技含量，较好的显示出具有隐性特点的桃果质量特征，消除桃消费市场中的"逆向选择"现象，有利于经销商降低经营和新市场开拓的成本。

③品牌桃有利于推进区域经济的发展　利润持续增长的果品企业通过竞争、合作、相互协作和补充，组织、引导和吸纳区域内广大果农、生产基地、农业企业和涉农单位加入到品牌桃产业化经营队伍中，形成桃产业化聚集效应，增强桃产业链的竞争力，也推进区域经济均衡经营和持续发展。

6. 品牌的管理

品牌是生产者或经营者的无形资产，提高品牌质量，注重品牌保护是桃生产者或经营者创立品牌后更为重要的工作。一方面应对自己的品牌进行商标注册，求得法律保护；另一方面应加强内部管理，提高产品信誉，提高产品质量，珍惜和维护品牌信誉。加大品牌推广和宣传力度，树立品牌形象，提高品牌知名度和品牌认知度，形成强势品牌。

7. 商标设计的原则

(1) 商标应符合法律的规定　桃的商标设计要遵守国内外有关法律、法规，既要遵守中华人民共和国商标法，又要与有关的国际公约、条约相符合。

(2) 商标应具有显著性特征　商标设计既要注意突出产品特点又要符合生产者或经营者的形象。商标反映产品特征主要是商标含义、商标标记要与产品相符。符合生产者或经营者的形象主要是指商标要能反映桃生产者或经营者的文化、精神及追求的目标。商标设计不能与他人的商标相似、雷同。仅有本商品通用名称、图形、型号的以及仅仅直接表示商品的质量、主要原料、功能、用途、重量、数量及其它特点的不能作为商标，如不能选用桃的中外文、汉语拼音及其图案作为桃的商标，也不能用"一等品"、"10千克"等作为商标。

(3) 商标要有艺术性、宣传性　商标不仅能很好地宣传产品，而且要美观大方，符合公众审美心理要求，符合人们的思维习惯，达到形象性与艺术性的高度统一。体现在表现形式上，要讲究技巧，注重形象提炼，图形构思，色彩利用上要表现出艺术美。

(4) 商标要符合民俗、宗教信仰　商标设计应尊重所在国或地区的风俗习惯，避免引起不良反应。不能使用有歧义的商标。

商标是企业和产品的门面，是反映企业整个形象的关键视觉要素。商标在商品流通中是"无声的推销员"，其有力的推销作用是其他形式不能替代的。

参 考 文 献

[1] 刘亚柏，刘伟忠，张宝林等．句容桃园土壤肥力现状及其改良措施 [J]．园艺与种苗，2012，5．

[2] 熊彩珍主编．桃安全优质高效栽培技术．北京：中国农业出版社，2011．

[3] 王真，姜全，郭继英等．桃新品种经济效益分析 [J]．北方园艺，2013，12．

[4] 杨静，刘丽娟，李想．我国桃和油桃生产与进出口贸易现状及其展望 [J]．农业贸易展望，2011，3．

[5] 纪萍．中国桃产业国际竞争力及出口影响因素研究 [硕士学位论文]．杨凌：西北农林科技大学，2007．

[6] 马之胜，贾云云，孙淑芬等．大果优质中熟油桃新品种"甜丰" [J]．园艺学报，2004，1．

[7] 赵剑波，郭继英，姜全等．极晚熟蟠桃新品种"瑞蟠20号" [J]．园艺学报，2011，11．

[8] 郭继英，姜全，赵剑波等．极晚熟蟠桃新品种瑞蟠21号 [J]．园艺学报，2007，5．

[9] 吕宝殿，蒋德新，徐安乐等．极晚熟蟠桃新品种——冬雪蜜桃 [J]．园艺学报，2000，4．

[10] 陈学森，廉茂排，辛培刚等．极晚熟桃新品种"齐鲁巨红" [J]．园艺学报，2010，6．

[11] 刘玉祥，李淑芝．极晚熟桃新品种"秋红晚蜜" [J]．园艺学报，2007，4．

[12] 姜全，郭继英，赵剑波等．极早熟蟠桃新品种"袖珍早蟠" [J]．园艺学报，2007，1．

[13] 韩明玉，田玉命，于成哲等．耐贮运晚熟桃新品种——秦王 [J]．园艺学报，2001，2．

[14] 韩明玉，田玉命，于成哲等．特早熟桃新品种"秦捷" [J]．园艺学报，2005，4．

[15] 韩明玉，田玉命，张满让等．特早熟甜油桃新品种"秦光4号" [J]．园艺学报，2011，1．

[16] 孙山，王少敏，高华君等．特早熟油桃新品种"超五月火" [J]．园艺学报，2004，1．

[17] 牛良，王志强，鲁振华等．半矮生油桃新品种——"中油桃14号"的选育 [J]．果树学报，2012，6．

[18] 郭继英，姜全，赵剑波等．中熟油桃新品种——瑞光美玉 [J]．园艺学报，2009，7．

[19] 韩明玉，田玉命，于成哲等．晚熟白肉甜油桃新品种——秦光2号 [J]．园艺学报，2001，4．

[20] 叶正文，苏明申，吴钰良等．晚熟白肉水蜜桃新品种——秋月的选育 [J]．果树学报，2011，5．

[21] 张殿生，张玉星，张江红等．早熟蟠桃新品种"红蜜蟠桃" [J]．园艺学报，2010，4．

[22] 陈青华，姜全，郭继英等．中熟蟠桃新品种"瑞蟠10号" [J]．园艺学报，2005，5．

[23] 郭继英，姜全，赵剑波等．中熟蟠桃新品种"瑞蟠3号" [J]．园艺学报，2004，2．

[24] 常瑞丰，王召元，张立莎等．中熟桃新品种"脆保" [J]．园艺学报，2012，7．

[25] 王召元，常瑞丰，张立莎等．中熟桃新品种"艳保" [J]．园艺学报，2012，8．

[26] 蒋海月．油桃极早熟白肉新品种"超红珠" [J]．北方果树，2013，6．

[27] 李培环，纪仁芬，董晓颖等．早熟蟠桃新品种"双红蟠"[J]．园艺学报，2008，1．

[28] 牛良，刘淑娥，鲁振华等．晚熟油桃新品种"中油桃8号"[J]．园艺学报，2011，1．

[29] 郭继英，赵剑波，姜全等．晚熟油桃新品种"瑞光39号"[J]．园艺学报，2011，10．

[30] 周麦生，郭玉萍，方金豹．油桃极晚熟品种澳洲秋红引种观察[J]．中国果树，2004，6．

[31] 董晓颖，刘成连，李培环等．中熟桃新品种"双奥红"[J]．园艺学报，2011，3．

[32] 李德华．极晚熟油桃——晴朗[J]．山西果树，1999，2．

[33] 王東，张晓南，安广池等．晚熟油桃新品种"仲秋红"[J]．北方果树，2013，1．

[34] 郭继英，姜全，赵剑波等．中熟桃新品种"瑞光33号"[J]．园艺学报，2012，4．

[35] 韩明玉，张满让，王安柱等．中熟甜油桃新品种"秦光8号"[J]．园艺学报，2011，2．

[36] 俞明亮，马瑞娟，汤秀莲．中熟桃新品种"雨花2号"[J]．园艺学报，2001，6．

[37] 张国海，张传来主编．果树栽培学各论．北京：中国农业出版社，2008．

[38] 张玉星主编．果树栽培学总论．第4版．北京：中国农业出版社，2011．

[39] 陈海江主编．设施果树栽培．北京：金盾出版社，2010．

[40] 赵锦彪，管恩桦，张雷主编．桃标准化生产．北京：中国农业出版社，2007．

[41] 李林光，高文胜主编．桃．北京：中国农业出版社，2006．

[42] 郭晓成，邓琴凤主编．桃树栽培新技术．西安：西北农林科技大学出版社，2005．

[43] 姜全主编．桃生产技术大全．北京：中国农业出版社，2003．

[44] 李绍华主编．桃优质稳产高效栽培．北京：高等教育出版社，1997．

[45] 孟月娥，姚连芳主编．桃优质丰产关键技术．北京：中国农业出版社，1997．

[46] 邓家林，李文贵，张全军．早熟桃新品种"早红桃"[J]．园艺学报，2011，11．

[47] 俞明亮，马瑞娟，许建兰等．油桃新品种——紫金红2号的选育[J]．果树学报，2011，6．

[48] 牛良，鲁振华，崔国朝等．早熟油桃新品种——"中油12号"的选育[J]．果树学报，2012，4．

[49] 石丽华，钟绵丽，刘振贵．油桃早熟新品种龙峰的选育[J]．中国果树，2012，4．

[50] 黄艳峰．桃红颈天牛的发生规律与防治[J]．落叶果树，2009，6．

[51] 刘海军，康春生，陈彩辉．桃小绿叶蝉的综合防治技术[J]．河南林业科技，2006，26．

[52] 刘荣宁．桃树桑白蚧生物学特性及综合防治技术[J]．农业科学研究，2008，4．

[53] 胡修光．桃幼树无公害早期丰产栽培技术[J]．现代农业科技，2009，23．

[54] 江涛，德勇．如何正确选择果树优质苗木[J]．河北果树，1997，1．

[55] 姜林，张翠玲，邵永春等．国内外桃树育苗技术研究进展[J]．北方果树，2011，2．

[56] 胡彦彪．桃树优质丰产栽培周年管理简明技术[J]．农业科技通讯，2011，7．

[57] 何小明．桃树优良新品种及标准化栽培技术[J]．安徽农业科学，2004，32．

[58] 植玉蓉，陈玉霞，陈孝兰．桃园病虫害发生动态及绿色防控技术[J]．农业科技通讯，2011，11．

[59] 王香，苏文．桃树主要病虫害周年防治[J]．河南农业，2010，9．

[60] 张红伟，刘晓宁，幺明松等．桃树主要病虫害的发生及防治[J]．天津农林科技，

2010, 4.

[61] 史双院，索萌，李俊等. 桃树主要病虫害的无公害防治 [J]. 西北园艺，2009，4.

[62] 江政俊. 旺长桃树四季修剪促果措施 [J]. 南方园艺，2011，22.

[63] 袁素娟. 桃树园优质丰产管理技术 [J]. 现代园艺，2013，3.

[64] 李建军. 密植桃树整形修剪技术 [J]. 山西果树，2009，5.

[65] 何水涛，朱更瑞，周厚成等. 主干形和开心形桃树的生产潜力研究 [J]. 落叶果树，2000，5.

[66] 周向军，吴洪忠，吴秀琴等. 桃树控梢促花措施的探讨 [J]. 宁夏农林科技，2006，2.

[67] 赵宗方，凌裕平，吴小骏等. 多效唑对桃树生长发育和叶片矿质元素含量的影响[J]. 江苏农学院学报，1997，19.

[68] 杨秀荣，刘亦学，刘水芳等. 植物生长调节剂及其研究与应用 [J]. 天津农业科学，2007，13.

[69] 孙春明，马亚培，李高平. 植物生长调节剂在园艺植物上的应用 [J]. 安徽农业科技，2003，31.

[70] 员学锋，吴普特，汪有科. 秸秆覆盖桃树地生态效应及桃树的生长状况 [J]. 农业工程学报，2007，1.

[71] 何小明. 桃树优良新品种及标准化栽培技术 [J]. 安徽农业科学，2004，32.

[72] 冯中元. 幼龄果园立体栽培管理技术 [J]. 河北果树，2011，6.

[73] 王峰，曹辉. 果园绿肥生草技术 [J]. 北方园艺，2004，4.

[74] 潘继兰. 桃园水分管理技法 [J]. 山西果树，2012，1.

[75] 彭勃，王新平，候鹏亚等. 桃树的需肥特征及科学施肥技术 [J]. 西北园艺，2012，8.

[76] 负和平，吕继康，孔蒙河. 替代高毒农药防治苹果红蜘蛛区比试验 [J]. 山西农业科学，2008，6.

[77] 王娜. 桃小食心虫防治方法 [J]. 河北果树，2014，3.

[78] 王向阳，刘伟，张长信. 桃树梨小食心虫防治药剂筛选试验 [J]. 现代农业科技，2010，2.

[79] 李晓军，翟浩，王涛. 十二种不同杀虫剂对梨小食心虫和桑白蚧的防治效果 [J]. 植物保护，2013，4.

[80] 龚青，黄爱松，唐艳龙等. 桃红颈天牛综合治理技术概述 [J]. 生物灾害科学，2013，4.

[81] 刘兴治，郭修武，赵福金等. 果园养鹅 除草增收 [J]. 新农业，1991，2.

[82] 杨宝藏. 采取综合措施搞好果园除草 [J]. 河北果树，1990，2.

[83] 李文歧. 果园养鸭的好处及技术要点 [J]. 农业科技通讯，2002，1.

[84] 惠恩举. 果园养鹅一举多得 [J]. 烟台果树，2003，4.

[85] 张兴旺. 桃树的需肥特点与施肥方法 [J]. 现代种业，2005，6.

[86] 王富青. 桃树需肥特点与平衡施肥技术 [J]. 中国果蔬，2013，1.

[87] 马柏林，庄迎春，罗桂杰. 桃树测土配方施肥技术研究 [J]. 现代农业科技，2010，17.

[88] 冯明祥，孙高珂主编. 桃树优质高产栽培. 北京：金盾出版社，2006.

[89] 杜澍主编. 果树科学实用手册. 西安：陕西科学技术出版社，1986.

[90] 王楠，冯海玮，支月娥. 沼渣对桃树生长发育及土壤肥力影响的初探 [J]. 上海交通大学学报（农业科学版），2012，3.

[91] 蒋华，石远奎，王中书. 施用沼液肥对桃树产量、品质的影响 [J]. 中国园艺文摘，2011，10.

[92] 王晨冰，李宽莹，牛军强等. 喷施沼液对温室油桃叶片营养元素及果实品质的影响 [J]. 甘肃农业大学学报，2011，2.

[93] 孙志永，岳素芳. 油桃叶面喷施沼液肥效对比试验 [J]. 安徽农学通报，2009，4.

[94] 吴云山，班海军. 沼液防御北京七号桃树早春冻害的效果试验 [J]. 果树实用技术与信息，2014，11.

[95] 王孝娣，刘凤之，郑晓翠等. 氨基酸硒液体肥在设施桃上的应用效果 [J]. 中国土壤与肥料，2013，2.

[96] 李艳萍，贾小红，王艳辉等. 酵素有机肥对京郊桃的产量品质与贮藏性的影响 [J]. 北方园艺，2008，7.

[97] 李培环主编. 甜油桃高产栽培技术. 济南：山东科学技术出版社，2000.

[98] 河北农业大学主编. 果树栽培学总论. 第2版. 北京：中国农业出版社，1995.

[99] 陈立新. 花期放蜂对桃树坐果率的影响 [J]. 山西果树，2006，2.

[100] 刘乐昌，鹿明芳，张民等. 蜜蜂、壁蜂花期传粉技术研究 [J]. 烟台果树，1999，1.

[101] 安建东，吴杰，彭文君. 明亮熊蜂和意大利蜜蜂在温室桃园的访花行为和传粉生态学比较 [J]. 应用生态学报，2007，5.

[102] 董淑华，安丰硕，厉运福. 设施桃熊蜂授粉效果试验 [J]. 落叶果树，2006，4.

[103] 陈玉林. 石硫合剂对久保桃树的疏花效果 [J]. 河北果树，1998，增刊.

[104] 张玉龙，袁改珍，柳洲. 桃树化学疏花疏果试验 [J]. 山西果树，1994，1.

[105] 郑先波，武应霞，朱玉芳等. TMN-6对桃的疏花疏果效应及对果实品质的影响[J]. 河南农业科学，2011，9.

[106] 王国新，张东良，冯黦等. 桃. 郑州：河南科学技术出版社，1992.

[107] 陈海江，段红喜，徐继忠等. 提高设施桃果实品质试验 [J]. 山西果树，2003，1.

[108] 眭顺照，罗江会，廖聪学等. 提高重庆油桃果实品质的研究 [J]. 西南农业学报，2005，4.

[109] 安小梅. 不同套袋与取袋时间对桃品质的影响 [J]. 甘肃农业科技，2003，2.

[110] 陈银朝. 不同品种油桃裂果比较及防治措施研究 [J]. 西北农业学报，2007，2.

[111] 马艳芝，张玉星，刘玉祥. 果袋透光性对晚西妃桃裂果率和果实品质的影响 [J]. 西南农业学报，2009，5.

[112] 田玉命，韩明玉，张满让等. 油桃裂果研究进展 [J]. 果树学报，2008，4.

[113] 丁勤，韩明玉，田玉命. 油桃裂果规律观察及成因分析 [J]. 西北农业学报，2003，4.

[114] 马之胜，贾云云，王越辉. 桃果实裂果与果实性状关系的研究 [J]. 河北农业科学，2007，3.

[115] 汪志辉，廖明安，孙国超．矿质元素对油桃裂果的影响 [J].北方园艺，2005，6．

[116] 丁勤，韩明玉，田玉命．套袋对油桃果实裂果及品质的影响 [J].西北农林科技大学学报（自然科学版），2004，9．

[117] 张传来主编．苹果优质高效配套栽培技术．北京：化学工业出版社，2014．

[118] 李喜宏，李仲群，刘丽杰等．综合调控技术对久保桃贮藏品质的影响 [J].食品科技，2010，（35）．

[119] 李家政，李晓旭，王晓芸．桃果保鲜膜与自发气调包装 [J].保鲜与加工，2013，13．

[120] 朱麟，凌建刚，张平等．不同保鲜膜包装对玉露水蜜桃保鲜效果的影响 [J].保鲜与加工，2011，11．

[121] 赵晓芳，梁丽松，王贵禧．不同采收成熟度对八月脆桃果实低温贮运及货架期品质的影响 [J].中国农学通报，2008，4．

[122] 孟雪雁．不同温度下桃贮藏效果及冷害症状的发生 [J].山西农业大学学报，2001，1．

[123] 王贵禧，王友升，梁丽松．不同贮藏温度模式下大久保桃果实冷害及其品质劣变研究 [J].林业科学研究，2005，18．

[124] 郜海燕，陈杭君，陈文烜等．采收成熟度对冷藏水蜜桃果实品质和冷害的影响 [J].中国农业科学，2009，42．

[125] 曹乐平．基于计算机视觉技术的水果分级研究进展 [J].农机化研究，2007，11．

[126] 张瑞宇，刘顺淑．计算机视觉技术在桃果采后处理中的应用 [J].重庆工商大学学报，2004，21．

[127] 王颉，师洪联，杜国强等．温度、气体成分、保鲜剂处理对雪桃硬度、可溶性固形物含量及硬度的影响 [J].河北农业大学学报，1999，22．

[128] 颜志梅，盛宝龙，赵江涛等．影响桃贮藏保鲜的因素及其综合保鲜技术 [J].江苏农业科学，2002，6．

[129] 陈巧林．桃贮藏保鲜的影响因素及其研究进展 [J].江西农业学报，2008，20．

[130] 段金博，冯晓元，李文生．不同采收期对蟠桃贮藏品质及生理特性的影响 [J].园艺园林科学，2006，22．

[131] 张传来，苗卫东，扈惠灵等．无公害果品高效生产技术．北京：化学工业出版社，2011．

[132] 蒋璐璐，曹艳艳，朱万云等．奉化市水蜜桃气候条件分析及产量预测 [J].中国农学通报，2013，28．

[133] 王进涛，张传来，刘卫东主编．园艺商品学．北京：中国农业科学技术出版社，2003．